★翱翔圆梦科技知识普及丛书★

敢上九天揽月

田战省 编

西北工業大學出版社

西　安

图书在版编目（CIP）数据

敢上九天揽月/田战省编. —西安：西北工业大学出版社，2019.12

（翱翔圆梦科技知识普及丛书）

ISBN 978-7-5612-6424-9

Ⅰ. ①敢… Ⅱ. ①田… Ⅲ. ①航天-普及读物 Ⅳ. ①V4-49

中国版本图书馆 CIP 数据核字（2019）第 273698 号

GAN SHANG JIUTIAN LANYUE

敢上九天揽月

策划编辑： 李　杰
责任编辑： 朱辰浩
责任校对： 王　尧
出版发行： 西北工业大学出版社
通信地址： 西安市友谊西路 127 号　　**邮编：** 710072
电　　话：（029）88491757　　88493844
网　　址： www.nwpup.com
印 刷 者： 陕西金和印务有限公司
开　　本： 787 mm × 1 092 mm　　1/16
印　　张： 15
字　　数： 394 千字
版　　次： 2019 年 12 月第 1 版　　2019 年 12 月第 1 次印刷
定　　价： 78.00 元

前言 Foreword

长久以来，人类就有飞出地球，去太空遨游的梦想。20世纪后半期，这个梦想变成了现实。1957年，苏联成功发射了人类历史上第一颗人造卫星；1961年，人类又第一次乘坐宇宙飞船进入了太空。渐渐地，宇航员在太空停留的时间越来越长，现在已经能在空间站里经年累月地工作和生活了。与此同时，各种行星探测器访问了月球、彗星、行星等许多天体。这些活动，标志着人类的航天技术在迅速发展，也让我们对地球、太阳系、银河系和整个宇宙有了更深的认识。

改革开放以来，中国的航天事业也逐步发展壮大，取得了巨大成功。2003年10月，宇航员杨利伟乘坐"神舟五号"飞船进入了太空，实现了中国人的飞天梦。之后，我国又实现了多人多天飞行和航天员出舱活动，在世界航天发展史上留下了深刻的印记。伴随着这些成功，我国人民开始热切关注航天，特别是载人航天的发展。人们迫切地想要了解航天技术，了解世界航天活动的最新状况，尤其是希望深入了解中国载人航天事业的伟大成就和发展前景。

为此，笔者编写了这本书，集中介绍了航天技术从梦想到实践再到应用的一些基本知识和航天成果。希望它不仅能帮助人们了解航天事业，更能激励广大青少年朋友投身到祖国的航天事业当中，让中国乃至世界的航天事业更加辉煌。

目录

从梦想到奠基：航天史话篇

大胆探索铸就航天伟业：航天探测篇

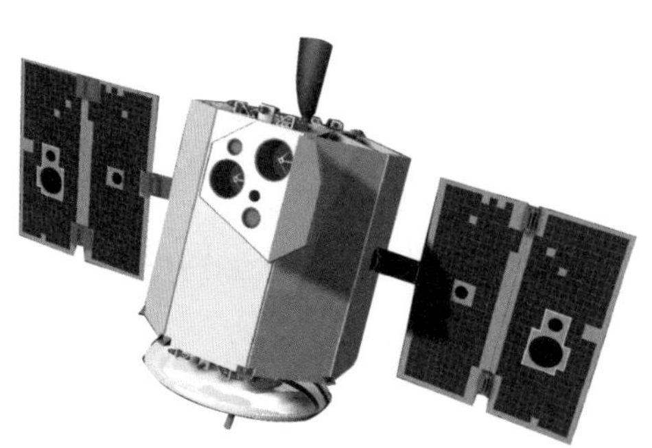

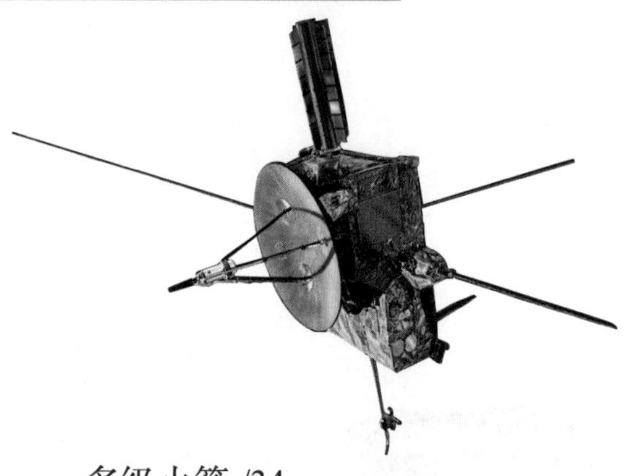

尖端科技铸造国之利器:军事应用篇

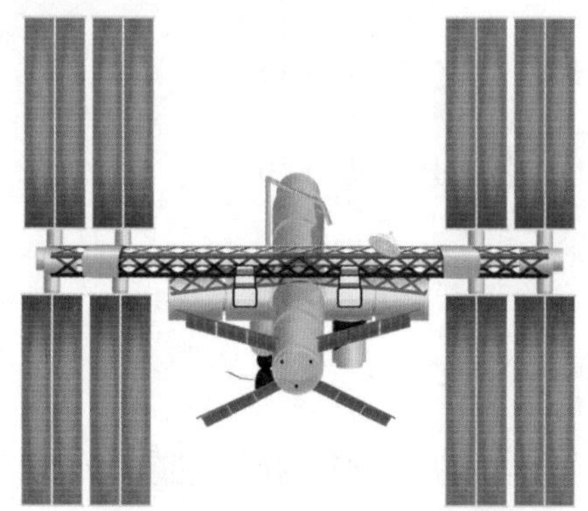

任重道远再踏圆梦征程：民用航天和未来篇

从梦想到奠基：航天史话篇

古今中外，各民族都有关于飞天的神话传说，如嫦娥奔月、代达罗斯和儿子伊卡洛斯制造翅膀飞天等故事。随着文明的进步和科学技术的发展，人类不再停留于想象，开始运用科学手段观察天空，并着手寻找飞向太空的方法。在人类对宇宙有了一定的认识后，航天理论也在不断探索中成形了。在理论的支持下，人类开始了航天器的研究。

什么是航天

在浩瀚的太空中遨游是人类一直以来的梦想,20世纪,随着科学技术的进步,人类的飞天梦想变成了现实。各种航天器飞上天空,载人航天器的发射使人类的身影出现在了太空。航天事业的发展也为人类的生活带来了变化,这是一项科技密集、综合性很强的高科技产业,体现了现代科学技术的发展和成就;而载人航天技术的发展程度,则体现出了一个国家的科技水平和综合国力。

概念

航天又称空间飞行、太空飞行、宇宙航行,是指人造卫星、宇宙飞船等航天器在大气层外宇宙空间的航行活动。航天活动包括了航天技术（又称空间技术)、空间应用和空间科学三大部分。航天技术是指为航天活动提供技术手段和保障条件的综合性工程技术。空间应用是指利用航天技术及其开发的空间资源在科学研究、国民经济、国防建设和文化教育等领域的各种应用技术的总称。空间科学是指利用航天器研究发生在日地空间、行星际空间乃至整个宇宙空间的物理、天文、化学及生命等自然现象及其规律的科学。

▲航天飞机发射升空

航天的分类

按航天器探索的对象划分，航天飞行方式包括环绕地球的航行、飞往月球的航行、飞往行星及其卫星的航行、星际航行（行星际航行、恒星际航行）。按航天器与探索、开发和利用对象的位置划分，航天飞行方式包括飞越（从天体近旁飞过）、绕飞（环绕天体飞行）、着陆（降落在天体上面）、返回（脱离天体、重返地球）。另外，还有军用航天、民用航天等分类。

▲ 现代火箭的燃料仓在火箭尾部

▲“联盟”号宇宙飞船是目前人类使用过的最成功的载人飞船型号

航天系统

航天系统是指由航天器、航天运输系统、航天发射场、航天测控网和应用系统等组成的可完成特定航天任务的工程系统。航天系统按是否可载人可分为无人航天系统和载人航天系统；按用途可分为民用航天系统和军事航天系统；按航天器种类可分为卫星航天系统、载人飞船航天系统和月球卫星航天系统等。

中国的航天事业

中国的航天事业从20世纪50年代起步，在很短的时间里飞速发展，取得了举世瞩目的成就，我国已跻身世界一流航天强国行列。中国在卫星、火箭、各种探测器、载人宇宙飞船等方面成就斐然：“长征”系列火箭、“嫦娥”卫星、“神舟”飞船、“天宫”系列空间实验室等，这些都是中国航天成就的杰出代表。

探索之旅

中国古人的飞天梦想

在遥远的古代，人们看见鸟儿自由地在空中飞翔时，便开始幻想自己也能拥有飞天的本领。然而由于当时的技术限制，飞天只能成为许多人的梦想。于是，人们开始在神话中寻找一些安慰。

嫦娥奔月是中国家喻户晓的神话故事。传说，嫦娥本是一位美貌的平凡女子，和丈夫后羿非常恩爱。一天，她偷吃了丈夫从西王母那儿讨来的不死之药后，飞到月宫，并一直居住在月宫里，过着寂寞、凄苦的生活。民间对于嫦娥奔月的传说故事还做了很多的加工和修饰，使嫦娥的形象和月亮一样美。

在中国的文学作品中也有很多传世的神话，其中不少充满了中国人民对飞翔的渴望。《西游记》是中国古代四大名著之一，书中的灵魂人物孙悟空就有着腾云驾雾的本领，他神通广大，一路上勇敢地降妖除魔。在另一本神魔小说《封神榜》中，雷震子长着一对奇异的肉翅，能够使他飞上高空，飞到任何想去的地方。

火箭的故乡

火箭是载人航天的必备条件，在追寻载人航天踪迹的时候，不能不从火箭开始。中国是火箭的故乡，古代中国的火箭是依靠自身喷气向前推进的，这与现代火箭的原理相同。根据历史记载，中国最早的喷气火箭距今已有800多年的历史。中国古代火箭是现代火箭的雏形，在科学技术史上占有重要地位。

神火飞鸦

神火飞鸦是明代史书上记载的一种军用火箭。它是用细竹或者芦苇编织成乌鸦形状，内部再装上火药。火箭两侧各装两支“起火”，“起火”的药筒底部和箭身内火药用药线相连。点燃“起火”，产生的推力可将飞鸦射至300多米远。飞鸦落地时内部的火药被引燃爆炸，类似于今天的火箭弹。

▶ 军用火箭——神火飞鸦，它的燃料是火药

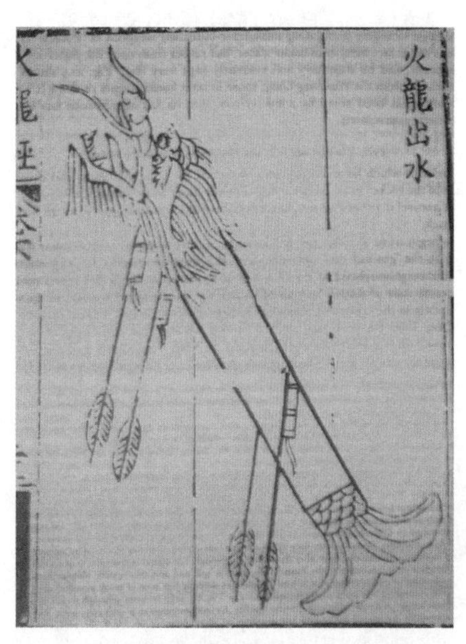

▲ 火龙出水是我国古代水陆两用的火箭

火龙出水

“火龙出水”是一种军事火箭。它是用竹筒制成龙的样子，有龙头、龙身，还有龙尾。火箭装在龙的身体内部，外面装着“起火”提供飞行的动力。点燃“起火”，龙身被射至空中；在“起火”燃烧完毕后，龙身内的火箭紧接着被点燃，火箭再次有了前进的动力，继续向目标飞行。它的原理就相当于现代的二级火箭。

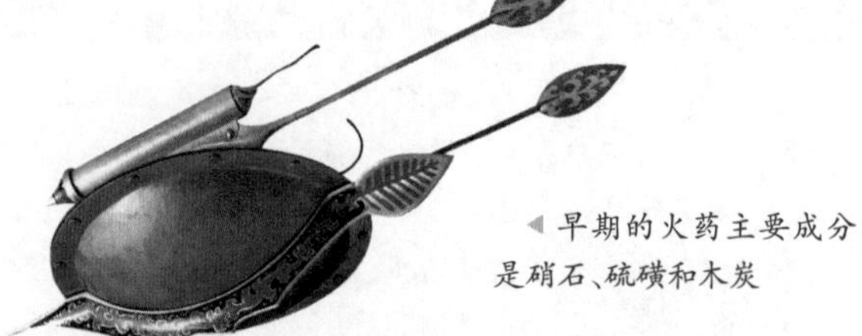

◀ 早期的火药主要成分是硝石、硫磺和木炭

火箭的动力源

众所周知，火药是中国古代四大发明之一。它的发明极具偶然性和戏剧性，是炼丹家在炼丹的过程中发明的。最初的火药主要成分是硝石、硫磺和木炭。火药触火即燃，特别是在密闭的容器中，能够在瞬间产生很大的爆发力，是早期火箭的主要动力源。

蒙古铁骑

蒙古军队在与南宋交战中领教了火箭武器的威力，于是也开始使用这些武器，那些被俘虏的中原工匠和火箭技工也开始为蒙古军队制造火箭。随着蒙古军队的西征，火箭技术跟着蒙古人的铁骑几乎踏遍欧亚大陆，由此火箭也传到了西方。此外，在中国明代末期，当时中国最先进的技术也随着郑和下西洋的足迹传到了印度等地，然后，又从印度传往了欧洲，这些技术里面就包含着发展后的火箭制作技术。

▲ 明朝士兵发射火箭

▲ 火药是我国古代四大发明之一，也是早期火箭的主要动力源

安全问题

古代的火箭虽然结构十分简单，但在制作工艺上要求仍然很高，以保证武器的质量。比如，要保证火药筒的质量，避免炸伤自己；要解决安全储存、运输、防潮等问题；再如，在火箭串联时，要保证当第一级燃烧完毕时，能够点燃第二级火箭；等等。这些古代火箭制作中遇到的问题，直到现代，在制造火箭的时候都要认真对待。

探索之旅

万户飞天的故事

万户是第一个想到利用火箭实现飞天梦想的人。

万户出生在中国明朝的一户富有的家庭，他熟读诗书，热爱科学。古人发明的火药和火箭他都非常感兴趣，他常常在想如何利用这两种具有巨大推力的东西，将人送上蓝天，去亲眼观察高空的景象。在做了一番充足的准备以后，万户决定做一次大胆的尝试。

一天晚上，万户手持一个巨大的风筝，坐在一只捆绑着 47 支火箭的巨型“飞鸟”背上。然后，他命令仆人点燃第一排火箭。仆人阻拦不住，只好举起了火把……只听“轰！”的一声巨响，“飞鸟”离开地面升向空中，但是当第二排火箭自行点燃不一会儿，就听见一声爆响，“飞鸟”变成了一团火，万户为此献出了宝贵的生命。

万户的努力虽然失败了，但他是世界上第一个借助火箭推力升空的创想者，因此他被公认为是人类真正的航天鼻祖。为了纪念他，科学界将月球上的一座环形火山命名为“万户山”。

摆脱地球引力的束缚

人们一直梦想着摆脱地球引力的束缚，要实现这一愿望，航天器的速度就必须达到“宇宙速度”。“宇宙速度”是由牛顿第二定律得出的一个概念，当飞行器以不同的速度飞行时，它在太空中飞行的状态也不一样。速度决定着飞行器的飞行轨道、方向以及将飞向何处，要使航天器飞向预定轨道，科学家们必须使航天器达到相应的宇宙速度。

第一宇宙速度

第一宇宙速度是保证飞行器不会被引回地面的最小速度，这个速度的大小是 7.91 千米/秒。也就是说要保证一个飞行器环绕地球做圆周运动，那么它的运动速度就不能小于这个数值。卫星在太空中运行，一般都在离地球表面几百千米远的轨道上，地球对它的引力比在地面时要小，故它所需要的速度就要略小于第一宇宙速度。

第二宇宙速度

当一个飞行器在地球附近太空中的飞行速度超过 11.2 千米/秒的时候，它就可以摆脱地球的引力束缚，开始围绕太阳运动。这个速度就是第二宇宙速度，也叫逃逸速度，就是逃离地球所需的最小速度。

▲ 第一宇宙速度是从地球表面向宇宙空间发射人造地球卫星、行星际和恒星际飞行器所需的最低速度

第三宇宙速度

飞行器能够脱离太阳系引力的最小速度称为第三宇宙速度，第三宇宙速度为 16.7 千米/秒。如果一个飞行器想要飞出太阳系，那么它的最小速度不仅不能小于第三宇宙速度，而且其飞行方向要与地球公转方向一致。

◀ 2004 年 6 月，美国国家航空航天局成功试飞了一种世界上飞得最快的飞机 X43。这款飞机设计的最高时速达到了声速的 10 倍，也就是马赫数为 10

唯一的选择

要达到宇宙速度，普通的飞行器根本做不到，只有火箭才能提供给航天器足够的速度，使航天器在指定的轨道上运行而不会掉下来。另外，由于外太空没有空气存在，航天器如果遇到某些情况需要改变轨道，只能借助于火箭发动机。

▲美国发射的行星和行星际探测器系列之一——“先驱者”号探测器就已经摆脱太阳的引力控制，如今它已飞离太阳系

◀火箭的宇宙速度取决于火箭发动机的喷气速度和火箭的质量比

探索之旅

地球上奔跑速度最快的人——博尔特

虽然人类制造的航天器可以达到第一、第二甚至第三宇宙速度，但是人类自身的速度目前最快只有10.44米/秒，这已经接近人类的生理极限了，这项纪录是由博尔特创造的。

博尔特是牙买加短跑运动员，身高1.96米，体重86千克，他是男子100米、男子200米及男子4×100米接力赛的世界纪录保持者，同时也拥有以上三项赛事的奥运金牌。

2008年夏季奥林匹克运动会，博尔特成为首位在单届奥运会三项短跑赛事中皆打破世界纪录的选手。2009年，博尔特成为史上首位同时拥有男子100米及男子200米世界纪录与奥运冠军头衔的选手。2011年，博尔特成为史上首位同时拥有男子100米、男子200米及男子4×100米接力世界纪录与奥运冠军头衔的选手。

2013年6月7日，在国际田联钻石联赛罗马站的比赛中，博尔特以9秒95获得男子100米亚军。6月14日，国际田联钻石联赛奥斯陆站的比赛全部结束，博尔特在男子200米比赛中以19秒79获得冠军。8月11日，国际田联世界田径锦标赛男子100米决赛中，博尔特以9秒77的成绩夺冠。

2013年8月18日，莫斯科田径世锦赛的红色跑道上划过一道“闪电”，博尔特以19秒66率先冲过男子200米决赛终点线夺冠。在男子4×100米接力决赛中，牙买加队在前三棒落后美国的不利情况下，最后一棒博尔特从接棒到跑进都发挥稳定，最终以37秒36的成绩收获金牌，也实现了他们在世锦赛上的男子接力3连冠。

竞技体育的真谛就是人类不断超越自我的勇气与执着，在博尔特身上充分体现了这种精神。

窥视太空的望远镜

厚厚的大气层把地球包裹得严严实实，因此人们在地面上利用天文望远镜观察宇宙，很容易受到外部环境的影响而产生盲点，使得图像模糊不清。而太空中没有大气层干扰，如果能在太空中观察宇宙，那么观测精度和清晰度将会大大提高。基于这个想法，人们研制出了太空望远镜。

早期历程

▲ C141 飞机

早期，人们为了摆脱大气层对天文观测的影响，将天文台建在了海拔高、观测条件好的地方。可即使如此，观测效果仍然不理想。后来，人们选择将望远镜安装在飞机上，在万米高空观测太空。比如，美国曾在 C141 飞机上安装望远镜，建成“柯伊伯机载天文台”，用于观测天王星掩星。而随着卫星技术的发展，用人造卫星进行天文观测已成为一个重要途径。

太空望远镜的诞生

随着航天技术的发展，人们有了将大型设备送入太空的能力，使得天文望远镜进入太空观测成为了可能。1990 年，在经历了近 20 年的研发和准备之后，人类第一架太空望远镜——“哈勃”太空望远镜诞生了，它被送入距离地球 600 千米的轨道上，让人们观看宇宙的视野发生了革命性改变。人们甚至把它的诞生看成和“伽利略”望远镜一样，是人类观测太空的一个里程碑。

探索之旅

“康普顿”伽马射线太空望远镜

“哈勃”太空望远镜发射不久后，美国又在 1991 年 4 月 5 日，用“亚特兰蒂斯”号航天飞机将“康普顿”伽马射线太空望远镜送入太空。这架太空望远镜质量约 1.6 万千克，造价高达 7.6 亿美元，搭载了一系列先进的设备。它的成功发射使得人们对天体伽马射线的探测范围扩大了 300 倍。在工作的 9 年时间里，它观测到了 2 000 多起各种宇宙天体的伽马射线爆发事件，其中就包括银河系中心出现的反物质粒子云、120 亿年前产生的伽马射线冲击波等。

“康普顿”伽马射线太空望远镜硕果累累，可惜的是 1999 年底，用于调整姿态的定位陀螺仪发生故障，而且无法修复。由于地面控制站无法对其进行控制，为了防止它失控后坠落到人口密集区，造成巨大灾难，美国国家航空航天局不得不忍痛在 2000 年 9 月 4 日实施人工坠毁，让其坠入太平洋。就此，“康普顿”伽马射线太空望远镜彻底告别了太空。

▲"钱德拉"X 射线太空望远镜

不同类型的太空望远镜

"哈勃"太空望远镜是一架光学望远镜，虽然它的观测距离非常远，清晰度也很高，但观测能力仍然有限，很多宇宙天体和现象都无法观测。于是，人们又发射了许多别的类型的太空望远镜，比如 X 射线太空望远镜、红外线太空望远镜等。它们能通过探测特殊的宇宙射线和信号对宇宙进行深度探测。

"钱德拉"X 射线太空望远镜

1999 年，美国国家航空航天局用"哥伦比亚"号航天飞机将"钱德拉"X 射线太空望远镜送入太空，用于观测天体的 X 射线辐射，进而搜寻宇宙中的黑洞和暗物质，让人们更深入地了解宇宙的起源和演化过程。它的诞生具有十分重大的意义，标志着天文观测从测光时代进入了光谱时代。

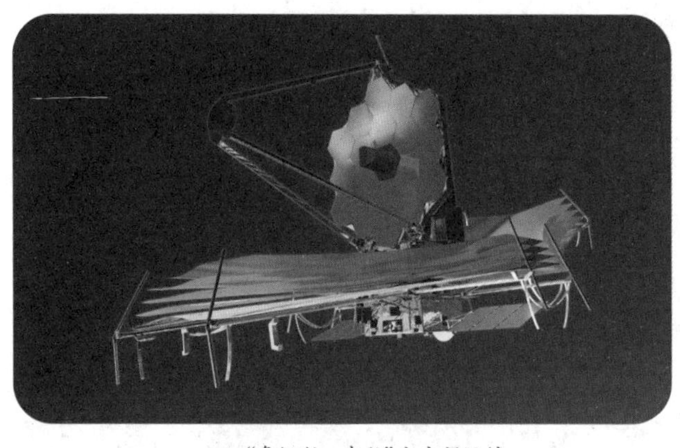

▲"詹姆斯·韦伯"太空望远镜

"詹姆斯·韦伯"太空望远镜

"哈勃"太空望远镜已经工作了近 30 年，即将退役，为了避免太空观测中断，美国计划研发了"詹姆斯·韦伯"太空望远镜，并计划在 2021 年 3 月将其送入太空，接替"哈勃"。"詹姆斯·韦伯"太空望远镜质量约 6 200 千克，主观测镜面直径达 6.5 米，并配有红外照相机和探测设备，将通过红外波段对宇宙进行观测。

美国“哈勃”望远镜

美国“哈勃”望远镜指的就是1990年发射的“哈勃”太空望远镜，名字是为了纪念在20世纪初期发现宇宙膨胀的美国天文学家爱德温·哈勃。“哈勃”太空望远镜的诞生就像16世纪“伽利略”望远镜出现一样，是天文学发展道路上的一个里程碑。它携带的电子照相机，可以拍摄下宇宙中微妙的景象，让人类更清楚地了解太空深处的秘密。

曲折的诞生历程

“哈勃”太空望远镜的历史可以追溯到1946年天文学家莱曼·斯皮策的构想，但一直到20世纪70年代才开始设计。从1983年到1990年，“哈勃”太空望远镜的发射日期一延再延，因为在制造的过程中，出现了很多问题，导致工期拖延，进度落后，并且超过了预算。到它成功发射时，耗资已经超过了20亿美元，而最初的预算只有大约4亿美元。

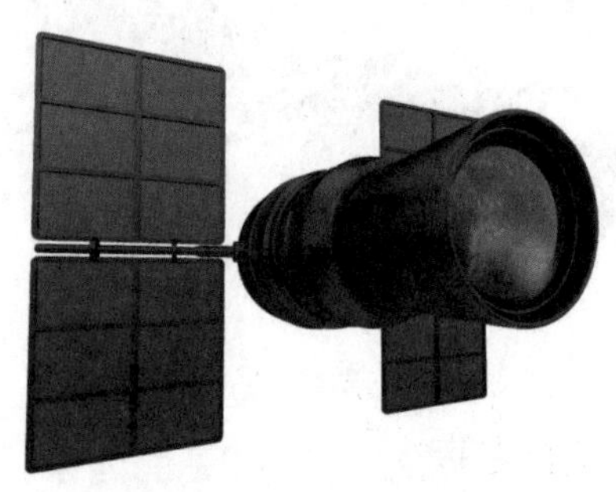

▲“哈勃”太空望远镜

开始工作

1990年4月，美国国家航空航天局的“发现”号航天飞机将“哈勃”望远镜送入太空，从此，它就在离地球表面600千米的高空轨道上运行。“哈勃”望远镜的质量有11.6吨，光学透镜直径达2.4米，观测能力非常强大，相当于可以从华盛顿看到远在悉尼的一只发光的萤火虫。

▼“哈勃”太空望远镜的位置在地球大气层之上，因而观察天体时不会受大气层影响

"哈勃"的成就

在"哈勃"太空望远镜工作的近30年里，除了拍摄了大量清晰珍贵的宇宙照片之外，还帮助天文学家解决了一些长期困扰他们的问题。比如，它发现了最古老的星系，这个发现有助于天文学家正确地认识宇宙年龄，它证明了暗物质的存在，证明了"星系的核心是黑洞"的理论……"哈勃"太空望远镜成为了人类制造的最高产的科学仪器之一。

▲"哈勃"太空望远镜发射成功后，填补了地面观测的缺口，帮助天文学家解决了很多问题

▲"太空人"正在进行"哈勃"的第一次维修

维护改进

在1990年4月，"哈勃"太空望远镜发射升空的数星期后，研究人员就发现从望远镜传回来的图片有严重的问题，原因是主镜片的形状被磨错了。于是在1993年，研究人员对这个错误进行了修正。之后在1997年、1999年、2002年、2009年又进行了第二、三、四、五次维护和改进。

新知词典

中国的太空望远镜

中国第一台太空望远镜是空间太阳望远镜，有中国"哈勃"之称。与美国"哈勃"不同，中国"哈勃"的观测对象不是恒星，而是太阳。它将对太阳活动实行全波段和全连续观测，研究太阳活动区磁场变化、太阳耀斑的积蓄和爆发过程、日冕物质抛射和太阳风形成等多种太阳物理现象，并为空间天气预报积累数据。

太阳观测是空间观测的重要组成部分。自20世纪60年代以来，人类通过太阳辐射监测卫星、轨道太阳观测站等探测了太阳的结构、化学成分、黑子周期、太阳耀斑和太阳质子事件，监测了太阳发出的X射线、紫外线和γ射线辐射，取得了一系列探测成果。

其实，早在20世纪90年代初，我国国家天文台就已经开始了太阳望远镜的先期技术研究，并且在关键技术上取得了一系列突破，在2000年完成了关键系统和部件的样机研制。这台中国自主研制的空间太阳望远镜口径1米，是目前世界上最大的热光学望远镜，上面配有多种望远镜，计划于2019年发射，运行寿命3年，实行24小时连续工作。

突破关键技术的 V-2 火箭

现代导弹技术是伴随着战争的发展而出现的。在第二次世界大战(以下简称“二战”)中，出于战争的特殊需要，人们开始了对导弹的开发和研究。最为著名的成果就是 V-2 火箭。V-2 火箭是世界上第一枚弹道导弹武器。它在军事行动上有着特殊的作用，在人类发展航天事业的进程中，也有着重要的意义。

A-4 液体火箭

二战期间，德军命令冯·布劳恩博士研制一种能够携带 750 千克炸药飞行约 300 千米后准确击中目标的火箭。A-4 火箭项目即发端于此。经历了一系列失败的试验后，1942 年 10 月 3 日，第一枚 A-4 火箭实现完美发射，飞行高度达到 84.5 千米，飞行距离达到 190 千米，最高速度达 5 倍声速，虽然它还不能成为登月火箭，但是它首次抵达太空，已经是航天史上的一个里程碑了。

▶ 美国海军航空母舰“中途岛”号正在试射从德军手中缴获的 V-2 火箭

▼ 冯·布劳恩

V-2 火箭

V-2 火箭是 A-4 液体火箭的改装——将 A-4 液体火箭装上弹头就成了 V-2 火箭。V-2 是单级液体火箭，全长 14 米，质量 13 吨，直径 1.65 米，最大射程 320 千米，射高 96 千米，弹头质量 1 吨。弹头里面装的是炸药，杀伤力极大。

战场杀手

二战期间，德军使用 V-2 火箭袭击了英国、法国、比利时等国家，给这些国家的人民带来了极大的灾难和巨大的恐怖。它是战后美国研制第一代弹道导弹的样弹，也是对战后导弹发展影响最大的一种导弹。

▶ 华特·迪士尼和冯·布劳恩(右)

科技是一把双刃剑

V-1、V-2 火箭是由著名的冯·布劳恩博士设计的，被希特勒称为“复仇天使”。它们所具有的强大杀伤力和远程攻击能力，使人类意识到了科学技术这把“双刃剑”，在给人类带来种种便利的同时，也给人类带来了重重灾难。V-2 火箭是当今航天运载火箭以及各种战略、战术导弹的雏形。利用并借鉴它的技术，人类可以遨游太空、探索宇宙；但要是在邪恶势力的驱使下，它就会成为可怕的杀人武器。

1950 年 7 月，美国佛罗里达州的卡纳维拉尔角进行首次 V-2 火箭发射

新知词典

V-2 火箭的秘密军工厂

在德国中部的哈尔茨山有一个在地下 60 米处挖掘的坑道网，这里是二战时期纳粹头目希特勒制造“复仇武器 2 号”——V-2 火箭的秘密军工厂。在这个军工厂里，近 2 万法国人、比利时人、苏联人和波兰人丧生。

V-2 火箭是二战时德国的弹道导弹，它是第一种超声速火箭，是现代航天运载火箭和远程导弹的先驱。

二战前，德国决心研制一种不受《凡尔赛条约》限制的新型武器。当德国国防军在东线和北非战场开始失利之后，最初还有点迟疑不决的希特勒终于下决心要立即研制“特殊武器”。

冯·布劳恩率领的科研小组负责武器的研制，他设计出的就是“复仇武器 2 号”——V-2 火箭。这是一种恐怖的武器，它可以昼夜不停地袭击市政目标，给敌人精神上和身体上造成重大打击。

经过一年的研究和试验，希特勒于 1943 年 10 月下令制造 1.2 万枚 V-2 火箭。就是从这时候开始，关押在集中营里的 6 万多名犯人被德国当作战争奴隶，开始了在秘密军工厂里做苦役的艰难岁月。

V-2 计划由德国党卫队负责实施。犯人们每天劳动 12 个小时，用 2 个月的时间挖掘了两条 2 000 米长、200 米宽的地下通道，两条通道之间有 43 个衔接点，这就是“死亡工厂”。

1944 年 1 月，V-2 火箭开始投入生产，1945 年 3 月停产，其间一共生产了约 6 000 枚。1945 年 4 月 11 日，美国士兵发现了这座秘密工厂。一名军官在报告中写道：“一进去我们就看到尸横遍地，瘦得皮包骨的犯人们饿死在地上。”

美国士兵总共抬出约 3 000 具尸体，另外，他们带走了遗留的 100 多枚组装好的 V-2 火箭，冯·布劳恩也于 1945 年 5 月 2 日向盟军投降。

火箭理论奠基人

齐奥尔科夫斯基是现代宇宙航行学的奠基人。他最先论证了利用火箭进行星际交通、制造人造地球卫星和近地轨道站的可能性。他指出发展宇航和制造火箭的合理途径，找到了火箭和液体发动机结构的一系列重要工程技术方案，被视为现代火箭理论的奠基人。

▲ 1987年发行的苏联1卢布硬币上的齐奥尔科夫斯基像

研究火箭的兴趣

齐奥尔科夫斯基小时候就对星际航行方面的问题很感兴趣，关于火箭，开始时他也和当时的大多数人一样认为它只不过是一种没多大用途的玩具。但后来，当他读到儒勒·凡尔纳的科幻小说时，他开始严肃地思考火箭的价值。

初步探索

16岁的时候，齐奥尔科夫斯基去莫斯科求学，在此期间，他不断思考火箭的问题。他想到利用离心力作为火箭的动力，但后来经过认真思考，他发现这是不可行的。

探索之旅

一个数学老师的业余探索

1877年秋天，齐奥尔科夫斯基通过了乡村中学教师资格考试，随后当上一名中学数学教师。他自己搞了一个实验室，一边教书，一边开始独立研究太空飞行的方法。

1881年，齐奥尔科夫斯基对气体理论进行了大量思考和研究。1903年，齐奥尔科夫斯基发表了一篇极其重要的论文——《利用喷气装置探索宇宙空间》。接着，他又在《科学报告》上发表了多篇关于火箭理论和太空飞行的论文，系统地建立起航天学的理论基础。

在对火箭运动理论进行了一番研究之后，齐奥尔科夫斯基又对星际航行问题进行了研究和展望。在1911年发表的论文中，他详细地描述了载人宇宙飞船从发射到进入轨道的全过程，内容涉及飞船起飞时的壮观景象、超重和失重对宇航员的影响、失重状态下物体的奇异表现、不同的高度看地球的迷人景观、天空的景色等。

齐奥尔科夫斯基这些关于星际航行的科学设想，虽然由于科技水平所限，在当时没能实现，但在他的论文和著作的影响下，一批火箭和航天爱好者走上了航天探索的道路。当世界上掀起火箭和太空飞行研究的热潮时，齐奥尔科夫斯基的名望也在迅速增长，被誉为“航天之父”。

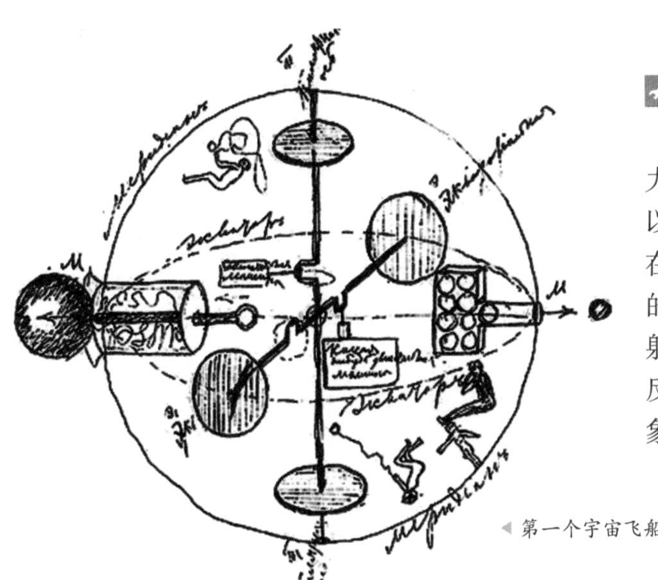

第一个宇宙飞船的康斯坦丁草案

重大突破

1882 年，齐奥尔科夫斯基自学了牛顿力学，这时他发现：牛顿第三定律或许可以解决火箭的动力问题。齐奥尔科夫斯基在日记中写道：“如果在一只充满高压气体的桶的一端开一个口，气体就会从小口喷射出来，并对桶产生反作用力，使桶沿相反方向运动。”这是他对火箭飞行原理的形象论述。

最终成果

1883 年，齐奥尔科夫斯基发表了一篇名为《自由空间》的论文，在这篇论文中，他正式提出了利用反作用装置作为火箭的推进动力。1896 年，他开始从理论上研究星际航行的问题，这时他进一步明确只有火箭才能达到这个目的。1897 年，他推导出了火箭运动的方程式。这在火箭研究历史上具有里程碑式的意义。

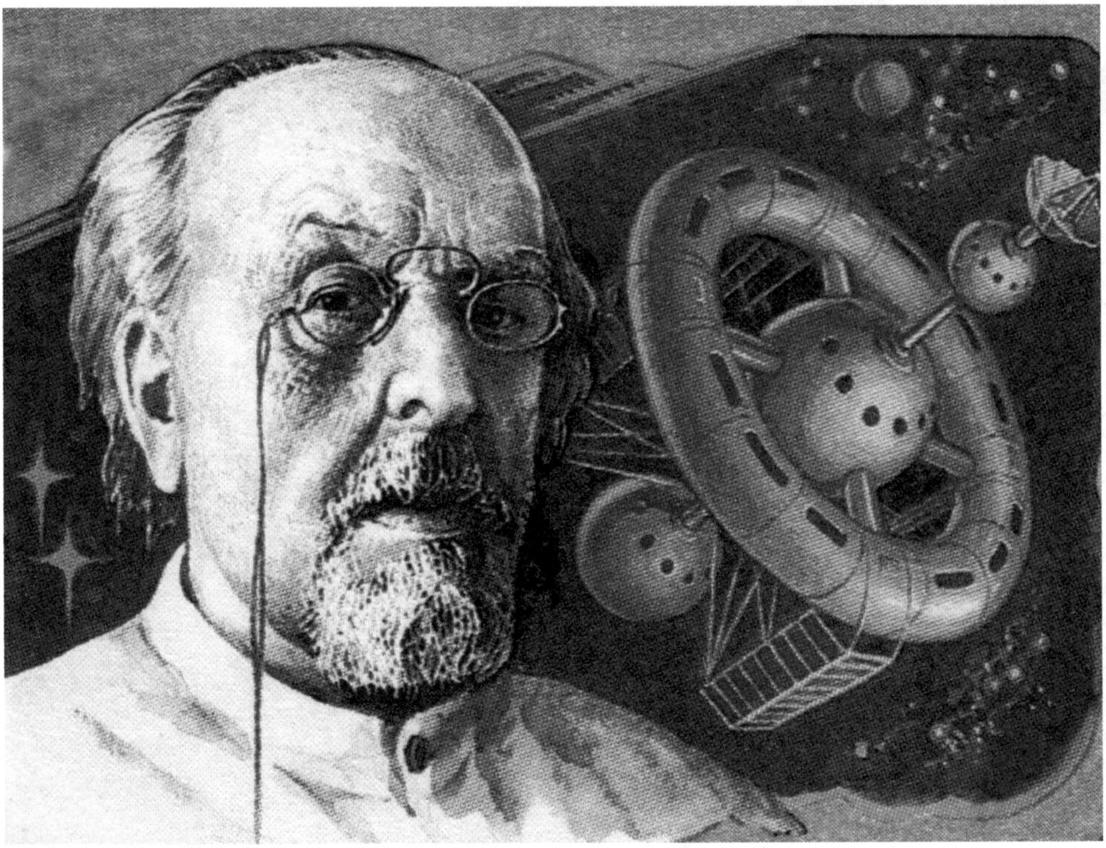

齐奥尔科夫斯基

欧洲火箭之父

赫尔曼·奥伯特是德国火箭专家，被誉为“欧洲火箭之父”，是现代航天学奠基人之一。他的主要成就在理论方面。他通过长期研究，建立了火箭燃料消耗、燃气消耗速度、火箭速度、发射阶段重力作用、飞行延续时间和飞行距离等条件之间的理论关系，为航天学发展提供了重要的理论支持。

▲二战后，美国的“回形针项目”招揽了众多德国火箭研究者(前排者为赫尔曼·奥伯特)。他们中的很多人后来参与研制了“土星5号”火箭，将“阿波罗11号”上的宇航员送上了月球

研究兴趣的产生

1894年6月25日，赫尔曼·奥伯特在奥匈帝国出生。他12岁的时候，因为阅读了科幻作家凡尔纳的《从地球到月球》而迷上星际旅行。1913年，他到德国慕尼黑学医，但是因第一次世界大战爆发而被奥匈帝国军队征召入伍当兵。虽然他因此中断了医学学习，但是对于宇宙航行的基础理论研究从未停止过。他阅读了能够找到的所有关于火箭和宇宙航行的著作，其中就包括大名鼎鼎的齐奥尔科夫斯基的著作。

发表经典著作

1919年，赫尔曼·奥伯特重新回到德国，继续学习物理学。1922年，他把自己的研究成果整理成文，作为申请博士学位的论文寄给了海德堡大学。但是，海德堡大学却认为他的研究成果不切实际，因此没有承认。不过，这并没有打击到赫尔曼·奥伯特。一年后，他发表了经典著作——《通向航天之路》。他在书中提出了空间火箭点火的理论公式，用数学阐明火箭如何获得脱离地球引力的速度，还介绍了液体火箭、人造卫星、宇宙飞船、空间站的构造原理和训练宇航员的方法等，对早期火箭技术的发展和航天先驱者产生了较大影响。

名人小传

像骆驼一样务实的赫尔曼·奥伯特

赫尔曼·奥伯特一生的主要工作都集中在火箭理论研究上。不过，他也亲自参与过火箭研制。1930年，他和同事一起，研制了一枚火箭，并成功发射到20千米的高空。

赫尔曼·奥伯特不仅好学，善于思考，而且能够虚心求教。他曾和齐奥尔科夫斯基有过长期通信。在这过程中，他曾实事求是地承认，自己在推导与宇航有关的方程方面远远比不上齐奥尔科夫斯基等人。后来，当他在报纸上看到美国液体火箭发明者戈达德研究火箭的报道后，热情地给他写信，并索求他的著作。

赫尔曼·奥伯特曾在自传中谈到自己年少时的渴求，他做了一个比拟："骆驼能够在它口渴的时候发现新的水源。"这个比拟用在赫尔曼·奥伯特身上十分恰当。他有着骆驼一样的务实精神，他没有在因申请博士学位时被否定，而放弃开拓性的火箭研究成果。事实也证明，他的成就比那些否定他的人更伟大。

▲赫尔曼·奥伯特

兴趣丝毫未减

1924年，赫尔曼·奥伯特成为了一所中学的数学和物理老师，但他对火箭的兴趣丝毫未减。当时，有一部叫作《月宫女郎》的电影在拍摄时需要一架火箭，为此导演找到了赫尔曼·奥伯特，希望他能帮忙制作一个。后来，这个计划虽然没有完成，但却激发了一大批天才的想象力。

▲三位航天先驱：查尔斯·伦德奎斯特(右)、赫尔曼·奥伯特(左)和冯·布劳恩(中)

工作历程

1938年，赫尔曼·奥伯特被调入维也纳工程学院从事火箭研究。不过，他的兴趣主要在固体火箭方面。1940年，赫尔曼·奥伯特加入德国国籍。一年后，他进入佩内明德研究中心工作。虽然他并没有直接参与著名的V-2火箭的研制，但V-2火箭的研制完全是以他的理论框架为基础的。二战结束后，赫尔曼·奥伯特留在了德国，之后担任了瑞士火箭技术顾问，也为意大利海军固体推进剂防空火箭的研究提供了理论支持。1951年，他离开德国，到美国和冯·布劳恩合作，实施美国的空间计划。

两本著作

在美国工作的那段时间里，赫尔曼·奥伯特写了两本书，一本是对未来10年火箭发展可能性的展望，另一本谈到了人们往返月球的可能性。1989年12月，赫尔曼·奥伯特在德国去世，享年95岁。

液体火箭的发明者

罗伯特·戈达德是美国最早的火箭发动机发明家，他最先研制使用液态燃料的火箭发动机，并成功发射了数枚液体火箭，被公认为“美国火箭之父”。他一生取得的火箭技术和航空方面的专利达200多项。凭着超前的想象力与坚韧不拔的毅力，罗伯特·戈达德和他的发明为人类的未来展现了一个又一个梦幻般的前景。

开创新时代

1914年，戈达德取得克拉克大学的博士学位后留校任教。在此期间，他认识到液氢和液氧是理想的火箭推进剂，随后，他在实验室第一次证明了在真空中存在推力。此外，他还首次从数学上探讨了包括液氢和液氧在内的各种燃料的能量和推力与其质量的比值。1919年，戈达德发表了经典论文——《到达极高空的方法》，开创了航天飞行和人类飞向其他行星的时代。

成功运行液体火箭发动机

从1909年开始，戈达德就开始进行火箭动力学方面的理论研究，三年后他点燃了一枚放在真空玻璃容器内的固体燃料火箭，证明火箭在真空中能够工作。他从1920年开始研究使用液态燃料的火箭发动机，1925年，他对一台液体推进剂的火箭发动机进行了静力实验。1926年，他研制的液体火箭发动机成功运行。

名人名言

很难说什么是不可能的，因为昨日之梦想，即是今日之希望，明日之现实。

——罗伯特·戈达德

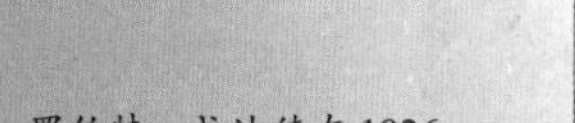

罗伯特·戈达德在1926年进行首枚液体火箭试射

第一枚液体火箭

1926年，在马萨诸塞州的奥本，一片冰雪覆盖的草原上，戈达德发射了人类历史上第一枚液体火箭。这枚火箭长3米左右，发射质量4.6千克，它在空中持续飞行了2.5秒，飞行距离为56米，达到的最大高度为12.5米。这是一次了不起的成功。

▲ 罗伯特·戈达德

不断突破

1929 年，戈达德又发射了一枚较大的火箭，这枚火箭比他第一次发射的火箭飞得还高、还远。1935 年，戈达德发射的第一枚液体火箭第一次超过了声速。但是，戈达德生前并没有得到他应得的关注，在他去世后，美国政府才认识到他的价值，因此在戈达德逝世时，美国的火箭技术还远远落后于德国。

探索之旅

树枝上的少年

1882 年 10 月 5 日，罗伯特·戈达德出生在马萨诸塞州伍斯特城。他小时候十分喜欢各类科幻小说和科技书籍，对奥妙的宇宙空间充满了新奇感，经常会去设计各种去太空旅行的方法和途径。别人都嘲笑戈达德异想天开，但是他从来没有放弃。

17 岁的时候，戈达德住在祖母家的农庄。一个下午，他爬上一棵樱桃树，坐在树枝上读起了英国作家威尔斯的一部关于火星人入侵地球的科幻小说。这时，他的脑海中闪出一个念头：要是我们能够做个飞行器飞向火星，那该有多好！

为了这个梦想，戈达德发奋学习，潜心研究，他用整整 10 年时间刻苦读书、思考。1926 年 3 月 16 日，在马萨诸塞州的奥本，一片冰雪覆盖的草原上，戈达德发射了人类历史上第一枚液体火箭，然而这个飞行器在空中仅仅爬升了 56 米。1935 年，他又成功地发射了一枚液态燃料火箭，这一次火箭的速度超越了声速，飞得更高、更远。

但是戈达德的试验并没有被公众接受，人们讽刺他是整天幻想去月球旅行的“月亮人”。美国政府也没有对戈达德的试验给予过多的关注。反倒是德国人在他的研究成果的启迪下发明了 V-2 火箭，并在二战中用来对付盟军。

1945 年，戈达德去世。在之后的 10 多年，他的研究才得到了认可，他被追授了第一枚刘易斯·希尔航天勋章，美国国家航空航天局的一座空间飞行中心也被命名为“戈达德空间研究中心”。

▲ 液体火箭发射升空

德国火箭专家——布劳恩

冯·布劳恩出生于德国，是二战期间德国著名的火箭专家，对V-1和V-2火箭的研究和诞生起了关键性作用。后来，在二战即将结束，德国战败时，冯·布劳恩和他的研究团队集体投降了美国，并加入美国国籍。在美国，他继续从事火箭、导弹和航天研究，曾研制出“土星5号”运载火箭，还将“阿波罗11号”载人登月飞船送上月球。因为成就巨大，冯·布劳恩被誉为“现代航天之父”。

◀ 沃纳·冯·布劳恩于1964年5月在其马歇尔空间飞行中心办公室内，其身后为土星火箭模型

用焰火作推进装置

1912年，冯·布劳恩在德国一个贵族家庭出生。他从小天资卓越，兴趣广泛，尤其是对飞行器十分感兴趣，甚至在很小的时候进行了一次火箭试验。当时，他从商店买了6支大号焰火，绑在自己的滑板车上作为推进装置。他的“火箭”威力惊人，滑板车在飞驰中失去控制，横冲直撞，所幸没有人员受伤。

痴迷火箭研究

从小，冯·布劳恩的物理和数学成绩就不太好，家人为他能否考上一个好学校担心不已。1925年，在他读到赫尔曼·奥伯特的经典著作《通向航天之路》一书后，对火箭无比痴迷。他决定要研究火箭，征服宇宙。在强烈的兴趣驱动下，他开始恶补微积分、三角学等，数学和物理成绩迅速提高。

成为军方研究人员

1932年，冯·布劳恩进入柏林大学学习。一天，当他和同学进行新型火箭试验时，3名德国军方的代表前来观看。他们许诺为冯·布劳恩提供研究经费，条件是冯·布劳恩必须保守秘密，而且研究成果只能交给军队。就这样，冯·布劳恩成为了一名军方研究人员。

▲ 装载“阿波罗11号”的“土星5号”火箭矗立在肯尼迪航天中心的发射场上

火箭研究的领军人物

冯·布劳恩在大学期间，他利用军方提供的经费，建立自己的科研小组，研究设计大型火箭发动机。在很短的时间内，他就实现了理论、工程设计和制造、试验研究的高度结合，成为当时火箭研究的领军人物之一。

▲ V-2 火箭

▲ 冯·布劳恩站在美国空间和火箭中心为"土星5号"火箭所用的F-1火箭发动机前留影

研制 V-2 火箭

1937年，冯·布劳恩已经成为当时世界上最顶尖的火箭制造和试验机构的负责人。1942年，冯·布劳恩研制的V-2火箭试射成功，推动了现代大型火箭的发展。后来，纳粹德国把V-2火箭用在二战中，而盟军无法拦截V-2火箭，因此给英国和荷兰造成了巨大损失。据资料显示，V-2火箭在英国就造成了9 000多人伤亡。

为美国工作

二战结束后，冯·布劳恩投降了美国，开始为美国工作。他计划设计一架能搭载一名宇航员的"水星"号飞船，并把飞船送入轨道，然后再把宇航员安全地载回地球。这一设想得到了美国国家航空航天局的同意，并命名为"水星"计划。后来，"水星"计划顺利实施，为"阿波罗"登月计划打下了坚实基础。

名人小传

冯·布劳恩投降美国

希特勒曾两次召见冯·布劳恩，希望能将火箭技术应用到大型武器上。后来，因为V-2火箭的成功，希特勒还授予他荣誉教授称号。

到了二战后期，德国处在崩溃边缘，而盟军节节胜利。冯·布劳恩四处奔走，希望进行一次不可能的大撤退，以免人类在未来征服宇宙空间的计划落入外人之手。后来，盟军空袭德国，冯·布劳恩只能在医院中束手无策地等待空袭结束。这段痛苦的经历让他备受折磨。当时，他认为自己的国家处在战争状态，出于爱国，他有义务为国家研制一种强有力的新式武器，但是因为德国战败的大局已定，他不想让未来征服宇宙空间的技术在德国的废墟中被掩埋。于是，他策划了一场整个团队投降美国的行动，自愿用自己的本领为美国服务。

▶ 被俘时的冯·布劳恩（手上打着石膏）

中国火箭之父——钱学森

钱学森是“中国火箭之父”，他主持了中国“喷气和火箭技术的建立”的规划，参与了近程导弹、中近程导弹和中国第一颗人造地球卫星的研制。同时钱学森还参与制定了中国第一个星际航空的发展规划，因此他也被称为“中国航天之父”。为了纪念他，2001年，经国际小行星中心和国际小行星命名委员会批准，中国科学院紫金山天文台发现的编号为3763号的小行星被正式命名为“钱学森星”。

▲钱学森

少年英才

1911年钱学森出生在上海，1929年他考入铁道部交通大学，1935年9月进入美国麻省理工学院航空系学习。1936年9月钱学森获麻省理工学院航空工程硕士学位，后转入加州理工学院航空系学习，成为世界著名大科学家冯·卡门的学生。他先后获航空工程硕士学位和航空、数学博士学位，堪称少年英才。

名人小传

冯·卡门的得意门生

冯·卡门是20世纪最伟大的美国工程学家，被誉为“航空航天时代的科学奇才”。他的学生遍及五大洲，被人称为“卡门科班”，其中钱学森就是冯·卡门的得意门生之一。

1936年，已经取得麻省理工学院硕士学位的钱学森拜访冯·卡门，期望这位伟大的科学家能够对自己的未来进行指点。冯·卡门很喜欢钱学森的思维敏捷和富有智慧，便建议钱学森来加州理工学院，和自己一起工作。

没过多久，加州理工学院成立了火箭研究小组，共有五名成员，钱学森就是其中之一。在冯·卡门的指导下，这个小组的火箭研究取得了重大进展，著名的“卡门-钱”公式也在此时诞生。这是一项在航空科学史上占有重要地位的航空科学公式，由冯·卡门提出命题，钱学森做出结果，至今这项公式在航空技术研究中仍被广泛使用。

又过了十几年，刚到36岁的钱学森以他超人的才能被聘为美国麻省理工学院的终身教授。这是一个很高的荣誉，它预示着钱学森的远大前程。两年之后，正当他在科学道路上向上攀登之际，从大洋彼岸传来了振奋人心的消息——中华人民共和国成立了！此时的钱学森虽然金钱、地位、声誉都有了，但“建设祖国”的坚定信念促使他抛弃了这一切，在经过层层阻力后，终于回到祖国。

对于自己的这个得意门生，冯·卡门常常感慨万分。他在自己的回忆传记中，称钱学森为“红色中国的钱博士”。

▲从左到右：普朗特，钱学森，冯·卡门

扬名世界

1938—1955 年，钱学森在美国从事空气动力学、固体力学和火箭、导弹等研究。在此期间，他与导师共同完成高速空气动力学问题，创立了“卡门-钱”公式，这使他在 28 岁时就成为世界知名的空气动力学家。

报效国家

1955 年，在克服重重阻挠后，钱学森回到了祖国。回国后，钱学森立即向中共中央、国务院提出发展我国航天事业的建议。1955 年，国务院、中央军委根据他的建议，成立了导弹、航空科学研究的领导机构——航空工业委员会，并任命他为委员。从此，拉开了我国航空航天事业发展的大幕。

参与导弹研究

1960 年 11 月 15 日，钱学森与聂荣臻元帅，孙继先、王诤等试验委员会委员，在酒泉发射场成功地组织了我国第一枚近程导弹的飞行试验。1966 年 10 月 27 日，钱学森协助聂荣臻元帅，在酒泉发射场直接领导了用中近程导弹运载原子弹的“两弹结合”飞行试验，获得圆满成功。

▲ 钱学森邮票

▲ 上海交通大学钱学森图书馆

NASA
United States

大胆探索铸就航天伟业：航天探测篇

在液体火箭证明了航天理论的可实践性后，人类就大胆地开始了航天事业。虽然经历了无数次失败，但是坚定梦想的人们从不言弃。终于，运载火箭诞生了，人类进入了太空，行星探测器拜访了地球之外的其他天体，人类登上了月球，人类实现了太空行走，人类在太空建造了空间站……这一次次成功，不仅表明人类的航天事业取得了巨大成果，也让我们对地球、太阳系、银河系及宇宙有了更加深刻的认识。

航天器

航天器又称空间飞行器，是指在地球大气层以外的宇宙空间中运行的各种飞行器。常见的航天器包括人造卫星、空间探测器、航天飞机和各种空间站等。航天器的出现使人类的活动范围从地球的大气层扩展到了无限的宇宙空间。

航天器分类

航天器分为不载人航天器和载人航天器两大类。不载人航天器包括火箭、各种功能的人造地球卫星和各种探测器。载人航天器包括作为天地往返运输工具的载人飞船、航天飞机，航天飞机在太空运行的各种实验室，长期在太空运行的空间站，飞往月球的载人飞船等。

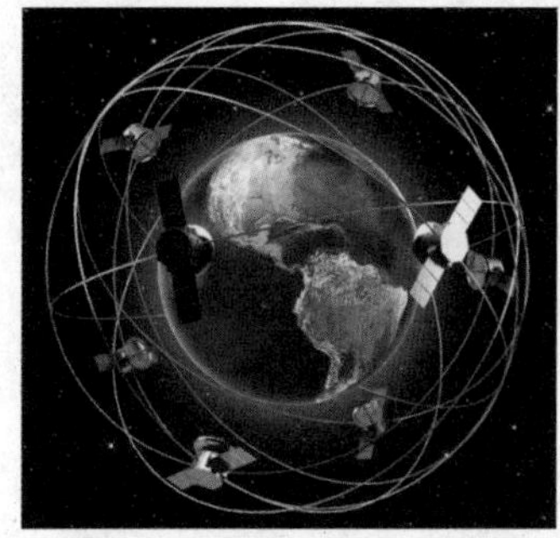

人造卫星

人类制造的环绕太阳系行星运行的航天器称为人造卫星。环绕地球运行的就叫作人造地球卫星，环绕金星的就叫作人造金星卫星。人造地球卫星因为有很高的高度，所以能大范围覆盖地球表面，利用这个特点，进行通信的称为通信卫星，进行气象观测的称为气象卫星，等等。

◀ 人造卫星

新知词典

“旅行者1号”“旅行者2号”探测器

“旅行者1号”和“旅行者2号”探测器是美国在1977年发射的两个行星探测器。它们的结构大体相同，都带有11种科学仪器，以及一张特殊的镀金唱片——《地球之音》，上面录制了有关人类的各种音像信息：60个语种向“宇宙人”的问候语、35种自然界的声音、27首古典名曲、115帧照片。这张唱片预计可在宇宙空间保存10亿年。

“旅行者1号”和“旅行者2号”探测器巧妙地利用了巨行星的引力作用，适时地改变了轨道，从而达到同时探测多颗行星及其卫星的目的。

“旅行者1号”探测了木星和土星及它们的卫星，之后就开始向银河系中心方向前进，它的飞行速度比任何人造航天器都要快。2012年5月，它已到达太阳系边缘。2013年9月13日，历经36年旅行的“旅行者1号”，离地球约187亿千米，进入了恒星际空间，不过还在太阳系中。

“旅行者2号”则探测了木星、土星、天王星和海王星（包括它们的卫星），发回了约5亿个数据。它目前离太阳大约135亿千米，虽然它搭载的许多仪器都已关闭，但它仍在继续探测太阳系的环境。

如果没有意外，我们能与它们保持联系直到2030年。最终，它们会飞出太阳系，去到遥远的宇宙空间。

▲"好奇"号火星探测器

空间探测器

对地球以外的月球、太阳、太阳系行星、彗星等宇宙天体进行探测的无人航天器称为空间探测器。空间探测器的基本构造大多与人造地球卫星相近，但探测器通常用于执行某一特定探测或调查的任务，因而会携带相应的特殊设备。由于离地球较远通信不畅，所以空间探测器通常有较完备的自动化系统，甚至具有一定程度的人工智能，以便在无人控制的情况下按实际情况来进行任务。

载人航天器

通俗地说，载人航天器就是载着人在宇宙航行的航天器，航天器内有人类需要的生活空间以及工作所需的设备。载人航天器有三种：载人飞船、空间站和航天飞机。载人飞船的主要功用是作为天地往返运输器为空间站运送和接回航天员，它在太空自主飞行的时间比较短，一般为几天。

▲载人飞船

▼空天飞机

空天飞机

空天飞机是航空航天飞机的简称，是一种新型的航天运输系统，既能够航空也能够航天，集飞行器、太空运载工具及航天器于一身，还可以作为载人航天器，可以重复使用。这种系统还在研究发展阶段，大部分国家都投入了研究，美国最先研制成功，并在2010年进行了飞行测试。

火箭的原理

火箭是一种能够自我推进的装置，它自己携带推进燃料，还有助燃的氧化剂。尽管火箭出现的时间很早，但是它得到飞速发展和广泛应用却是在20世纪50年代以后。现在，火箭已经是人类探索太空的重要运输工具了。

火箭的工作原理

火箭的工作利用了“作用力和反作用力”的原理。火箭燃烧燃料会产生高温高压气体，这些气体从火箭尾部喷出，产生了反作用力，推着火箭向前飞去。火箭可以像烟花那么简单，它的推力很小，飞行的距离也短；也可以像运载火箭那样复杂，它的推力很大，能将宇宙飞船送入太空。

▲火箭的工作原理

现代火箭的分类

按能源的不同，火箭分为化学火箭、核火箭、电火箭以及光子火箭等。其中，化学火箭又分为液体推进剂火箭、固体推进剂火箭和固液混合推进剂火箭等。

新知词典

光子火箭

科学家预言，在宇宙空间存在着由“反粒子(与粒子所带电荷相反)”组成的反物质。当粒子与“反粒子”、物质与“反物质”相遇的时候，就会发生湮灭，同时产生大得惊人的能量：500克的粒子和500克的“反粒子”湮灭，所产生的能量就相当于1 000千克铀核反应时释放的能量。如果我们把宇宙中存在的丰富的氢收集起来，让它和其“反物质”在火箭发动机内湮灭，产生光子(构成光的粒子)流，然后，光子流从喷管中喷出，推动火箭，这种火箭就是“光子火箭”，它将达到光的速度，以30万千米/秒的速度前进。

虽然湮灭得到的能量十分诱人，科学家在实验室里也已获得了各种“反粒子”，如“反氢”“反氚”和“反氦”。但是，它们瞬息即逝，无影无踪。按目前的科学技术水平，不可能将它们储存起来，更难以用于推动火箭的飞行。但科学家还是乐观地认为，光子火箭的理想一定会实现。他们设想，在未来的光子火箭里，最前面的是宇航员工作和生活的座舱，中间是粒子和“反粒子”的储存舱，最后面是一面巨大的凹面反射镜。粒子和“反粒子”在凹面镜的焦点处相遇湮灭，将全部的能量转换成光能，产生光子流，凹面镜反射光子流，从而推动火箭前进。

火箭的黑匣子

火箭上装有电子记录仪器，它可以记录下火箭飞行的数据，就像是飞机上的黑匣子一样。火箭上的黑匣子一般安装在第一级火箭发动机上，当第一级火箭掉落在地面时，人们就寻找黑匣子，分析黑匣子中记录的火箭飞行数据信息。

FLIGHT RECORDER
DO NOT OPEN

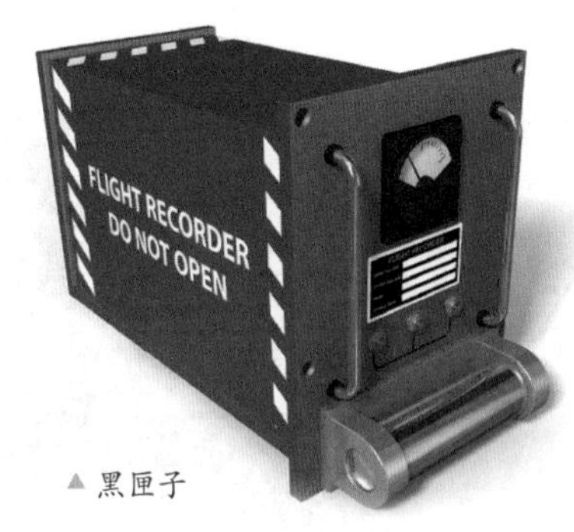

▲ 黑匣子

火箭的用途

人们使用各种各样的火箭，基本目的都是携带物体飞跃空间，是一种运输工具。军用火箭把爆炸装置送向目标；探空火箭把科学仪器送入高层大气层；运载火箭把航天器送上太空。还有一种小型助推火箭，它一般用来控制航天器的飞行姿态或者修正航天器的飞行轨道。

运载火箭

运载火箭负责把人造卫星、宇宙飞船、空间站等送入太空，并使它们进入预定的飞行轨道。因为运载火箭要把很重的负荷以更快的速度送入轨道，所以它们一般都是多级火箭，通过多级火箭接力的方法，把航天器加速到预定的速度。

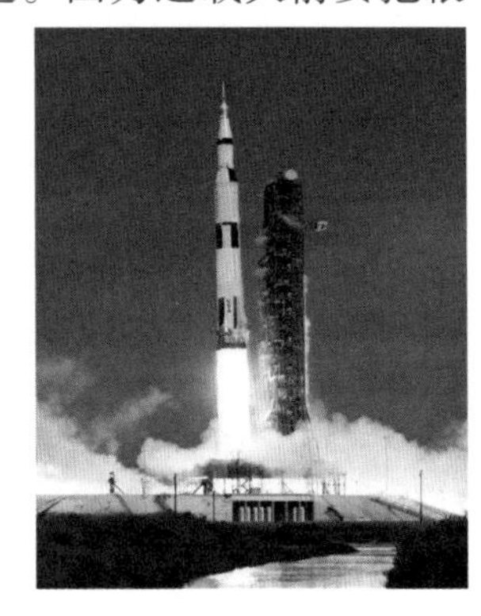

▲ 运载火箭

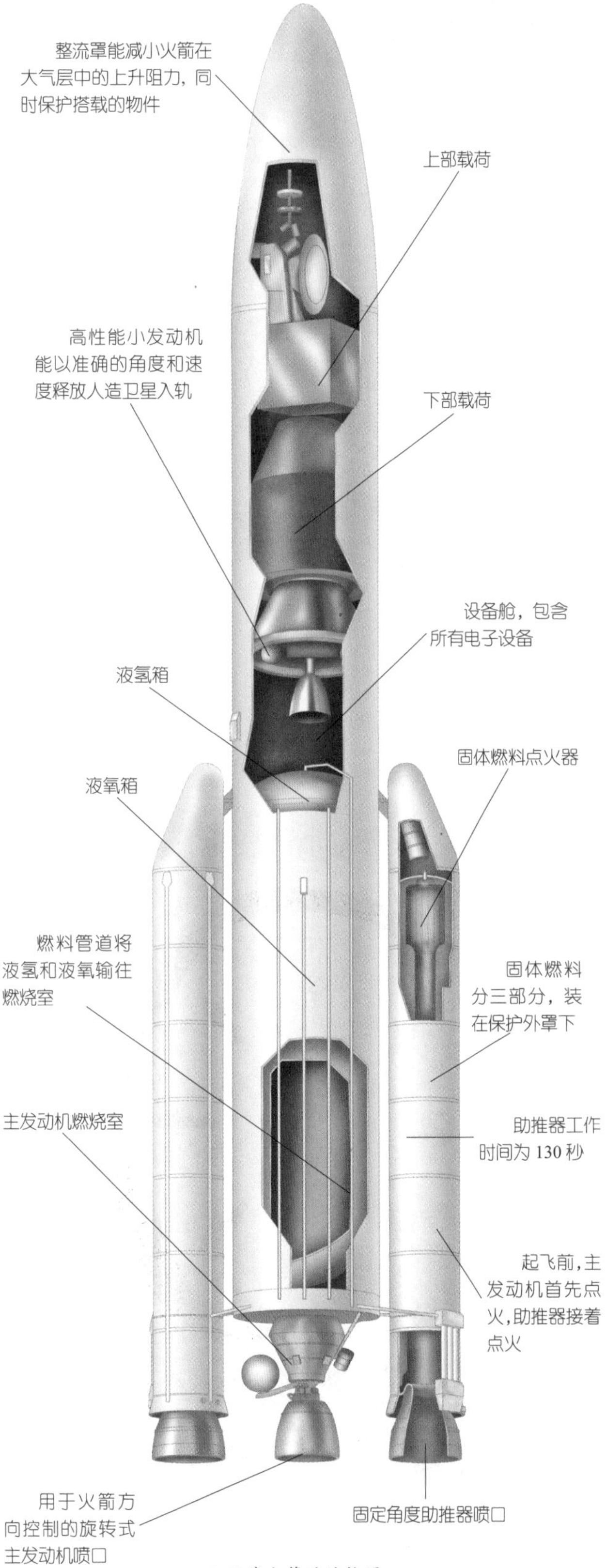
整流罩能减小火箭在大气层中的上升阻力，同时保护搭载的物件
上部载荷
高性能小发动机能以准确的角度和速度释放人造卫星入轨
下部载荷
设备舱，包含所有电子设备
液氢箱
固体燃料点火器
液氧箱
燃料管道将液氢和液氧输往燃烧室
固体燃料分三部分，装在保护外罩下
主发动机燃烧室
助推器工作时间为 130 秒
起飞前，主发动机首先点火，助推器接着点火
用于火箭方向控制的旋转式主发动机喷口
固定角度助推器喷口

▲ 运载火箭的结构图

火箭燃料

我们知道火箭的动力来自推进器，推进器需要推进剂才能工作，推进剂就是火箭的燃料。一般化学火箭携带液体或者固体的化学燃料，燃料在燃烧室燃烧释放出的高温高压气体，所产生的巨大推力将火箭送入太空。

固体燃料

现在火箭采用的固体燃料一般是由合成橡胶或者合成塑料以及添加剂组成的。添加剂包括把燃料黏合在一起的黏合剂、增加推力的金属粉末、控制推进剂燃烧速度的化学物质。因为固体燃料一旦点火燃烧以后，让它熄灭是非常困难的，所以在设计固体燃料火箭时，还必须考虑燃料的燃烧速率。

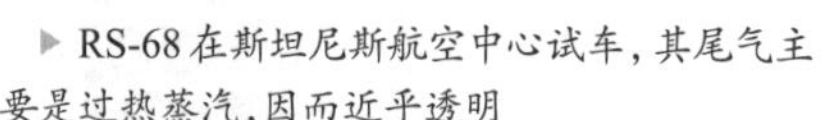

▶ RS-68在斯坦尼斯航空中心试车，其尾气主要是过热蒸汽，因而近乎透明

▲ 由于燃烧室无反压力，发动机牺牲了部分推力

液体燃料

有些火箭使用常见的液体燃料，如酒精、汽油和煤油。煤油是现代火箭使用得最多的液体燃料。航空煤油是一种透明液体，燃烧性能好且洁净度高。因为液体燃料的密度比固体燃料高，所以它通常能提供比固体燃料更大的推力。而且只要简单地通过控制输往燃烧室的燃料流量，就可以控制燃烧的速度。

固液混合燃料

混合燃料火箭的发动机能同时使用液体和固体燃料，一般是采用固体燃料当主要燃料，而液体燃料作氧化剂。混合燃料同时具有固体燃料和液体燃料的优越性，只要控制氧化剂的流量就可以控制它们的燃烧速度了。

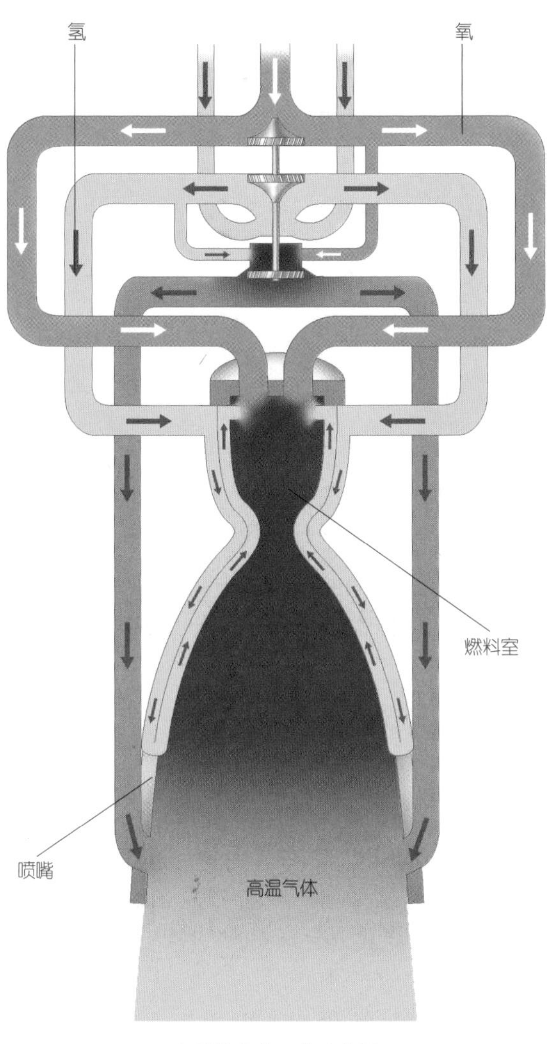

▲ 火箭燃烧室工作示意图

燃烧室

燃烧室是燃料和氧化剂在其中燃烧生成高温气体的装置，安装在火箭尾部。液体火箭通过泵将氧化剂和燃料分别泵入燃烧室，两种推进剂成分在燃烧室混合并燃烧。而固体火箭的推进剂是事先混合好放入储存室的，工作时储存室就是燃烧室。

电火箭

有一种火箭不需要燃料燃烧产生推力，而是用电池、太阳能或其他能源来加速和发射带电粒子，从而获得推力，这种火箭叫作电火箭。电火箭的推力有限，只能在真空中以比较缓慢的速度推动较小的物体，不过它的效率高。

▲ 一个电驱动航天器推进系统使用电能改变航天器的速度，6千瓦霍尔推进器在美国国家航空航天局喷气推进实验室进行操作

新知词典

核动力火箭

核动力火箭就是用核能作为动力，代替传统的化学能燃料的火箭，核动力火箭无论是在动力上还是续航力上都比传统的火箭有着无可比拟的优势。

核动力火箭分为核热火箭和核电火箭。核热火箭是利用核燃料（铀-235或钚-239）裂变时产生的巨大热能，把推进剂（如氢、氦或氮）加热到极高温度并以极高速度从火箭尾部喷出，推动火箭高速飞行。核热火箭的工作原理与化学火箭发动机类似，只是加热的能源不同。核热火箭发动机的比冲高，寿命长，但技术复杂。

美国在1995年开始执行第一个核热火箭研究计划，其研制出的火箭喷发出高温等离子体，驱动火箭前进。国外核推进技术研究指出：采用核热火箭可大大缩短到达月球的时间，即使到土星也只要花7年时间。

核电火箭把核裂变或聚变能转换为电能，提供给火箭，使推进剂（如汞或氙）电离，加速成为等离子态推进剂，以高速排出，产生极大的推力，推动火箭前进。

单级火箭

航天器的运载火箭都是多级火箭，但是多级火箭是由单级火箭组成的。因此我们先来了解一下单级火箭的结构。单级火箭中最出名的就是V-2,后来所有的火箭都是在这个基础上进行改进的。

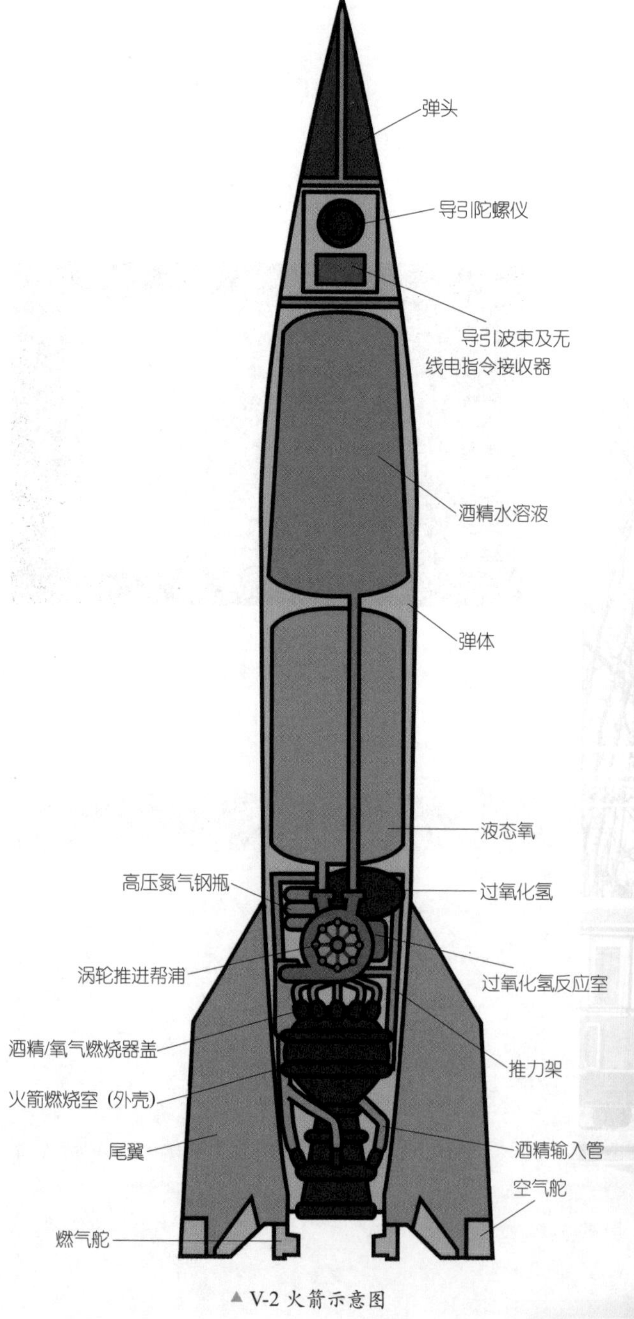

▲V-2 火箭示意图

弹头

弹头是V-2火箭的最前端，里面装的是炸药。V-2的杀伤力极大，弹头的炸药性能比V-1要好得多。这一部分也可以装上别的东西，如科学实验仪器、生物实验的动物等。

仪器舱

弹头后面紧接着就是仪器舱，它是装火箭控制仪器的舱室。V-2的仪器舱是一个薄壁结构，里面有固定各种仪器用的4块隔板，把仪器舱分成4个小舱。仪器舱的外壁承受火箭飞行时的引力，并且保护着仪器，使它们能够正常工作。

燃料舱

燃料舱接在仪器舱后面。V-2的燃料舱是由一个受力的外壳包裹着两个圆柱形的薄壁容器组成的，两个薄壁容器分别装着酒精和液氧。由于液氧是一种需要保持低温的液体，所以在外壳和容器之间要填上隔热用的玻璃丝绵，防止外面的热量传进去，使液氧蒸发太快。

▼佩内明德军事博物馆内复制的 V-2 火箭

发动机

燃料舱之后就是发动机。V-2 的发动机包括 1 台火箭发动机和 1 个发动机架。发动机通过 4 个接头，连接在发动机架上，发动机架再连接在外壳上。发动机工作时所产生的推力就由架子传给火箭，推动整个火箭前进。

尾段壳体

V-2 火箭的末端是一个圆筒形的加强薄壳结构。尾段外表固定着 4 片尾翼，以保证火箭稳定飞行。尾段壳体一方面保护动力装置，使它能正常工作，一方面使火箭具有良好的流线形，以减少飞行时的空气阻力。除此之外，尾段外壳还有一个作用，那就是在发射时，用它竖立在发射台上，支持整个火箭。

新知词典

火箭隔热材料

一般来说，火箭的外壳是用钛合金、铍合金和铝合金等材料做成的，而这些合金材料很容易传热。要是火箭的外壳直接接触高温，那么火箭外壳的强度将会大大减弱，几千度的高温很快就会传到火箭内部，烧坏火箭的各种自动控制仪器和电子元件，火箭也就无法按预定的轨道正常飞行。

为了防止几千度的高温传入火箭内部，导致火箭内的各种仪表无法正常工作，人们想办法给火箭外壳涂上一层又轻又薄的特种涂料——耐烧蚀隔热涂料。涂上这种涂料，就好比给火箭穿上了一件石棉衣服，火箭在大气中飞行就安全无恙了。

大多数涂料是以有机树脂为基料的，这种特种涂料可以采用涂刷、喷的方法，紧密地覆盖在火箭的外壳上。当火箭在大气中高速飞行时，火箭外壳和气流摩擦所产生的热量，使涂层中的升华物质渐渐挥发。在这个过程中，虽然涂料表面消融了，但也带走了部分热量。留下的碳化层就好象一道隔热的屏障，把外界大部分热量隔绝掉。

多级火箭

航天器要飞出地球，靠单级火箭的推力是达不到所需的宇宙速度的。为了实现探索太空的梦想，人们进行了各种各样的尝试，希望能制造出一枚能够真正飞出地球飞行太空的火箭。多级火箭就在不断的尝试中诞生了。

工作原理

简单地说，多级火箭就是把几个单级火箭连接在一起形成的。其中一个单级火箭先工作，工作完毕后与其他火箭分开，然后第二个火箭接着工作，以此类推，从而达到连续飞行。由几个单级火箭组成的就称为几级火箭，如二级火箭、三级火箭等。

▲"土星1号B"的一、二级分离想象图

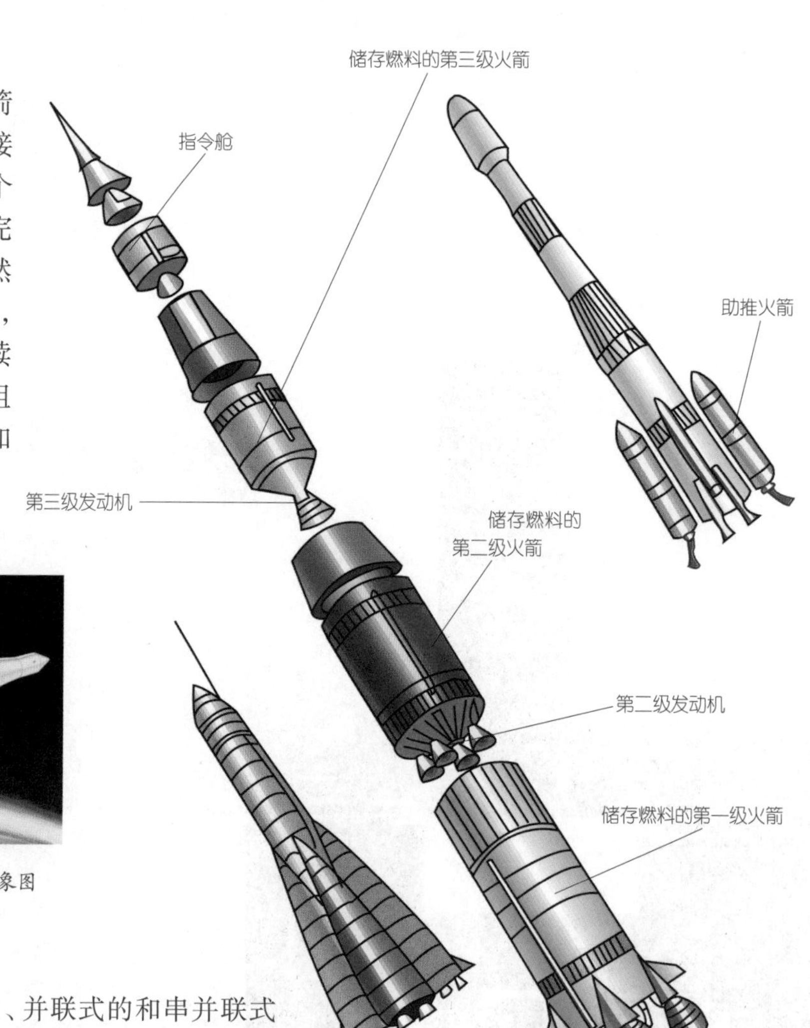

▲多级火箭结构图

多级的形式

多级火箭有串联式的、并联式的和串并联式的。串联式就是将多个单级火箭连成一串，第一子级在最底下，先工作，然后是上面的第二子级，以此类推；并联式就是将多个单级火箭并排地连接在一起，周围的子级先工作，中央的芯级火箭最后工作，也叫捆绑式；如果并联式火箭中的芯级火箭是串联式的，这种形式就是串并联式。最常用的形式是串联式和串并联式。

经典问答

为什么第二、三级火箭不需要定向舵?

一般的飞机尾部都有舵,用来稳定前进方向或者改变方向。子弹的尾部也有定向舵使它保持前进方向,不翻跟斗。可是现代发射卫星用的火箭,除第一级外,后面各级火箭大多没有定向舵。为什么呢?

原来,当第一级火箭发动时,还在大气层里,需要用定向舵;可是当第一级火箭把整个火箭连同卫星一起带到离地面几十千米以上之后,第二、三级火箭才先后发动,使运动着的卫星增加前进的速度。在这么高的上空,空气已经十分稀薄,定向舵就不能起定向的作用了。相反,第一级火箭刚发射时,必须穿过大气层最浓密的底层部分,如果第二、三级火箭有定向舵,就加大了大气对火箭和卫星总体的阻力,这时,第二、三级火箭的定向舵反而成了不必要的负担。因此除第一级火箭有不大的定向舵外,后面各级火箭都不用定向舵。

多级火箭逐级分离想象图

多级设计的优点

多级火箭的优点是在每级工作结束后可以抛掉不需要的结构,不需要再消耗推进剂来带着它和航天器一起飞行,因而火箭能够获得良好的加速性能。而且各级火箭是独立工作的,可以按照每一级的飞行条件设计发动机,使发动机处于最佳工作状态,提高了火箭的飞行性能。多级的设计还可以灵活选择每一级推力的大小和工作时间,以适应各种飞行要求。

还有一些缺点

火箭并非级数越多越好,因为每一级火箭除了贮箱外至少还必须有动力系统、控制系统以及连接各级火箭的连接结构等。每增加一级,这些组成部分就增加一份。级数太多不仅费用增加,可靠性降低,火箭性能也会因结构质量增加而变坏。

"德尔塔"号

"德尔塔"系列运载火箭是由"雷神"运载火箭改良的并联式多级火箭。它是世界上成员最多的运载火箭系列,改型也达到了40余次。其发射次数超过300次,居美国各型火箭之首。而且,世界第一颗地球同步轨道卫星是由它们中的成员发射升空的。

▲ 从范登堡空军基地升空的"德尔塔4号"重型运载火箭

俄罗斯运载火箭

俄罗斯是世界上最早发展运载火箭的国家。自从 20 世纪 50 年代开始，苏联陆续研制了“东方”号系列、“联盟”号系列、“质子”号系列、“旋风”号系列、“宇宙”号、“天顶”号、“能源”号等十几种运载火箭。其中使用最频繁的要数“联盟”号系列和“质子”号系列运载火箭。直到现在，这两种型号的火箭仍然担负着主要的运载任务。

“东方”号运载火箭

“东方”号运载火箭是世界上第一种载人运载火箭，它将世界上第一个“宇宙人”尤里·加加林送上了地球轨道飞行并安全返回地面。“东方”号运载火箭是对“月球”号火箭略加改进而成的，主要是增加了一级火箭，成为两级半运载火箭。这种火箭的中心是一个两级火箭，周围有 4 个长 19.8 米、直径 2.68 米的助推火箭。中心的两级火箭呈圆筒形状。发射时，中心火箭发动机和 4 个助推火箭发动机同时点火。大约两分钟后，助推火箭分离脱落，主火箭继续工作两分钟后，也熄火脱落。接着末级火箭点火工作，直到把有效载荷送入绕地球的轨道。

◀“联盟”号运载火箭是世界上使用最频繁的火箭，至今已经成功地发射了 1 000 多次，成功率达到 97.9%

▶“东方”号运载火箭

“联盟”号运载火箭

“联盟”号运载火箭是“联盟”号子系列中的两级型火箭，是通过挖掘“东方”号火箭一子级的潜力和采用新的更大推力的二子级研制而成的。因发射“联盟”系列载人飞船而得名。“联盟”号运载火箭是两级半的运载火箭，由两级构成芯级和 4 台助推器组成，最长 49.52 米，起飞质量 310 吨，近地轨道的运载能力约为 7.2 吨。

"能源"号运载火箭

"能源"号运载火箭是苏联的一种重型的通用运载火箭，也是目前世界上起飞质量与推力最大的火箭。

"能源"号运载火箭的主要任务如下：发射多次使用的轨道飞行器；向近地空间发射大型飞行器、大型空间站的基本舱或其他舱段、大型太阳能装置；向近地轨道或地球同步轨道发射重型军用、民用卫星；向月球、火星或深层空间发射大型有效载荷等。

▲ 质子-K 多级火箭

"质子"号运载火箭

"质子"号运载火箭是目前世界上运载能力最大的火箭之一。在"能源"号重型火箭投入使用以前，该型号就是苏联运载能力最大的运载火箭。它是世界上第一种用于发射空间站的运载火箭，曾发射过"礼炮 1~7 号"空间站、"和平"号空间站各舱段和其他大型近地轨道有效载荷。

▲ 可以在海上发射的"天顶"号 3SL

"天顶"号运载火箭

"天顶"号运载火箭是苏联的一种中型运载火箭，主要是用来发射轨道高度在 1 500 千米以下的军用和民用卫星、经过改进的"联盟"号 TM 型载人飞船和"进步"号改进型货运飞船。"天顶"号 2 型是两级运载火箭。"天顶"号 3 型是三级运载火箭，它在 2 型的基础上，增加了一个远地点级，可以将有效载荷送入地球同步轨道、其他高轨道或星际飞行轨道。

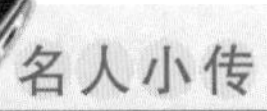

名人小传

第一个遨游太空的人——加加林

1961 年 4 月 12 日上午 9 时 7 分，苏联"东方"号载人飞船在苏联哈萨克中部的拜科努尔发射场成功发射升空。经过 108 分钟的太空飞行后，飞船返回并在萨拉托夫州捷尔诺夫卡区斯梅洛夫村附近着陆。这是人类的首次太空旅行。而令世界为之瞩目的第一个遨游太空的人，正是"东方"号飞船的唯一乘员——苏联宇航员尤里·加加林。

▲ 尤里·加加林

出生于 1934 年 3 月 9 日的加加林，是苏联斯摩棱斯克区克鲁什纳村的一位农民之子。他 15 岁时当过一段时间的工人，21 岁时从萨拉托夫工业技术学校毕业。随后，加加林成了一名军人，在奇卡洛第一军事航空飞行员学校学习。1957 年，加加林以一名出色的航空兵歼击机飞行员的身份光荣毕业。三年后，因为优良的体质和快速的应变能力而成为苏联首批宇航员之一，这才有了这次伟大的飞行历程。

加加林不仅是俄罗斯的英雄，也是人类航空史上伟大的英雄。为了纪念他，俄罗斯决定将英雄的故乡命名为加加林市，莫斯科的一个区命名为加加林区，月球背面的一环形山也冠以他的名字。

美国的火箭

美国和俄罗斯一样，也是世界上最早发展运载火箭的国家之一。从20世纪50年代起美国先后研制了“先锋”号、“丘诺”系列、“雷神”系列、“宇宙神”系列、“德尔塔”系列、“侦察兵”系列、“红石”系列、“土星”系列等几十种运载火箭，目前的火箭主力是“德尔塔”系列运载火箭。

“土星”系列运载火箭

“土星”系列运载火箭是美国国家航空航天局专为“阿波罗”登月计划研制的大型液体运载火箭，先后研制的型号有“土星 1”“土星 1B”“土星 5”三种型号。“土星 1”为研制型，火箭长 57.3 米，最大直径 6.53 米，用于“阿波罗”登月计划早期地球轨道飞行试验和发射“飞马座”宇宙尘探测卫星。“土星 1B”为改进型，火箭长 68.63 米，最大直径 6.6 米，用于载人或不载人飞船地球轨道飞行试验，为“土星 5”的设计积累经验。“土星 5”是最终型，火箭长 110.64 米，最大直径 10.06 米，专为“阿波罗”登月计划而设计。

◀“土星 5”火箭在美国肯尼迪发射中心发射升空的景象

“德尔塔”系列运载火箭

“德尔塔”系列运载火箭是在“雷神”中程导弹基础上发展起来的航天运载器。它是世界上成员最多的运载火箭系列，改型也达到了 40 余次。其发射次数居美国各型火箭之首。同时，世界第一颗地球同步轨道卫星也是由它们中的成员发射升空的。“德尔塔”原型火箭由“先锋”号火箭和“雷神”中程导弹组成，火箭长 28.06 米，最大直径 2.44 米。“德尔塔 2914”火箭是该系列火箭中发射次数最多的一种火箭，主要用于发射地球同步轨道卫星。火箭长 35.36 米，最大直径 4.11 米。

▶“德尔塔”运载火箭

“大力神”系列运载火箭

美国“大力神”系列运载火箭是由“大力神 2”洲际导弹发展而来的。该系列由“大力神 2”“大力神 3”“大力神 34”“大力神 4”和商用“大力神 3”等型号和系列组成。其地球同步转移轨道运载能力为 5.3 吨。

◀“大力神”系列火箭

“宇宙神半人马座”火箭

“宇宙神 SLV3C 半人马座 D”火箭是“宇宙神”火箭系列中首次使用低温液氢液氧的火箭，它属于多级火箭。该火箭箭长 38.35 米，最大直径 4.87 米。

“宇宙神 I”是“宇宙神 G 半人马座 D1A”的一个改进型，主要用于商业发射。该火箭箭长 42~43.9 米，起飞质量 163.9 吨。

▶“宇宙神半人马座”火箭

名人小传

美国太空第一人——艾伦·谢泼德

1957 年，苏联发射了第一颗电子卫星，即“斯普特尼克 1 号”。不到 4 个月的时间，美国成功地发射了第一艘宇宙飞船。然后，双方开始争夺谁能首先发射载人太空航天器。

1961 年 4 月 12 日，苏联宇航员尤里·加加林在太空飞行了 108 分钟，绕地球飞行了一周，苏联再次赢得了“太空竞争”。同年 5 月 15 日，美国 37 岁的海军军官艾伦·谢泼德乘坐速度 8 000 多千米/时的“自由 7 号”小型宇宙飞船代表美国首次遨游太空。与加加林不同，谢泼德整个任务中都负责驾驶航天器，航天器在太空停留了 15 分钟。返回地球后，谢泼德成为了民族英雄。

1971 年 2 月 9 日，47 岁的谢泼德第二次进入太空。他乘坐的“阿波罗 14 号”安全降落在弗拉·毛罗高地，这是历史上第三次成功的登月任务。在月球表面，谢泼德还打了高尔夫球。他一共打了两杆，第二杆把球打得“很远很远很远”。

1974 年，艾伦·谢泼德从美国国家航空航天局和海军退役，成了得克萨斯州休斯顿一家建筑公司的董事长。后来，他自己开了家公司，取名为“7+14”公司，这源于他飞过“自由 7 号”和“阿波罗 14 号”。艾伦·谢泼德还和另一名宇航员合写了一本书《揽月》，讲述了他们的登月之旅。

1998 年 7 月 21 日，航天英雄艾伦·谢泼德去世了，享年 74 岁。他是整个美国的骄傲。

欧洲运载火箭

自从20世纪60年代起，欧洲不甘落后于美苏之后，也开始进行运载火箭的研究。“阿里安”是1973年7月由法国提议并联合西欧11个国家成立的欧洲航天局着手实施、研制的火箭计划。至今已研制成功5种型号。它们是欧洲联合自强的一个象征，在国际航天市场的角逐中占有重要地位，世界商业卫星的发射业务大约有50%由“阿里安”火箭承担。

“阿里安 1”

“阿里安 1”火箭是欧洲航天局在“欧洲”号火箭和法国“钻石”号火箭基础上研制的三级液体火箭。从首次发射，到1986年2月22日为止，它共飞行11次。这枚火箭长47.7米，直径3.8米，发射质量200吨，在国际航天市场中占有重要地位，大约承担着世界商业卫星50%的发射业务。

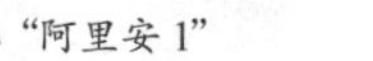

▲“阿里安 1”　▲“阿里安 2”　▲“阿里安 3”　▲“阿里安 4”　▲“阿里安 5”

"阿里安 2"

▲2003 年 2 月 15 日,"阿里安 4" 成功发射了 "国际通信卫星 907" 后退役

"阿里安 2" 和 "阿里安 3" 的研制目的均是为了在国际卫星发射市场上争取更多的用户。二者都可以执行多种任务，不同点在于 "阿里安 3" 在 "阿里安 2" 的基础上捆绑了两台固体推进器。

▲"阿里安 5"

"阿里安 4"

"阿里安 4" 是在 "阿里安 3" 的基础上研制出来的。主要目的除了降低成本外，还在于提高运载能力、保持双星和多星发射能力，以及具有适应多种发射任务的形式。这枚火箭长 57~59.8 米，直径约 9 米。"阿里安 4" 有六种型号，分别为 AR40 型、AR42P 型、AR44P 型、AR42L 型、AR44L 型和 AR44LP 型。

▲"阿里安 5" 直立在发射台上

"阿里安 5"

"阿里安 5" 是根据商业发射市场和近地轨道开发利用的需要研制的。该火箭主要用于向地球同步轨道和太阳同步轨道发射各种卫星，向近地轨道发射哥伦布无人驾驶的自由飞行平台和 "使神" 号空间飞机。"阿里安 5" 火箭长 52.76~54 米，最大直径 12.2 米。

"阿里安 5ECA"

"阿里安 5ECA" 是加强型火箭，高度为 56 米，直径 5.4 米，起飞质量 780 吨，载荷质量可达 10 吨。改进后的 "阿里安 5ECA" 型火箭的固体助推器采用更轻型的固体助推器外壳，主火箭采用新型 "火神 2" 低温发动机。这台发动机经过了一系列的改进，推力提高了 20%，同步转移轨道运载能力增加了 1.3 吨。

经典问答

欧洲航天局是一个什么机构?

欧洲航天局作为欧洲太空科学研究和飞船发射项目实施的联合机构，是"欧洲通向宇宙的大门"。航天局现有 20 个成员国，它们分别是德国、奥地利、比利时、丹麦、西班牙、芬兰、法国、希腊、爱尔兰、意大利、卢森堡、挪威、荷兰、葡萄牙、英国、瑞典、瑞士、捷克、罗马尼亚、波兰。法国是其主要贡献者。

欧洲航天局的总部在巴黎，并在欧洲各国分散着其他附属机构，如在荷兰有"欧洲航天科学研究中心"，负责火箭和宇航飞船的设计和制造；位于德国境内的"欧洲太空行动中心"则负责监控发射升空并进入轨道的卫星；在德国科隆的"欧洲宇航员中心"则培训准备参加太空飞行的宇航员；在意大利罗马附近的"欧洲太空研究所"则负责收集、分析卫星发回的数据和图象资料，并向欧洲航天局的合作者发送这些信息。此外，欧洲航天局在俄罗斯、美国和比利时还设有联络处，在法属圭亚那设有发射基地，并在世界各地分布着许多地面监测站。

中国的运载火箭

中国在1956年就开始了运载火箭的研制工作。1964年6月29日，中国自行设计研制的中程火箭试飞成功之后，即着手研制多级火箭，向空间技术进军。经过5年多的艰苦努力，1970年4月24日"长征一号"运载火箭诞生，首次发射"东方红一号"卫星成功。中国航天技术迈出了重要的一步。现在，"长征"系列火箭已经走向世界，在国际火箭发射领域占有重要一席。

"长征一号"系列

"长征一号"运载火箭是一种三级火箭，全长29.86米，最大直径2.25米。它能把300千克的卫星送入440千米高的近地轨道。1970年4月24日，"长征一号"运载火箭成功地将"东方红一号"卫星送入预定轨道。"长征一号D"运载火箭是"长征一号"火箭的改进型。经过改进，"长征一号D"火箭可以发射各种低轨道卫星，并已投入商业发射。

"长征二号"系列

"长征二号"运载火箭是一种两级火箭，全长31.17米，最大直径3.35米，能把1.8吨的卫星送入距地面数百千米的椭圆形轨道。经过不断改进，"长征二号"系列有了很多成员，如"长征二号C"火箭、"长征二号D"火箭和"长征二号E"捆绑火箭等。

▲"长征三号B"和"长征五号"火箭模型

经典问答

什么是运载火箭?

宇宙飞行探索的第一步就是要把人造地球卫星、载人飞船、空间站、空间探测器等航天器运送到预定的轨道。在宇航史上发挥这一运输功能的是运载火箭，这种火箭是由多级火箭组成的，是航天活动里的"运输大队长"。

第一枚成功发射卫星的运载火箭是苏联用洲际导弹改装的"卫星"号运载火箭。到20世纪80年代。苏联、美国、法国、日本、中国、英国、印度以及欧洲航天局已经成功研制出20多种大、中、小运载火箭。

这些火箭按级数来分，运载火箭又可以分为单级火箭和多级火箭。其中多级火箭按级与级之间的连接形式来分，又可以分为串联型、并联型(俗称捆绑式)和串并联混合型3种类型。如果按所用的推进剂来分，可以分为固体火箭、液体火箭和固液混合型火箭3种类型。如我国的"长征三号"运载火箭是一种三级液体火箭；"长征一号"运载火箭则是一种固液混合型的三级火箭，它的第一级、第二级是液体火箭，第三级是固体火箭。

“长征三号”系列

1984 年，“长征三号” 运载火箭研制成功。火箭全长 44.86 米，同步转移轨道运载能力为 1.6 吨。这一系列后来又发展出 “长征三号 A” 火箭、“长征三号 B” 火箭和 “长征三号 C” 火箭。

“长征四号”系列

“长征四号” 系列运载火箭包括 “风暴一号”“长征四号”“长征四号 A”“长征四号 B” 等火箭。“风暴一号” 是两级液体火箭，主要用于发射低轨道卫星。火箭长 32.57 米，最大直径 3.35 米。它成功完成了一箭三星的发射任务。在其基础上，“长征四号” 应运而生，主要作为发射地球同步转移轨道卫星运载火箭的另一方案。紧接着 “长征四号A”“长征四号 B” 被研发出来，在性能上都有一定的改进。

“长征”系列火箭模型

欧洲航天发射中心

除了美国拥有先进的航天发射中心以外，欧洲的俄罗斯、法国等国家也拥有与美国的肯尼迪航天中心不相上下的航天发射中心。其中最著名的有俄罗斯的拜科努尔发射场、法国的库鲁航天发射中心、意大利的圣马科发射场等。

库鲁航天发射中心

法国的库鲁航天发射中心是令人羡慕的一个发射场，它是世界近 20 个航天器发射场中，仅有的两个位于赤道附近的发射场中的一个，而且规模最大。它位于南美洲法属圭亚那中部的库鲁地区，在沿大西洋海岸的一片狭长的草原上。

▲ 库鲁航天发射中心

▲ 普列谢茨克航天发射场

普列谢茨克航天发射场

普列谢茨克发射场是俄罗斯境内的航天发射场之一，坐落于莫斯科以北 850 千米处，建于 1957 年，主要用于发射大倾角的侦察、电子情报、导弹预警、通信、气象和雷达校准卫星，是世界上发射卫星最多的发射场，卫星发射次数占全世界总数一半左右。

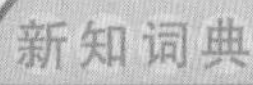

新知词典

东方航天发射场

东方航天发射场位于俄罗斯阿穆尔地区的乌戈勒格斯克镇，火箭发射场距俄罗斯首都莫斯科有 5 800 千米远，离中国边境仅数百千米。这里原来是一个弹道导弹发射基地。后来，俄罗斯政府决定在该导弹基地的基础上兴建一个大型航天发射场，具备发射新型火箭(使用的是生态清洁型能源)和快速发射的能力。2009 年 9 月，当时的俄罗斯总统梅德韦杰夫做出决定，东方航天器发射场由开放式股份公司国际工业装备公司负责，项目承包方是俄罗斯特种建筑公司。这一决定将使建设完成后的东方航天发射场成为俄罗斯的第一个民用航天发射场。

计划中，东方发射场占地 700 多平方千米，将兴建 1 600 个各型设施(如公路、外部供电设施和生活保障设施等)，能容纳近 3 万人。

这个发射场建成后，俄罗斯计划在 2018 年进行首次载人发射；到 2020 年，俄所有载人航天项目都将转移至此。

▲ 东方航天发射场

▲ 圣马科航天发射场

圣马科航天发射场

意大利的圣马科航天发射场是世界上唯一的海上航天发射场，位于距肯尼亚东海岸约 5 千米的海上，比库鲁航天发射中心更靠近赤道。海上发射场与陆地上发射场不同，发射台的台柱完全固定在汪洋大海的大陆架上，台面露出水面，类似海上石油钻井平台。卫星和火箭由大型舰船运来，再安装在发射架上实施发射。发射场于 1967 年正式启用，曾多次用美国的“侦察兵”等火箭发射小型航天飞行器。

拜科努尔航天发射场

拜科努尔航天发射场位于莫斯科东南 2 100 千米的哈萨克斯坦的沙漠地带，始建于 1955 年，现在由俄罗斯租用，是世界著名的火箭发射场地之一。世界上第一颗人造卫星和第一艘载人飞船都从这里飞上太空，后来的“联盟”号系列载人飞船，“礼炮”号和“和平”号空间站，部分人造卫星和探测器也都从这里发射进入太空。

▼ 拜科努尔航天发射场

美国航天发射中心

美国的航天技术在世界上一直处于领先的地位，无论是早期的人造卫星的发射，还是现代载人航天飞机发射的多次成功实现，无不彰显了其雄厚的科技实力。美国也拥有着先进的航天发射中心，其中就有像肯尼迪航天中心、林顿·约翰逊航天中心等举世闻名的“航天大腕”。

林顿·约翰逊航天中心

林顿·约翰逊航天中心是直属美国航空航天局的十大基地中心之一，在美国载人航天发展史上一直是美国实施载人航天飞行计划的大本营，为美国乃至世界载人航天事业的发展立下了汗马功劳，成为世界为数不多的几个具有最先进高科技设施的著名的航天员选训中心和飞控中心。它位于美国西南部的得克萨斯州的最大城市休斯敦市，中心内有 140 多栋大小各异的建筑，里面容纳了进行航天活动和应用研究的各类设备和设施。

▲ 林顿·约翰逊航天中心

肯尼迪航天中心

美国佛罗里达州卡纳维拉尔角的肯尼迪航天中心濒临大西洋，由于地理条件优越，1947 年被辟为火箭试验发射场。它南北长 56 千米，东西宽 20 千米。中心包括技术阵地和发射阵地两大部分。技术阵地建有火箭及卫星、飞船组装检测厂房，特别引人注目的是装配大楼，其容积 360 万立方米，高 160 米，楼内备有各种先进的测试仪器和显示、记录设备。发射阵地建在技术阵地 5 千米外，拥有发射控制中心和发射台，整个航天中心有 23 个发射阵地，其中著名的 39 号发射阵地有 A、B 两座发射台，许多大型航天器大都从这里飞出地球。美国第一颗人造卫星、第一架航天飞机都是从这里启程的。

▼ 肯尼迪航天中心

酒泉卫星发射中心

在甘肃、内蒙古交界之处的巴丹吉林沙漠西部，有一座历史悠久的名镇——酒泉，著名的酒泉卫星发射中心就位于这里。

酒泉卫星发射中心是我国航天事业的发祥地，也是我国目前最大的航天发射基地。它是测试及发射“长征”系列运载火箭、中低轨道的各种试验卫星、应用卫星、载人飞船和火箭导弹的主要基地，基地还负有残骸回收、航天员应急救生等任务。

40 多年来，酒泉卫星发射中心在中国航天史上写下了光辉的一页。这里曾创造了中国航天史上的诸多第一。我国第一颗人造地球卫星、第一颗返回式科学实验卫星、第一艘“神舟”号试验飞船，都是在这里发射成功的。截至 2005 年 10 月，中国发射了约 50 颗人造卫星，其中 37 颗在酒泉发射。不久的将来，这里还将进行空间实验室、空间站等多种型号卫星的发射任务试验！

约翰·斯坦尼斯航天中心

二十世纪六七十年代，在美国流传这样一句话：“你想登月吗？那么首先要去密西西比州汉考克县！”那里就是美国历史悠久的约翰·斯坦尼斯航天中心，它是美国国家航空航天局最大的火箭引擎试验基地。这个航天发射中心最初名为密西西比实验场，1965 年更名为密西西比实验基地，1974 年美国国家航空航天局将其更名为国家空间实验室。

▲ 约翰·斯坦尼斯航天中心

戈达德太空飞行中心

1959 年，美国在华盛顿特区附近的马里兰建造了戈达德太空飞行中心，这是美国第一个完全用于太空科学的大型科学实验室。戈达德太空飞行中心以证明飞行器可以飞出地球大气、飞向太空的美国火箭专家罗伯特·戈达德的名字命名。

▲ 戈达德太空飞行中心

▲ 罗伯特·戈达德

中国航天发射中心

中国的航天技术处于世界先进水平，发射过很多航天器，包括各种卫星、宇宙飞船等。当然，航天器发射不能随意选择一个地点，它要有一个合适的发射场地。目前，中国共有4个航天发射中心，分别是酒泉卫星发射中心、太原卫星发射中心、西昌卫星发射中心和文昌卫星发射中心。它们虽然位于不同的地点，承担的任务也不同，但它们都是中国航天事业发展的伟大参与者和见证者。

◀ 酒泉卫星发射中心

酒泉卫星发射中心

酒泉卫星发射中心是中国组建最早、规模最大的卫星发射中心。它位于中国甘肃省酒泉市，海拔约 1 000 米，于 1958 年 10 月开工建设，占地面积约 2 800 平方千米。这里人烟稀少，常年干燥少雨，一年四季多晴天，云量比较少，温度和湿度都比较低，虽然生活环境很艰苦，但是非常适合航天发射。酒泉卫星发射中心是中国唯一的载人航天发射场，主要执行中轨道、低轨道和高倾角轨道的航天器的发射任务。中国第一枚地对地导弹、第一枚核导弹、“东方红一号”卫星、“神舟”系列飞船都是从这里发射升空的。

太原卫星发射中心

太原卫星发射中心位于中国山西省太原市西北的高原地区，海拔约 1 500 米。这里冬天长，夏天非常短，春天和秋天几乎相连，年平均气温只有 5℃左右，非常适合航天发射。太原卫星发射中心设施非常齐全，拥有火箭和卫星的测试厂房、发射操作设施、飞行跟踪及安全控制设施等，具备多射向、多轨道、远射程和高精度测量的能力，主要承担中国各种中、低轨道卫星和运载火箭的发射任务。中国自己设计制造的第一枚中程运载火箭、“风云一号”气象卫星、“实践五号”科学实验卫星等都是从这里发射升空的。

西昌卫星发射中心

西昌卫星发射中心位于中国四川省西昌市北约 60 千米大凉山峡谷腹地。这里全年平均气温约 16℃，全年地面风力柔和，每年 10 月至次年 5 月是发射航天器的最佳季节。西昌卫星发射中心以发射地球静止卫星为主，包括通信、广播、气象卫星等试验发射和应用发射。自 1984 年中国第一颗试验通信卫星发射升空以来，西昌卫星发射中心已成功发射国内外卫星 80 多次，其中就包括“风云四号”卫星、数颗“北斗”导航卫星等。

▲ 西昌卫星发射中心

文昌卫星发射中心

文昌卫星发射中心位于中国海南省文昌市龙楼镇附近，是中国首个滨海发射基地，也是世界上为数不多的低纬度发射场之一。这里具有良好的海上运输条件，火箭飞行和残骸坠落区域的安全性都非常好。之所以建设文昌卫星发射中心，是为了满足中国新一代无毒、无污染运载火箭和新型航天器发射任务。在这里建设发射中心，可以利用纬度低的优势，提高地球同步轨道卫星运载能力，延长卫星使用寿命，效费比高。因此，这里主要承担中国的地球同步轨道卫星、大质量极轨卫星、大吨位空间站和深空探测卫星等轨道比较高、质量比较大的航天器的发射任务。

经典问答

航天发射中心为什么要尽量建在低纬度地区呢?

人们在选择建设航天发射场地时，一般都会尽量选择低纬度地区，最好是选择在赤道附近。因为在低纬度地区，地球自转所产生的离心力最大。从这里发射航天器，能够最大限度利用地球离心力，得到向东的初速度，从而减少发射所需要的能量，提高火箭运载能力。要知道，将 1 千克的物品送入太空，要消耗成百上千千克的燃料，而火箭携带的燃料是有限度的，因此，在低纬度地区，用相同推力的火箭，可以运送更重的航天器。

人造卫星

人造地球卫星是无人航天器的一种，它环绕地球飞行，并且在空间轨道能运行一圈以上。人造卫星是发射数量最多、用途最广、发展最快的航天器。1957 年 10 月 4 日，苏联发射了世界上第一颗人造卫星。之后，美国、法国、日本也相继发射了人造卫星。中国于 1970 年 4 月 24 日发射了“东方红一号”人造卫星，到 2003 年底中国共发射 57 颗不同类型的人造卫星。

静止卫星

地球静止轨道卫星，简称静止卫星。运行在距地面 35 800 千米的卫星轨道上。它沿地球赤道上空飞行，与地球自转是同一方向，绕地球旋转周期与地球自转周期也完全相同，相对位置保持不变。此卫星在地球上看来是静止地挂在高空。这种卫星可与地面站之间进行不间断的信息交换，并大大简化了地面站的设备。目前，绝大多数通过卫星的电视转播和转发通信都是由静止通信卫星完成的。

人造卫星的组成

人造卫星一般由专用系统和保障系统组成。专用系统是指与卫星所执行任务直接有关的系统，也称为有效载荷。保障系统能够保障卫星和专用系统在空间正常工作，也称为服务系统。主要有结构系统、电源系统、热控制系统、姿态控制和轨道控制系统、无线电测控系统等。若是返回卫星，则还应该有返回着陆系统。

人造卫星绕地球进行工作

新知词典

美国第一颗人造卫星

“探险者1号”是美国的第一颗人造卫星，于1958年1月31日在佛罗里达州卡纳维拉尔角发射升空。

“探险者1号”卫星总质量13.97千克，其中仪器质量8.3千克。它的轨道近地点为360千米，远地点为2 520千米，114.9分钟绕地球一圈，每分钟自转50周。

▲“探险者1号”火箭模型

卫星携带的仪器包括宇宙射线探测仪，三个外部温度探头，一个前部温度探头，一套微波背景探测器。探测结果数据通过一个60千瓦的发射器以108.03兆赫频率和另一个10千瓦的发射器以108.00兆赫的频率发射到地面接收站。

“探险者1号”最主要的发现是确定了地球外的磁辐射带，以分析“探险者1号”发回数据的爱荷华小组的负责人冯·阿兰命名为“冯·阿兰带”。

人造卫星的分类

人造卫星按用途可分为三大类：科学卫星、技术试验卫星和应用卫星。科学卫星是用于科学探测和研究的卫星，主要包括空间物理探测卫星和天文卫星，用来研究高层大气、地球辐射带、地球磁层、宇宙线、太阳辐射等，也可以观测其他星体。技术试验卫星是进行新技术试验，或为应用卫星进行试验的卫星。应用卫星是直接为人类服务的卫星，它的种类最多，数量最大，有通信卫星、气象卫星、侦察卫星、导航卫星、测地卫星、地球资源卫星、截击卫星等。

人造卫星的运动轨道

人造卫星的运动轨道取决于卫星的任务要求，分为低轨道、中高轨道、地球同步轨道、地球静止轨道、太阳同步轨道，大椭圆轨道和极轨道。飞行速度快是人造地球卫星的一大特点。低轨道和中高轨道卫星一天可绕地球飞行几圈到十几圈，不受领土、领空和地理条件限制，视野广阔。它能迅速与地面进行信息交换，包括地面信息的转发；也可获取关于地球的大量信息，一张地球资源卫星图片可囊括几万平方千米的资料。

应用卫星的专用系统

应用卫星的专用系统按卫星的各种用途包括通信转发器、遥感器和导航设备等。科学卫星的专用系统则是用于进行空间物理探测、天文探测等的各种仪器。技术试验卫星的专用系统是各种新原理、新技术、新方案、新仪器设备和新材料的试验设备。

世界上第一颗卫星

1957 年 10 月 4 日，莫斯科时间晚上 22 时 28 分，在苏联的拜科努尔基地，运载火箭将质量达 83 千克的人造卫星成功送入太空。这颗卫星名叫“斯普特尼克 1 号”，是世界上的第一颗人造卫星，代表人类正式开启了“太空时代”。

▲“斯普特尼克 1 号”

结构简单的卫星

“斯普特尼克 1 号”的结构并不复杂。从外形上看是一个直径 58 厘米、质量达 83 千克的金属球，上面有顺着同一个方向的 4 根天线。卫星的内部有两个雷达发射器，还有多个气压和气温调节器。此外，卫星上还安装了一台磁强计、一台辐射计数器、一些测量卫星内部温度和压力的感应元件和作为电源的化学电池。“斯普特尼克 1 号”的用途就是通过向地球发出信号来提示太空中的气压和温度变化。

借导弹研究的光

在世界上第一颗人造卫星诞生前，苏联正在研制一种可以携带一枚氢弹打击美国的导弹，即 R-7 型弹道导弹。由于导弹工程师未被告知携带弹头的质量，R-7 型导弹的推力被制造得极强，所以导弹的推力和弹头的质量不匹配。不过卫星却借了这个“不匹配”的光，R-7 型弹道导弹成为发射卫星进入太空的完美载体。

大胆的科罗廖夫

科罗廖夫是当时苏联的运载火箭总设计师，在整个二十世纪五六十年代苏联的航天事业发展过程中，他发挥了无以替代的关键性作用。科罗廖夫大胆地向苏联政府提交了用火箭发射卫星的报告，后来又提出了他的太空构想。当时的苏联领导人根本不知道火箭是否能够飞向太空，却坚定地支持了他的研究。

3 个月内造出简易卫星

在“斯普特尼克 1 号”诞生之前，苏联已经有了卫星的开发项目。但是科罗廖夫却认为，卫星项目完成还需要很长一段时间。为了抢在美国之前发射卫星，他让项目组迅速设计出一个简易卫星，就是“斯普特尼克 1 号”。这颗卫星在 3 个月内就制造完成，相比最初设计的质量 1 000 千克的卫星，它大大缩水了，只有 83.5 千克。

▲ 1969 年苏联官方发行的科罗廖夫邮票纪念章

运载火箭

“斯普特尼克 1 号”的运载火箭是由科罗廖夫主持设计和制造的。它由中间的芯级火箭和捆绑在四周的 4 个助推火箭组成。点火起飞时 5 台发动机同时工作，可以产生强大的推力。飞行 120 秒后，4 个助推火箭的燃料基本燃尽，控制系统发出信号，自动将完成使命的 4 个助推火箭抛向宇宙空间。之后芯级火箭会继续工作 180 秒，将火箭和卫星加速到第一宇宙速度。

名人小传

运载火箭之父——科罗廖夫

1957 年 10 月 4 日，世界上第一颗人造地球卫星发射成功，这在航天史上是划时代的大事。可谁曾料到，为这次飞行做出杰出贡献的总设计师，竟是苏联一个被判死罪的囚犯，名叫科罗廖夫。

科罗廖夫早年就显露出超群的才干，25 岁出版专著《火箭发动机》，26 岁参与设计苏联第一枚液态火箭，29 岁和同事们一起设计了苏联第一代喷气式飞机。

1937 年，厄运降临到他头上。科罗廖夫在斯大林的大清洗中受到迫害，被判刑 10 年。后来他申请进入监狱工厂研究火箭。在警戒森严、毫无自由的环境中，科罗廖夫仍然追寻自己的梦想，他先后成功地设计了苏联第一代导弹和中程导弹。

1957 年 8 月 3 日，科罗廖夫设计的洲际导弹试验成功；10 月 4 日，第一颗人造卫星上天。世界各国盛赞这一科学的巨大成就，科罗廖夫为苏联赢得了极大的声誉，但他本人却被苏联政府禁止露面。

1966 年，科罗廖夫因心力衰竭而辞世，终年 59 岁。他是世界人民心中的英雄，是一位天才火箭工程师。

我国的第一颗卫星

1970年4月24日晚上9时35分，在酒泉卫星发射中心，“长征一号”运载火箭载着中国人设计制造的人造地球卫星——“东方红一号”飞向了太空。这一巨大的成功揭开了我国航天史上新的一页。

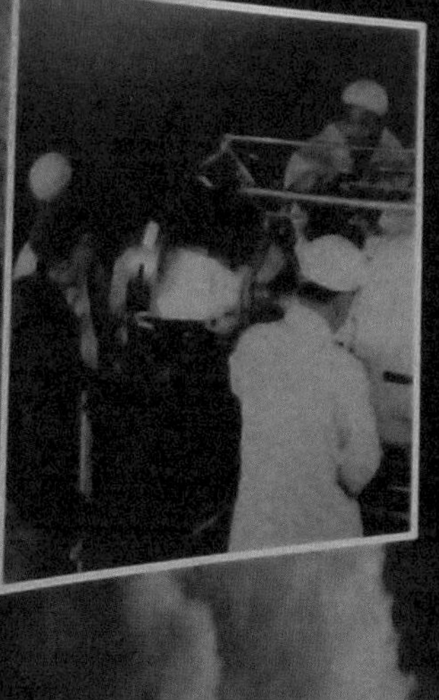

“东方红一号”

“东方红一号”卫星质量为173千克，比苏联、美国、法国、日本4个国家的第一颗人造卫星的质量之和还要多30.2千克。卫星的外形呈72面近似球形体，直径约1米，上面装有4根3米长的天线。卫星内部装有遥感、跟踪、能源系统的仪器和播送《东方红》乐曲的音乐发生器。

“东方红一号”的用途

“东方红一号”的主要任务是进行卫星技术试验、探测电离层和大气层的密度。卫星采用自旋的姿态稳定飞行，绕地球一圈的周期为114分钟。卫星采用银锌蓄电池作为电源，电池寿命20天。卫星工作期间把各种太空探测资料传回了地面。

“东方红一号”的意义

“东方红一号”虽然在当年的5月14日就停止发射信号，无法工作，但它的意义十分巨大，不仅开启了中国的航天时代，更反映了当时中国的科技发展水平。它是中国人艰苦奋斗的结晶，对增强民族自豪感和凝聚力具有重要作用。研制“东方红一号”时的指示——“严肃认真，一丝不苟，稳妥可靠，万无一失”，已经成为航天科技工作者的座右铭，体现了中国人的航天精神。

▲ "东方红一号"卫星

探索之旅

从太空传回的中国之声

1957年，苏联成功发射了人类历史上的第一颗人造卫星。第二年，美国的人造卫星也进入了太空。1958年5月17日，毛泽东宣布，中国人也要发射人造卫星。几个月后，一个以人造卫星和火箭为专门研究对象的机构在中国科学院秘密成立了。

第一颗人造卫星光外形就引起了许多讨论，有的说应该做成天安门的形状，有的说做成五角星的形状，还有的说要做成红色的卫星。但最终的选择是72面的近似球形体，这72个面是为了安装太阳能电池。尽管外形有争论，但有一点却达成了共识——卫星要播放《东方红》乐曲，卫星则被命名为"东方红一号"。

1970年4月24日晚9时35分，"东方红一号"卫星升空，中国也成为继苏联、美国、法国和日本之后，第五个完全依靠自身力量成功发射人造卫星的国家。

当时，湘西、海南两个测控站，将接收到的卫星播放的《东方红》音乐信号录制成磁带，由专车送往北京，供中央人民广播电台向全世界广播。

时至今日，"东方红一号"依然在太空中飞行，尽管因为电池耗尽，早已播放不出动人的乐曲，但当许多人仰望星空时，都会想起那一年那颗唱着《东方红》的卫星。

天文卫星

天文卫星是人类安装在太空的“千里眼”，是人们用来观测宇宙天体和其他空间物质的人造地球卫星。这些卫星在距离地面几百千米甚至更高的轨道上运行，没有大气层的阻碍，所搭载的仪器能够接受来自宇宙天体的各种无线电波段，比如红外波段、可见光波段、紫外波段直到X射线波段和γ射线波段等。通过这些电磁辐射，人们可以对各个宇宙天体进行研究。

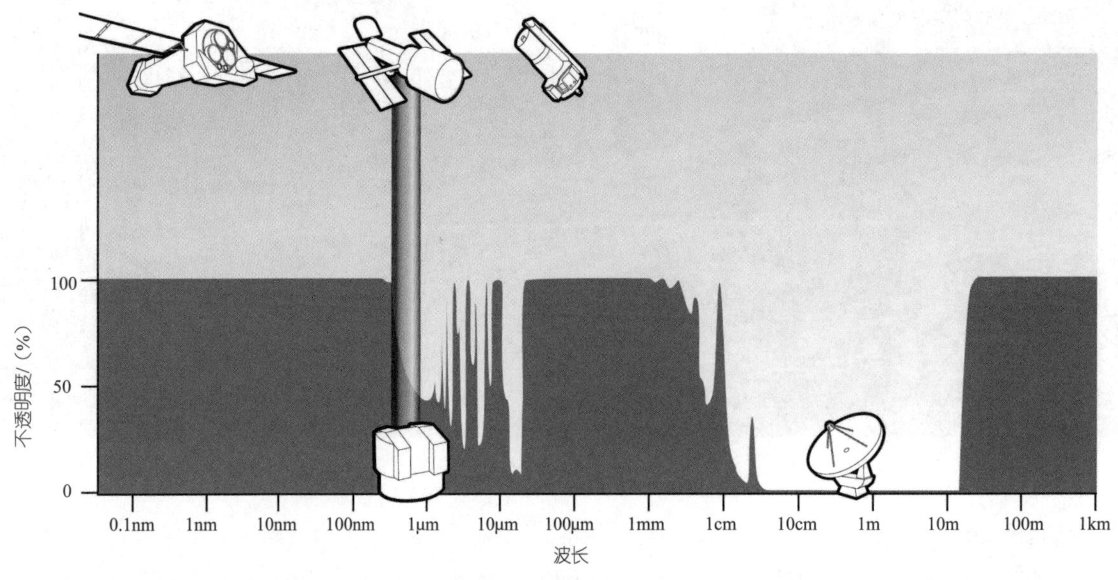

▲ X 射线天文卫星

种类划分

天文卫星能够接受各种电磁辐射，然后通过这些辐射构建一个完整的宇宙图像。如果对天文卫星进行划分，按照观测目标的不同，可分为太阳观测卫星和非太阳观测卫星；按照所搭载的仪器主要观测波段的不同，可分为红外天文卫星、紫外天文卫星、X 射线天文卫星和γ射线天文卫星等。这些天文卫星的观测推动了太阳物理、恒星和星系物理的迅速发展，将天文学发展向更为细致的方向推动。

发射记录

1960 年，美国发射的世界上第一颗天文卫星——太阳辐射监测卫星，它探测到了太阳紫外线和 X 射线的通量。之后的 10 年间，美国又发射了 3 个系列的轨道观测台类型的天文卫星，分别是轨道太阳观测台、轨道天文台、高能天文台。此外，美国还发射了数颗用于观测 X 射线、γ射线的天文卫星。1983 年，美国又发射了第一颗红外天文卫星。总之，美国在天文卫星发射方面走在各个航天大国的最前面。

▲ 空间红外天文卫星

搭载的设备

天文卫星必须在广阔的宇宙空间中才能找到所要观测的特定天体，并把观测仪器对准这个天体。这就需要卫星要有极为精准的定向能力和姿态控制能力。至于卫星所携带的观测仪器和设备，那就复杂了，既有可见光望远镜，也有探测红外线、紫外线、X 射线的望远镜。同时，天文卫星还要将大量的观测数据传回地球，而卫星控制也十分复杂，因此卫星上用来处理信息和进行操作控制的电子计算机必须强大且可靠，这样才有可能完成既定任务。

▶ 远紫外分光探测器

紫外天文卫星

早在 1946 年，美国就曾利用高空火箭获得了太阳紫外光谱。之后，不少国家也利用高空火箭对来自太空的紫外线进行过研究，并获得大量资料。那为什么还要发射紫外天文卫星呢？原来，地球大气层就像一个过滤器，把大量致命的紫外线过滤掉了。而高空气球或火箭的观测范围有限，因此只能利用人造卫星。另外，天文学上的很多理论只有得到紫外观测才能够验证。还有，太阳紫外线对人造卫星的寿命和宇航员的身体都有影响，因此只有掌握紫外线的特点，才有可能不被它影响。

探索之旅

“彗眼”成功升空

2017 年 6 月 15 日，中国利用“长征四号乙”火箭，在酒泉卫星发射中心将中国首颗大型空间 X 射线天文卫星“彗眼”送入太空。“彗眼”发射成功和正常运行后，将使中国在 X 射线空间观测方面的能力大大加强，推动中国高能天体物理研究进入世界先进行列。

“彗眼”的正式名称是“硬 X 射线调制望远镜卫星”。所谓硬 X 射线，就是能量比较高的电磁波，它具有很强的穿透能力，医院里人体透视检查用的就是它。所谓调制，就是利用各种手段对卫星扫描数据进行处理，将低分辨率的非成像探测器实现高分辨率成像。中国是一个航天大国，但和发达国家相比，在空间科学方面还很薄弱。由于中国在 X 射线天文方面的理论和实验基础比较好，所以研制“彗眼”这种 X 射线天文卫星就成为一个很好的突破口。有了它，中国对黑洞、中子星等天体的性质和其中的物理过程可以进行更深入的了解。相信，这次“彗眼”发射只是中国空间探测大跨步前进的第一步，之后，中国发射的卫星中会出现越来越多科学卫星的身影。

载人航天

在人造卫星被送入太空之后，苏联宇航员加加林进行了首次太空飞行并取得圆满成功。至此，人类进入了载人航天的新时代。虽然载人航天已经发展了几十年，但是因为这项工程技术要求十分高，涉及的部门、人员、资金等都非常庞大，因此很少有国家能够独立完成。目前，世界上拥有自主载人航天能力的国家只有三个，分别是中国、美国和俄罗斯。不过，需要指出的是，欧盟、印度和日本在载人航天技术方面也十分先进，可以列为“准载人航天能力国”。

载人航天的目的

载人航天其实就是人类驾驶和乘坐航天器进入太空，完成各种活动、任务后，安全返回地球。这项浩大工程的主要目的在于让人类突破大气层的屏障和地球引力的束缚，将人类活动范围扩展到太空中，从而更加深入和广泛地认识整个宇宙，并且利用太空特殊的环境进行各种实验和研究活动，最终开发丰富的太空资源。

▲ 国际空间站的宇航员特蕾西考德威尔。戴森观点地球，2010 年

必须攻克的难题

载人航天要面临的难题主要有三个。首先，要研制推力足够大的运载火箭。载人航天器的质量都非常大，一般的运载火箭无法将它送入近地轨道，因此它对运载火箭的推力要求比较高。其次，人体防护措施要做到位。太空环境和地球环境有着天壤之别。那里真空，没水，没氧气，不是高温，就是超低温，而且还失重，人们如果暴露在这样的环境中，会在极短时间内死亡。第三个难题是救生和安全返回技术。航天发射十分复杂，谁也不敢保证不出问题，因此救生技术和设备必须可靠，保证一旦出现意外，宇航员有机会逃脱。航天器返回途中要克服很多难题，比如过载、高温、撞击等，如果任何一项出现问题，宇航员都有可能丧命。

▲ 在太空中正常运行的空间站

发展阶段

载人航天发展到今天，大致经历了三个阶段。首先，解决把人送入地球轨道并安全返回的问题。在人类进入太空之前，人们发射了很多不载人飞船和生物卫星，用来验证载人航天系统的安全性和可靠性。等一切趋于成熟后，人们才开始发射载人飞船。其次，是发展载人航天的基本技术。这个阶段就比较复杂了，比如航天器进行对接、宇航员进行太空行走等。这个阶段发生过很多重大事故。最后，是发展实验性航天站。这个阶段载人航天已经比较成熟了，主要是进一步考察人在太空环境条件下长期生活和工作的能力，以及进行各种空间实验，如生物学、医学、天文学、材料和工艺试验和军事活动等。

新的民用产品

载人航天技术的发展除了催生出很多新的学科，还催生了很多民用产品，比如载人航天中用的机器人在地面上协助医生做手术，遥测技术用于监听心脏起搏器，水处理系统用于民用，研制减小阻力的泳衣等。

新知词典

过载

在载人航天领域，过载是指飞行员的身体必须承受的巨大的加速度。载人航天器在返回地球的过程中，速度会不断加大，这个过程中航天员必须承受巨大的加速度。如果航天员无法承受，那么就有可能出现危险。比如“神舟九号”飞船在返回地面的过程中，航天员面临的最大问题就是过载问题。航天员飞行了 10 多天，不管是体能，还是心理，都有一定消耗，因此在对抗过载时，能力有所下降。特别是在即将着陆的时候，还要面对一个过载冲击。要克服这些，就需要航天员在平时的训练中注重体能训练。

宇宙飞船

宇宙飞船是一种非常实用的航天工具，它虽然体积比较小，质量比较轻，但是能够执行的任务却比较多，既能接送航天员出入太空，还能够为空间站运送物资。目前，俄罗斯和美国是发射和回收宇宙飞船最多的国家。俄罗斯的宇宙飞船主要有“东方”号、“上升”号和“联盟”号系列飞船，而美国的宇宙飞船主要有“水星”号、“双子星座”号和“阿波罗”号等。中国在宇宙飞船方面处于世界前列，从 1999 年至今，先后发射了 11 艘“神舟”系列宇宙飞船。

主要类型

目前，宇宙飞船主要有三种类型，分别是单舱型、双舱型和三舱型。这其中，单舱式宇宙飞船结构最为简单，只有宇航员的座舱，是最早研发的一种。相比之下，双舱型飞船结构复杂得多，它除了宇航员座舱外，还有服务舱，可以提供动力、电源、水、食物、氧气等，比如世界第一艘宇宙飞船——苏联的“东方”号飞船。三舱型是目前最为复杂的宇宙飞船，比如俄罗斯的“联盟”号系列和美国的“阿波罗”号飞船。它是在双舱型的基础上增加了一个轨道舱或者登月舱。这个轨道舱或者登月舱可以是人造卫星、小型飞船，主要用来增加活动空间、进行科学实验、在月面着陆或离开月面等。

▼ 宇宙飞船

技术要求

宇宙飞船要搭载人，因此它的功能和结构要比无人航天器（主要是卫星）复杂得多。它必须要有很多特别加设的系统，以满足宇航员在太空中工作和生活的需求，比如空气更新系统、生活废水处理和再生系统、温度和湿度控制系统、照明系统和逃生系统等。还有，宇宙飞船要安全把人送回地球，因此再入大气层和安全返回系统十分重要。它必须保证再次进入大气层时，各种保障系统正常工作，还要保证降落在指定范围内，以免宇航员被困致死。另外，对运载工具要求非常高，既要运载力大，又要可靠性高。

美国的宇宙飞船

“水星”号是美国第一艘宇宙飞船，于 1961 年 5 月飞入太空。1963 年，美国启动“阿波罗”登月计划，研制了由指令舱、服务舱和登月舱三个部分组成的“阿波罗”号宇宙飞船。之后的 10 多年中，“阿波罗”号先后 5 次成功将 12 名宇航员送上月球。

飞向月球的“阿波罗”

探索之旅

抢先发射的“上升 2 号”

“上升 2 号”宇宙飞船的发射实际是美苏太空竞赛的结果。当时，苏联得到消息，美国要在 1965 年 3 月 23 日，发射“双子星座”宇宙飞船，实现宇航员太空行走。为了赶在美国前实现苏联宇航员太空行走，苏联在 3 月 18 号发射了“上升 2 号”飞船。飞船进入太空后，苏联宇航员列昂诺夫穿上特制的宇航服，走出舱门，在太空中漂浮了 9 分钟，距离飞船最远达到 5 米。当列昂诺夫准备返回飞船时，宇航服出了故障，像球一样膨胀起来。他怎么也进入不了舱内，最后费了很大劲，想了很多办法，花了 8 分钟挤进座舱。之后，两名宇航员返回地球。但由于宇航服的故障，耽误了时间，飞船不得已比原计划多飞了 2 圈，最后降落地点也不是预先位置。

苏联“上升”号宇宙飞船

“上升”号是苏联研制的第二种载人宇宙飞船。事实上，它和世界上第一艘载人宇宙飞船——“东方”号飞船大体相同，只不过舱体的密封性和可靠性得到提高，宇航员返回时不需要采用弹射方式，而是和乘员舱一起软着陆。“上升”号一共飞行了两次。1964 年 10 月 12 日，它首次发射，在绕地球飞行了 17 圈后，安全返回。它第二次发射是在 1965 年 3 月 18 日，宇航员列昂诺夫走出飞船，实现了人类首次太空行走。

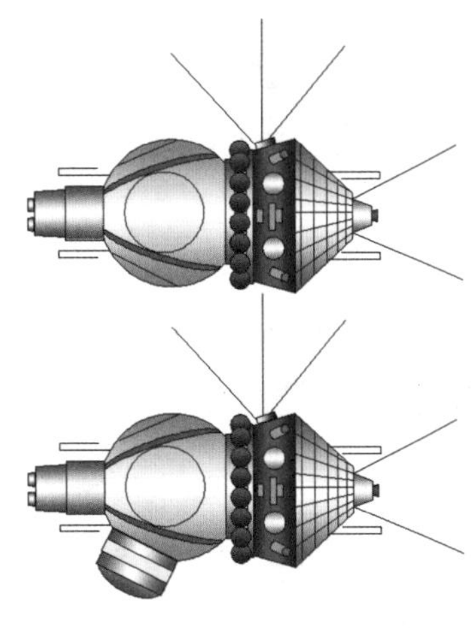
▲ “上升 1 号”和“上升 2 号”飞船

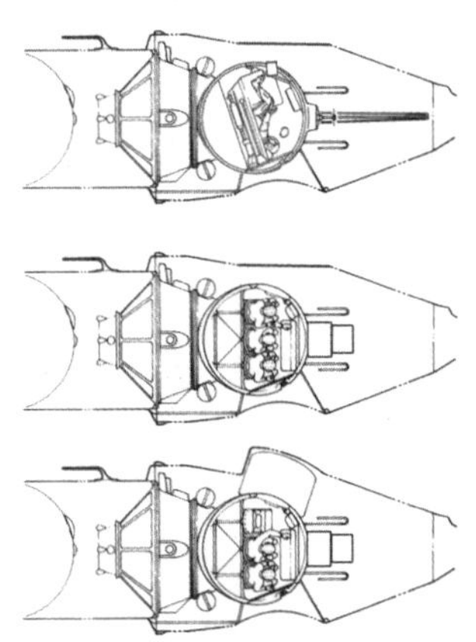
▲ “东方”号、“上升 1 号”与“上升 2 号”乘员位置

第一艘载人宇宙飞船

世界上第一艘载人宇宙飞船是苏联研制的“东方1号”宇宙飞船。1961年4月21日，宇航员加加林乘坐“东方1号”宇宙飞船绕地球飞行108分钟后安全返回了地面，开启了人类航天的新时代。

外形

“东方1号”宇宙飞船由球形密封座舱和圆柱形仪器舱组成，质量约400万千克。在轨道上飞行时它与圆柱形的末级运载火箭连在一起，总长超过7米。

▲“东方1号”控制面板的一部分

内部结构

“东方1号”的球形座舱直径2.3米，能乘坐1名航天员。舱壁上有3个舷窗，舱外覆盖着一层防热材料，座舱内有可供飞船飞行10昼夜的生命保障系统、弹射座椅和无线电导航仪等相关设备。座舱后面是仪器舱，舱内装有化学电池、反推火箭和其他设备。作为第一艘载人宇宙飞船，“东方1号”的技术还不成熟，它只有定向、导航、着陆和遥测等系统，没有姿态控制系统。

探索之旅

加加林遇难

尤里·加加林是苏联第一个宇航员，也是世界上第一个太空人。1961年4月12日，他乘坐“东方”号宇宙飞船进入太空，实现了人类进入太空的愿望，开拓了人类进行宇宙探索的新时代。

正当加加林对未来充满信心的时候，灾难发生了。1968年3月27日，加加林和飞行教官谢列金驾驶一架“米格-15”教练机进行简单特技训练飞行。在完成任务即将返航时，飞机坠地爆炸，两名飞行员遇难。年仅34岁的加加林就这样离开了人世，以至于人们都不相信他真的牺牲了。

长期以来，人们都不知道这起事故的原因是什么，因而有不少议论和猜测。事故发生20年之后，苏联报刊披露了一些专家们调查分析的情况，他们的结论是：加加林和谢列金以及教练机的状态都很好，只是飞行当时空中有大量的云，影响了飞行员对飞机的状态和位置的判断。这使他们在空中飞行时误入其他飞机的尾流，导致了最终坠毁。

▲ 加加林

飞行

“东方 1 号”飞船既可以自动控制，也可以由航天员手控。飞船飞行轨道的近地点约为 180 千米，远地点为 200 多千米，它每 89 分钟绕地球一圈。

▲ “东方 1 号”宇宙飞船

返回

“东方 1 号”宇宙飞船在返回前会抛掉末级火箭和仪器舱，座舱单独进入大气层。当座舱下降到离地面约 7 千米的高空时，航天员弹出飞船座舱，然后用降落伞单独着陆。

发射火箭

“东方 1 号”由一枚改进的 R-7 弹道导弹发射，R-7 导弹是世界上第一枚真正意义的洲际导弹，它是苏联在冷战时期研制的。R-7 导弹为单级液体燃料的单弹头导弹，它没有实际战斗能力，主要用于航天运载。2000 年前，R-7 系列导弹共发射了 1 600 多次，成功率达到了 97.5%。第一颗人造卫星、第一艘宇宙飞船都由它发射。

▶ 发射火箭

“联盟 TM”号宇宙飞船

“联盟TM”飞船是“联盟T”的改进型，主要是对飞船的对接系统、通信系统、推进系统、应急救生系统和降落伞系统等进行了改良。它的主要任务是把航天员送入“和平”号空间站，待航天员完成任务后再把航天员送回地面。从1986年5月到2000年4月底共发射了30艘“联盟TM”飞船。

“联盟 TM”飞船首次飞行

“联盟TM”飞船是苏联为适应“和平”号空间站长期飞行，而改进发展的第三代载人飞船。1986年5月21日，第一艘“联盟TM”新型宇宙飞船在苏联的拜科努尔航天中心发射。这是“联盟TM”飞船的首次飞行，这次飞行主要用于试验，因此没有乘载宇航员。这次的任务是试验与“和平”号空间站的对接，以及飞船各个系统的性能。

“联盟 TM”号载人飞行

经过第一次不载人试飞之后，1987年2月6日实现了运载宇航员与“和平”号空间站对接飞行。截至1999年底，共有29艘“联盟TM”飞船被发射升空，成功地把28名航天乘员组送上“和平”号空间站，创造了载人到空间站上长期生活的一系列新纪录。

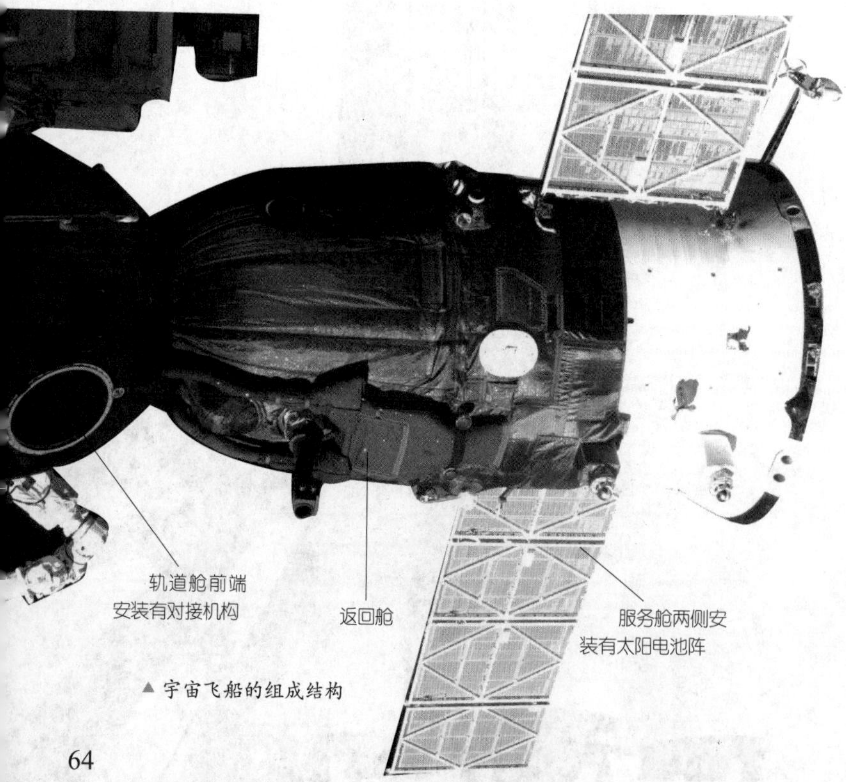

▲ 宇宙飞船的组成结构

飞船的结构

宇宙飞船由轨道舱、返回舱和服务舱三部分组成。轨道舱是航天员工作休息的场所，只有一个出入口。舱内有生命保障系统、通信设备、对接系统等。返回舱装有3个座椅，座椅前设有仪表板、控制开关，还有控制飞行姿态和机动飞行的操纵杆。返回舱是飞船唯一返回地面的部分。服务舱也叫推进舱，主要装有发动机装置，还有各种遥测系统、通信设备和电力系统等。

探索之旅

“联盟”号的传奇

“联盟”号是继“东方”号、“上升”号之后的第三代宇宙飞船。它既能自主长期飞行，为空间站接送宇航员，又能在轨道上交会、对接，还能与空间站对接，成为空间站的一个组件而与之联合飞行。之后发展出了“联盟 T”“联盟 TM”“联盟 TMA”等型号。

“联盟”号留下了很多航天传奇。它一共进行了 40 次飞行，其中有 37 次是载人飞行。早期的飞行是交会对接试验阶段，后期主要是与“礼炮”号空间站进行对接，把宇航员送进空间站。此外还进行了空间焊接、天文观测、昆虫试验、化学制水和模拟救援等各种科学试验。其中，“联盟 4 号”和“联盟 5 号”飞船在太空实现了首次对接飞行；“联盟 9 号”还创下了绕地球 424 小时 59 分的长时间运行纪录。

“联盟 TM”飞船的对接系统

“联盟 TM” 飞船的最大改进是对接系统。全新的对接系统，可以使它在任何姿态下与“和平”号空间站进行对接。原来的对接系统在对接时需要空间站作机动飞行，调整到一定姿态，与飞船呈直线对接。

▶ “联盟”号飞船与“阿波罗”号飞船准备对接

▲ “联盟 TM”号飞船返回舱内的驾驶区域

“联盟 TM”号的其他系统

姿控系统采用无平台的惯性系统，以计算机为基础配以高精度的角加速度计和精密的线加速度计。通信系统利用“射线”号静止通信卫星，并经“和平”号空间站与地面控制中心联络。着陆系统采用的降落伞材料更强更轻，伞的圆顶用新的轻型纺织品制成，骨架与绳索用合成纤维编织的材料制成。

“联盟 TM”飞船的其他改进

“联盟 TM” 飞船的其他改进还有：发动机系统采用了带金属隔离器的燃料储箱来分别储存燃料；送液设备有备份，用氦气作挤压工质；飞行发动机用独特的不冷却喷管结构，提高了飞行可靠性。

▲ “联盟 TM”号飞船在轨道上运行

“水星”号宇宙飞船

“水星”号宇宙飞船是美国第一个载人飞船系列。从1958年10月开始，到1963年5月结束，“水星”飞船计划历时4年8个月，总共进行了25次飞行试验，其中6次是载人飞行试验。在这6次载人飞行中，前两次是绕地球不到一圈的亚轨道飞行，后4次是载人轨道飞行。

外形结构

“水星”号宇宙飞船长约2.9米，最大直径1.8米，由圆台形座舱和圆柱形伞舱组成。座舱内可乘坐1名航天员。航天员躺在特制的座椅上，通过飞船舷窗、潜望镜和显示器可观测地球表面。返回地球时，飞船先点燃制动火箭，降低飞行速度，然后将其抛弃，等下降到低空时，打开降落伞，最后降落到海上。

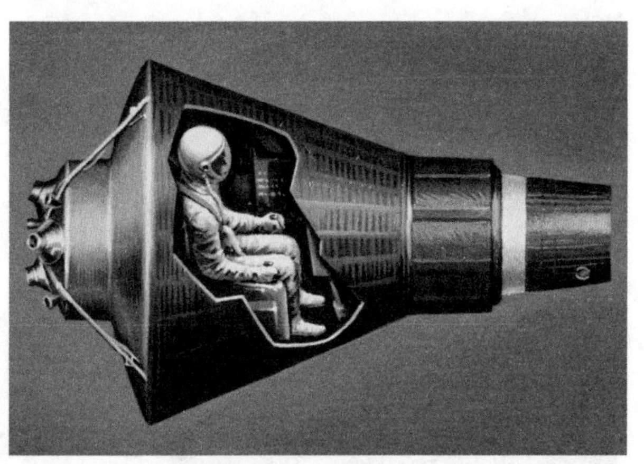

▲“水星”飞船剖面图

▲“水星”计划控制大厅——卡纳维拉尔角

四大组成部分

“水星”号宇宙飞船由四大部分组成，即逃逸部分、天线舱、回收舱和乘员舱。但实际上真正的飞船只有一个舱段，也就是乘员舱。不过，其他部分也非常重要，比如逃逸部分。美国在发射第一艘“水星”号宇宙飞船时就出现了故障。当时，火箭点火后并没有飞起来。这时，逃逸系统立刻工作。虽然这是一次无人飞行，但也证明了逃逸救生系统的重大作用。

寻找最佳方案

早期，美国在载人飞船的研制技术上落后于苏联，因此美国需要进行各种飞行试验。不管是飞船本身，还是运载火箭，美国都进行了多次选择，希望从中找到最佳的配置方案。1959 年 8 月 21 日，第一艘“水星”无人飞船发射升空。事实上，所谓的“水星”无人飞船实际上只是一个金属模型，用于验证飞船的发射和回收技术。

▼“水星”飞船结构示意图

逃逸塔
天线部分
复苏室
加压乘员舱
逆行性包
防热罩

主要目的

“水星”飞船计划主要目的是为了解决飞船的再入气动力学、热动力学和人为差错对以往从未遇到过的高加速度和零重力的影响等问题。同时考察失重环境对人体的影响、人在失重环境中的工作能力，以及对发射和返回过程中遇到超重的忍耐力等。最终实现载人空间飞行的突破，把一名航天员送入地球轨道，飞行几圈后安全返回地面。

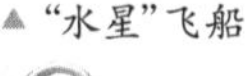

▲“水星”飞船

探索之旅

“水星”计划实施

冷战时期，美国和苏联在航天领域展开了激烈竞争。当时，苏联航天技术水平略高，率先发射了“人造地球卫星 1 号”和“人造地球卫星 2 号”。美国虽然极力追赶，但却以失败告终。在航天领域两度落后于苏联的美国人心有不甘，随即开展了新的发射计划，打算赶在苏联人之前，把第一名宇航员送入太空。

为了实现这个目标，美国航天器扛起了载人航天的大旗，开始新的设计和规划。1958 年 10 月 7 日第一个载人航天计划正式通过，12 月 17 日对外公开，并命名为“水星”计划。为了赢得太空竞赛，美国工程师日以继夜、加班加点地工作，可是“水星”计划实施并不顺利，在试验早期发生了多次事故，直到 1961 年才有所好转。不过，苏联在载人航天上的进步更大。为了在太空竞赛中抢先一步，美国人想要提前进行载人航天飞行，但遭到火箭专家冯 · 布劳恩反对，要求按计划实施。4 月 12 日，加加林实现太空飞行后，美国又一次落败。不过，不久后的 5 月 5 日，美国也成功实施了载人航天飞行。

尽管美国人在竞争中落后，但“水星”计划的完成，为后来实现人类登上月球并最终赢得太空竞赛打下了基础。

“神舟”之旅

1999 年 11 月 20 日，中国第一艘宇宙飞船——“神舟”号在酒泉卫星发射中心由新型“长征”运载火箭发射升空，次日在内蒙古自治区中部地区成功着陆。从此，中国的宇宙飞船技术踏上了“神舟”之旅。2003 年和 2005 年，“神舟五号”和“神舟六号”飞船的成功升空，标志着中国航天技术迈上了一个新的台阶。

“神舟五号”

“神舟五号”飞船实现了中国的载人航天梦，它于 2003 年 10 月 15 日在中国酒泉卫星发射中心发射，由“长征二号 F”型火箭运载升空。“神舟五号”是中国自行研发的载人飞船，飞船上特别设计了“手动挡”，防止自动挡因意外失灵。另外，人们还给这架飞船作了简单的装潢。

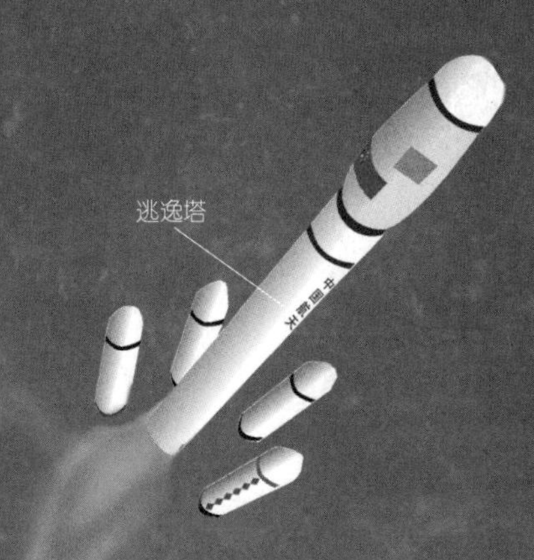

杨利伟在太空中

杨利伟和“神舟五号”飞船一起，在太空中度过了具有历史意义的 22 个小时。在这段时间内，他进行了太空用餐、太空睡眠，甚至还在太空中看书和写字。另外，他还在太空中向人们展示了中国国旗和联合国国旗，并且向全世界问好。此次活动，杨利伟并没有走出返回舱，宇航服也没有脱下。在“神舟五号”飞船返回之后，杨利伟作为中国第一位进入太空的宇航员，被授予“航天英雄”荣誉称号和“航天功勋奖章”。

“神舟”飞船丢弃逃逸塔

◀ “长征二号F”型火箭运载“神舟五号”飞船进入太空

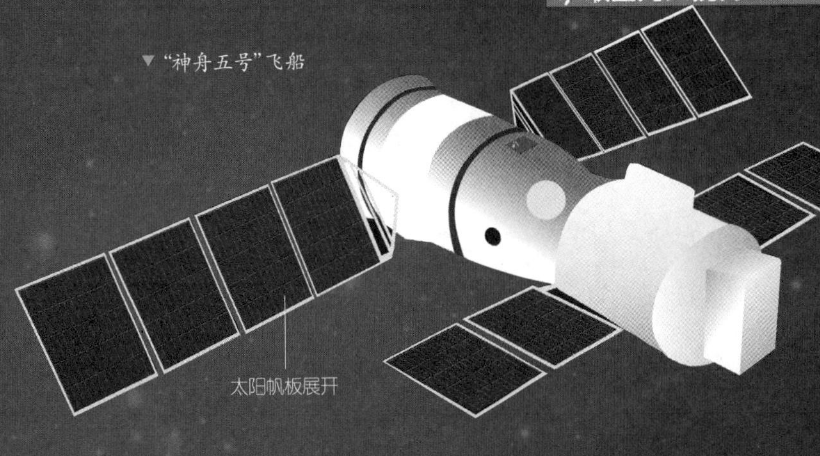

▼"神舟五号"飞船

"神舟六号"

继"神舟五号"成功飞行之后，中国在2005年10月12日，又将"神舟六号"载人飞船送入太空。与"神舟五号"相比，这架飞船有了更多的进步，包括飞行控制系统、应急模式等110余项技术的改进。它承载着费俊龙、聂海胜两名中国宇航员在太空中运行了119个小时，两人在太空中还进行了多项科学实验，为中国航天事业做出了杰出的贡献。

"神舟六号"在太空

费俊龙和聂海胜在太空中度过了119个小时。与杨利伟一样，他们同样进行了太空饮食和太空睡眠，并完成了多项太空实验。在此次活动中，两名宇航员进入了轨道舱，在环绕地球运行的第20圈，进行了三次穿舱试验；并且，他们还脱下了厚重的宇航服。在"神舟六号"返回后，费俊龙、聂海胜被授予"英雄航天员"荣誉称号和"航天功勋奖章"。

名人小传

中国进入太空第一人

中国进入太空的第一人是杨利伟。他于1965年6月21日出生在辽宁省绥中县,母亲是县中学的语文老师,父亲先当教师,后改做行政工作。

小时候的杨利伟性格比较内向、胆小。为了改变他的性格,每年寒暑假爸爸都带他去爬山、游泳。渐渐地,杨利伟对探险和运动有了兴趣,常常同伙伴一起去大山中探险。杨利伟小时候的梦想是当火车司机,因为那时候电视中在播放《铁道游击队》。

上学时,杨利伟的总成绩一般,但是理科成绩优秀,爱好游泳、滑冰以及田径项目。1983年,18岁的杨利伟考入了空军飞行学院。经过四年的刻苦学习和训练,他成了一名优秀的中国空军歼击机飞行员。1996年,杨利伟参加中国航天员选拔。1998年1月,杨利伟和其他13位空军优秀飞行员一起,成为了中国第一代宇航员。

2003年10月15日早晨,杨利伟进入了"神舟五号"飞船,开始了飞向太空的旅程。完成了"神舟五号"飞行任务之后,杨利伟晋升为上校,2004年春节前夕又破格晋升为大校。

2004年2月12日,杨利伟荣获2003年度感动中国十大人物。2005年3月16日,小行星21064以杨利伟命名。

航天飞机

有一种飞机能够在太空中飞行，还能运送宇航员和物资来往于地面和太空，它就是航天飞机。航天飞机结合了普通飞机和航天器的一些特点，能够重复使用，而且还能把航天器送入太空，同时还能在轨道上运行一段时间后返回大气层，然后像飞机一样滑翔着落。它上面的设备十分齐全，有密封舱、服务舱等，因此也具备了载人航天器的一些功能特点，实用性非常强，但是技术复杂程度也更高。

"企业"号航天飞机由波音飞机运送

航天飞机的诞生

航天飞机的诞生是航天技术的一个里程碑。早期，很多航天器都是一次性的，之后便不能再次使用，经济性相对比较低。于是，美国在 1969 年提出要建造一种可以多次重复使用的航天运载工具。1972 年初，这个想法正式被列入计划，并确定了航天飞机这个设计方案，即航天飞机由可回收重复使用的固体火箭助推器、不回收的两个外挂燃料箱和可以多次使用的轨道器三个部分组成。5 年后的 1977 年 2 月，"企业"号航天飞机诞生了。

"企业"号航天飞机

测试平台

"企业"号是美国航天飞机计划中第一架原型机，它长约 37 米，质量 7.2 万千克，能将约 3 万千克的载荷送入 370~1 110 千米的地球轨道。不过，"企业"号虽说是一架航天飞机，但实际上它纯粹只是一个测试平台，因为它既没有发动机和相应的设备，也没有执行过任何太空任务，只是用于进行各种返回与着陆测试，以及在装配好燃料箱和助推火箭后的发射状态测试。

苏联的“暴风雪”计划

美国研制航天飞机时，只是把它当作一种更为经济的轨道运载工具。但苏联人觉得这是美国在未来搭载核武器的工具。为了应对可能的“威胁”，苏联在1976年决定发展类似的航天器，并将计划命名为“暴风雪”。后来，苏联先后建造了5架“暴风雪”航天飞机。苏联解体后，因为资金紧张，俄罗斯在1993年取消了“暴风雪”计划。

▲“暴风雪”号发射时的素描

“赫尔墨斯”航天飞机

欧洲也曾开展过航天飞机的研发。1976年，法国提出用“阿里安5号”运载火箭发射载人天地往返运输器。1983年，法国国家空间研究中心决定研发高超声速滑翔机作为载人天地往返运输器，并以希腊神话中的神使“赫尔墨斯”命名。1986年3月，这项计划方案正式提交欧洲航天局。方案中，“赫尔墨斯”航天飞机长17.9米，翼展11米，机身高5.1米， 机身直径3.4米，起飞质量约2.5万千克，乘载6名宇航员。同年6月，欧洲航天局正式确认该计划，并预计将投入约20亿美元的研发资金。不过，后来由于经费和技术问题，“赫尔墨斯”计划被迫取消了。

新知词典

“奋进”号航天飞机

“奋进”号航天飞机是美国第五架实际执行太空飞行任务的航天飞机。1992年5月7号，“奋进”号航天飞机从肯尼迪航天发射中心升空，实现首次飞行。2011年，“奋进”号航天飞机完成了其19年职业生涯的最后一次太空使命。2012年，“奋进”号飞回到它的出生地洛杉矶。事实上，“奋进”号航天飞机是一架组装机。当时，“挑战者”号航天飞机意外爆炸坠毁后，执行任务出现空缺。无奈之下，美国以建造“发现”号和“亚特兰蒂斯”号航天飞机时剩下的一部分备用零件为基础组装出“奋进”号。当然，这并不能说明“奋进”号能力略逊一筹。事实上，“奋进”号是最后建造的，吸取了很多“前辈”的经验，还开发了很多新装备，因此很多能力是之前几架航天飞机所不具备的。

▲“奋进”号航天飞机

航天飞机的结构

航天飞机作为一种垂直起飞、水平降落的载人航天器，它的结构十分复杂，而且和别的航天器有很大不同。它不是一个单一的系统，而是由很多部件和系统共同构成的。这些部件和系统每一个都有自己的独特功能构造，因此所承担的任务也各不相同，其中任何一个出现问题，都有可能给航天飞机带来毁灭性灾难。

三大组成部分

航天飞机由三大部分组成，分别是轨道飞行器、外挂燃料箱和火箭助推器。其中，轨道飞行器也就是飞行舱最为重要，结构也最为复杂，包括了中舱、货舱和气闸舱等。轨道飞行器既是驾驶轨道器的地方，也是使用机械手臂对有效荷载进行操作的地方，宇航员可以通过里面众多的飞行仪器仪表和控制装置对航天飞机进行控制操作。通常，这个长 50 多米的飞机一次可供 7 名宇航员乘坐，紧急状态下可以乘坐 10 名。

中舱

中舱是宇航员生活的地方。这里安放了宇航员生活所必需的所有设施，主要有厨房、就餐设备、卫生间、睡眠设备和锻炼设备等。这里还是宇航员进出货舱的地方。在中舱与货舱之间有一个气闸舱，宇航员可以从这里进入货舱。

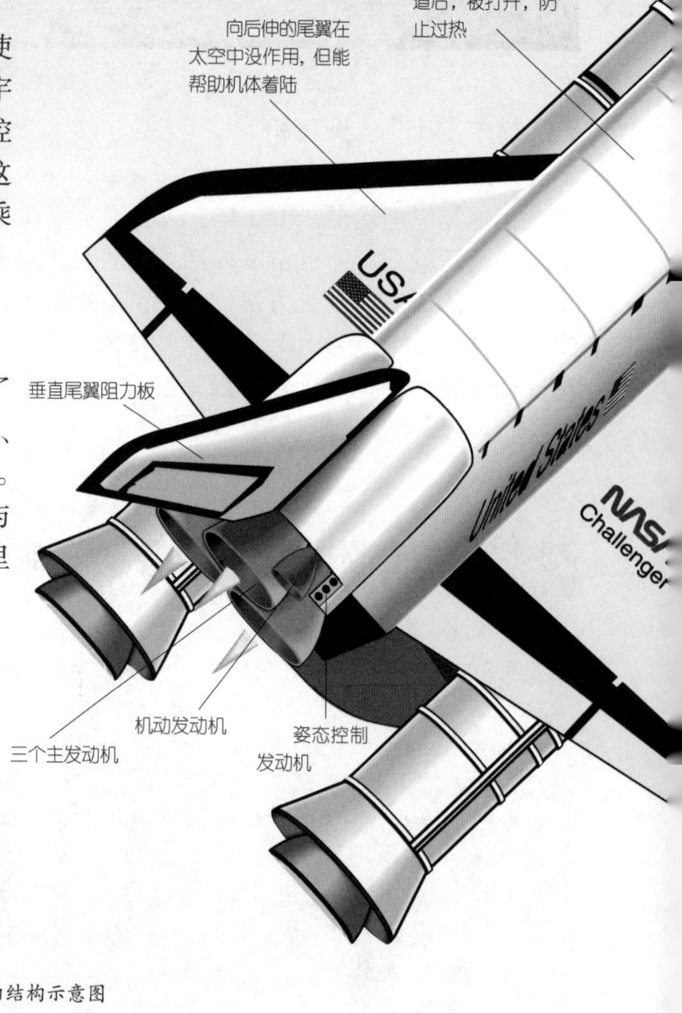

▲ 航天飞机的结构示意图

货舱

货舱就是用来装载货物的舱室，上部有两扇巨大的舱门。在飞行过程中，两个舱门是关闭的，在进入太空后，才被开启，方便有效荷载的操作、宇航员出舱活动和轨道器散热。在货舱的侧面，有一个遥控机械手臂，用来完成释放或者回收有效荷载，支持宇航员进行舱外活动等工作。

气闸舱

气闸舱是航天飞机中宇航员进入太空或由太空返回用的气密性装置，分为内闸门和外闸门两个舱门。宇航员出舱进入太空活动前，在座舱内穿好航天服，走出内闸门后，将内闸门关闭，再把气闸舱内空气抽入座舱内。当气闸舱内和外界空间的压力相等时才能打开外闸门进入太空。宇航员返回气闸舱时按相反的顺序操作。内、外闸门的气密性要绝对可靠，这是气闸舱最主要和关键的要求，否则气体泄漏，气压失衡，有可能造成宇航员当场丧命。

外挂燃料箱

外挂燃料箱本身不携带发动机，故称为外部推进剂储箱，是专为轨道飞行器上 3 台主发动机提供推进剂的，由前部液氧箱、后部液氢箱以及连接前后两箱的箱间段组成。航天飞机发射约 8.5 分钟后，大致进入预定轨道。这时，外挂燃料箱所携带的燃料被耗尽，之后就被抛弃，落入大气层中烧毁。因此，外挂燃料箱是航天飞机上唯一只能使用一次的部件。

火箭助推器

火箭助推器安装在外部燃料箱的两侧，里面装有推进燃料，可以为航天飞机垂直起飞和飞出大气层时，提供额外的推力。通常，在航天飞机发射后的头两分钟，它和主发动机一同工作。航天飞机达到一定高度后，它便和航天飞机分离，坠入大气层。由于它的前部装有降落伞系统，所以可以降落在大洋中，然后被打捞重复使用。

经典问答

航天飞机的飞行过程是怎样的？

航天飞机的整个飞行过程可分为三个阶段，分别是上升、轨道飞行和返回。地面指挥人员下达起飞命令后，航天飞机在火箭助推器的推动下垂直上升，直至进入预定轨道。之后，航天飞机的主发动机关闭，由两台小型火箭发动机工作，控制飞行，执行预定任务。在完成任务后，主发动机重新启动，推动航天飞机向地球飞行。最后，航天飞机像普通飞机一样进行滑翔着陆，安全返回。

第一架航天飞机

“哥伦比亚”号航天飞机是以“企业”号为原型制造的，是美国第一架真正服役的航天飞机。它曾安全飞行数十次，但是在2003年2月1日执行完一次太空任务后的返程途中，在空中爆炸解体，造成7名宇航员全部丧命。这是继“挑战者”号解体爆炸后，美国航天史上最严重的一次事故。

首次飞行

1981年初，在经历了近10年的研发之后，“哥伦比亚”号航天飞机终于建造完成，成为第一架用于在太空和地面之间往返运送宇航员和设备的航天飞机。当年的4月12日，数百万人聚集在卡纳维拉尔角肯尼迪航天中心，参观第一架航天飞机的首次发射。这次飞行搭载了约翰·杨和克里平两名宇航员。他们驾驶“哥伦比亚”号在太空飞行54小时，绕地球36周后安全着陆。虽然这次任务仅仅是测试“哥伦比亚”号的轨道飞行和着陆能力，但却揭开了航天史上新的一页。

▼“哥伦比亚”号的第一次任务

▲“哥伦比亚”号的最后一次发射升空

具体参数

“哥伦比亚”号航天飞机总长约56米，翼展宽约24米，起飞质量达到了204万千克，起飞总推力高达2 800万牛。它的核心部分，也就是轨道器长约37米，和一架中型客机相仿，外形像一架大型的三角翼飞机。“哥伦比亚”号设计可重复使用100次，每次飞行最多可搭载8名宇航员，在太空中飞行7~30天。它集中了火箭、卫星和飞机的技术特点，是一种新型的多功能航天器。

名人小传

第一个登上太空的美籍印裔妇女

1962年，卡尔帕纳·楚拉在印度北部一个小镇出生。她从小就热爱飞行，希望有朝一日能飞上太空。为了实现这一理想，卡尔帕纳·楚拉十分努力地学习，特别是对数学、物理和化学格外重视。后来，卡尔帕纳·楚拉获得了赴美国深造的机会，并在1984年获得了得克萨斯大学的航空工程硕士学位，在1988年获得科罗拉多大学的航空工程博士学位。之后，她开始进入美国国家航空航天局埃姆斯研究中心工作，负责流体力学和航天模拟训练的研究。1995年，卡尔帕纳·楚拉被美国国家航空航天局选拔为宇航员候选人。1997年11月19日，在经历了1年多的飞行训练后，她成为了第一个登上太空的美籍印裔妇女。但是很不幸，在2003年随着“哥伦比亚”号航天飞机的爆炸，卡尔帕纳·楚拉和其他6名宇航员不幸罹难。当晚，时任印度总理瓦杰帕伊说道：“对于印度来说，由于这场悲剧中有一位在印度出生的妇女，因此我们的心情十分沉重。”

▲“哥伦比亚”号乘员，左起：布朗、赫斯本德、克拉克、楚拉、安德森、麦库尔、拉蒙

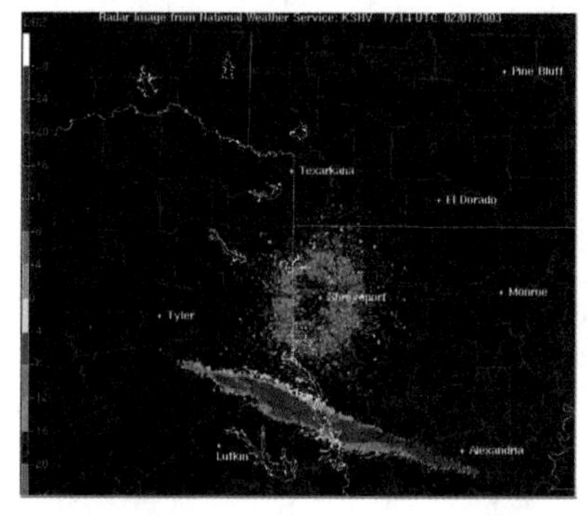

▲美国国家气象局雷达探测到的散布于得克萨斯州和路易斯安纳州的“哥伦比亚”号残骸，以红色、橙色和黄色显示

航天飞机失事

“哥伦比亚”号航天飞机原定是在2001年发射升空的，但是由于技术故障和航天飞机调配等原因，发射日期一再推迟，最终于2003年1月16日发射升空。这次发射除了搭载7名宇航员外，还搭载了6个国家的学生设计的试验项目，其中就有中国学生设计的“蚕在太空吐丝结茧”的试验。在飞行了约15天后，“哥伦比亚”号航天飞机在即将着陆时，和地面失去联系，不久后在得克萨斯州中部上空解体爆炸。

失事原因

“哥伦比亚”号航天飞机爆炸后不久，从燃料箱外脱落的一个泡沫碎块成为了怀疑重点。后来，经过调查得出的结论是，“哥伦比亚”号发射后不久，燃料箱外脱落的三块泡沫碎块击中了航天飞机左翼前缘的隔热材料。当航天飞机返回，在经过大气层时，剧烈摩擦产生的高温空气融化了左机翼内部结构，导致了悲剧的发生。不过，也有专家提出，起飞时遭遇强风、发射前临时更换火箭助推器以及“年龄太大”等都有可能是“哥伦比亚”号解体的根本原因。

▲模拟已知和可能的各种情况，人们得出了脱落的泡沫材料撞击“哥伦比亚”号，最终导致其解体的结论

“挑战者”号

“挑战者”号航天飞机是美国正式服役的第二架航天飞机。原本，它是被作为高拟真结构测试体而建造的，但是在进行完所有的测试任务后，被改装成了轨道运载器，用于执行天地往返任务。1983年4月4日，“挑战者”号航天飞机完成了首次飞行，但是在1986年1月28日，进行第10次飞行时，起飞不久，突然发生爆炸，机上7名宇航员全部罹难。

命名来源

美国的航天飞机都是以早期的船舶名来命名的，“挑战者”号也不例外。它的名字来源于1870年在大西洋和太平洋之间航行的英国海军研究船“挑战者”号。“挑战者”这个名字除了用来命名航天飞机，也曾用来命名“阿波罗17号”的登月组件。

▲“挑战者”号执行STS-6任务时的降落

建造原因

航天飞机本身是一种需要承受极大外力的飞行工具，但它同时也需要尽量减轻自身质量，因为机身的每一部分都承受了巨大的结构应力。但是以当时的计算机水平，工程师无法仅靠仿真软件就将航天飞机每一部分受到的负荷和巨大负荷下的表现计算得非常精准。为了安全，唯一的解决办法就是用真的太空舱进行测试分析。这就是“挑战者”号被建造出来的原因。

▲“挑战者”号航天飞机发射升空

▲ 正由航天飞机运输飞机(SCA)运往肯尼迪太空中心的"挑战者"号。拍摄时间:1984年7月4日

测试与改造

"挑战者"号最初被建造出来后,在电脑的控制下,非常逼真地模拟出太空舱在发射、爬升、绕行轨道、重返大气层与降落时所受到的各种力量。后来,它在改造的过程中,对机翼部分进行了改良和强化,而所有的参考数据都是来自它先前进行的实机测试。经过一系列改造,"挑战者"号比"哥伦比亚"号航天飞机轻了约1 300千克。

解体爆炸

1986年1月28日,距离卡纳维拉尔角发射场约6.4千米的看台上,聚集了10 000多名观众。他们是来观看航天飞机发射的。上午11时38分,"挑战者"号航天飞机点火升空,一切程序和动作都顺利完成。但是当航天飞机飞行到73秒时,突然发生爆炸,片刻间变成了一团巨大的火球,碎片落在了大西洋中。

► "挑战者"号在1986年1月28日进行第10次任务时,于升空过程中突然爆炸坠毁

失事原因

经过调查,"挑战者"号航天飞机失事原因,竟然是飞机左侧固体火箭助推器的O形环密封圈失效,毗邻的外部燃料舱在泄漏出的火焰烧灼下结构失效,使高速飞行的航天飞机在空气阻力的作用下发生解体。航天飞机发射时,由于气温过低,发射台上结冰,造成O形环密封圈硬化。点火时,火焰从上往下烧,O形环密封圈应该及时膨胀,但是由于O形环密封圈已经失效,火焰往外冒,烧毁了主燃料舱,最终导致"挑战者"号航天飞机爆炸解体。

名人小传

美国第一位平民航天员

在"挑战者"号第10次发射的现场,有19名中学生代表,他们既是来观看航天飞机发射的,也是来欢送他们心爱的老师麦考利夫的。1984年,美国航天局宣布将邀请一位教师参加航天飞行,计划在太空中为全国中小学生讲授两节和太空飞行有关的科普课程。从此,数万名教师满怀信心和喜悦报名参加。在经过数月的严格测试和筛选后,麦考利夫一路过关斩将,从11 000多名教师中脱颖而出,成为美国第一位平民航天员,一名太空教师。

1986年1月28日,上万名观众不惧严寒,到现场观看这一历史性发射。随着一声轰鸣,"挑战者"号腾空而起,而观众席已被看台上的欢呼声淹没。然而,随着"挑战者"号速度越来越快,危险也越来越迫近。当"挑战者"号飞行了73秒时,天空突然出现一团橘红色火球,随即分成许多小叉,拖着火焰和白烟四下飞散,两枚固体燃料火箭助推器完整地脱离火球,拖着白色烟柱向前飞去。40多秒后,地面人员宣布:"经证实,航天飞机爆炸了。"

太空中的基地

随着科技的进步和航天事业的发展，人们已经不满足于在太空中短暂的停留。于是，为了能够长期在太空中逗留，人们在太空轨道上建起了“新房子”，也就是空间站。空间站实际上也是一种载人航天器，就像家一样，可以让宇航员长期在太空中生活和工作，不必每隔一段时间往返地球一次。当然，空间站这座不一样的房子也有大有小，小的一般是一次性完整发射入轨的，而大的一般是分批次将各个组件送入轨道后组装而成的。

诞生历史

美苏争霸时期，美国的“阿波罗 11 号”宇宙飞船在 1969 年抢先登陆月球。苏联由于在和美国的登月竞赛中落败，所以将目光投向了空间站，以展示其强大的航天实力。1971 年，苏联建造的“礼炮 1 号”空间站搭载了众多先进设备发射升空，成为人类历史上首个空间站。不过，不幸的是，空间站上的 3 名宇航员在乘坐“联盟”号宇宙飞船返回地球时，由于返回舱的阀门故障，导致气压失衡而全部死亡。

▲ 宇航员在空间站中生活和工作

主要组成

宇航员由于要长期在空间站中生活和工作，所以空间一般都比较大，有数百立方米的体积，几万千克的质量，包括过渡舱、对接舱、工作舱、服务舱和生活舱等舱体。这些舱体有自己特殊的用途，其中过渡舱是宇航员进出空间站的通道，要保证气压始终和空间站内部气压一致，因此也被称为“气闸舱”；对接舱类似于码头，是其他航天器在空间站停靠的地方，一般补给的物资和设备都要从这里运送；工作舱和生活舱很好理解，前者是宇航员工作的场所，后者是宇航员生活的地方；服务舱则是为宇航员提供生命保障的舱体。这些舱体功能各不相同，但缺一不可。

分层设计

空间站一般是由直径不同的几段圆筒串联而成的。也就是说，它被设计成上、下两层结构，两个舱体之间仅靠一个圆洞连接，不需要设计楼梯，因为在失重环境下，宇航员只须轻轻一跳或者轻轻一推，就可以穿过圆洞，自由地来往于任意两个舱体，实现轻松地“上下班”。分层设计还有很多优点，比如如果某个舱体出现故障，维修和更换都比较方便；这种“拼装”建造方式，降低了运载火箭的要求，人们可以用推力更小的运载火箭将组件一个个送上太空。

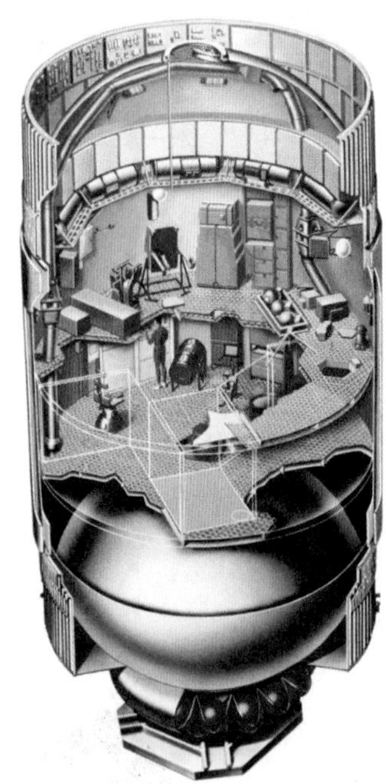

▲ 空间站分层设计

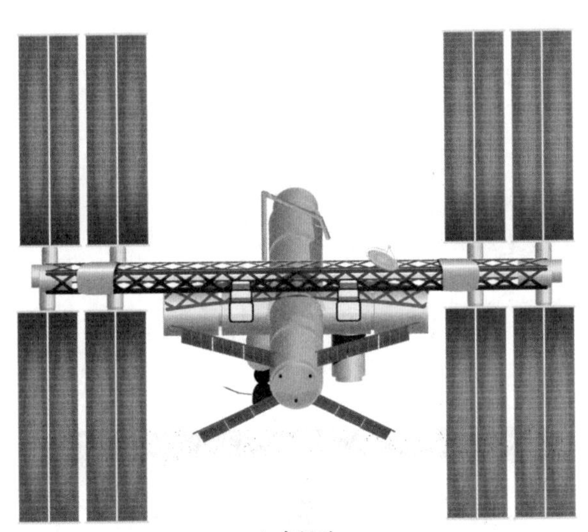

▲ 空间站

巨大优势

相对于其他航天器，空间站的优势十分明显。首先，它的体积很大，能够长时间在太空中飞行，而且装备的先进设备也更多，可以同时开展多个宇宙科研项目，比如天文观测、医学和生物学研究、军事侦察等。其次，它的经济性比较好。由于空间站只是用来搭载航天员在太空中进行试验的，不具备返回地面的功能，所以结构更加简化，设计、建造难度大大降低，这样就能减少很多费用。另外，一旦空间站发生故障，宇航员可以在太空中对其进行维修、换件等，不必返回地球，这样也能减少费用。

新知词典

美苏争霸时期

美苏争霸时期也就是冷战时期，是1947—1991年之间，以美国为首的资本主义阵营和以苏联为首的社会主义阵营在政治、经济、军事、科技等方面的斗争。当时，美国和苏联这两个超级大国，为了争夺世界霸权，各自联合盟国通过局部代理战争、科技和军备竞赛、太空竞赛、外交竞争等“冷”方式进行对抗。不过，由于两大集团实力相当，而且都拥有大量核弹头，能够互相毁灭，所以谁都不敢轻易用武力来结束对方。1991年，苏联解体，标志着两极格局结束。美国成为世界上唯一的超级大国。

著名空间站

俄罗斯在空间站的研究和开发方面一马当先，先将“礼炮”号在太空“放响”后，又将“和平”号送上太空。这两大著名空间站，为人类的航天发展和宇宙探索做出了不可磨灭的贡献。美国虽然没有像俄罗斯那样大力发展空间站，但空间站的建设一直没有落后。中国作为航天大国，在空间站建设方面同样没有落后，目前已经发射了两个空间实验室，为中国空间站的建设打下了坚实的基础。

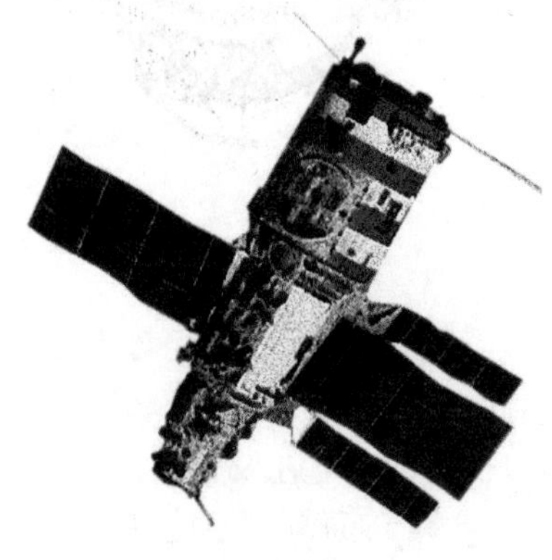

▲“礼炮1号”空间站

“礼炮”空间站

1971—1982年，苏联共发射了7座“礼炮”空间站。它们都安装有许多仪器和设备，为苏联提供了大量在地面上无法获得的军事情报。1973年4月3日，苏联在“礼炮1号”的基础上，发射了“礼炮2号”空间站。“礼炮2号”装备了当时最完善的防御系统，被称作太空“飞行堡垒”。但是它最后莫名其妙地与地面失去了联系，就这样消失了。1974年6月25日，“礼炮3号”空间站发射升空，但很可惜的是在第二次进行载人飞船对接时失败。为此，苏联又发射了“礼炮4号”空间站。不久后，“礼炮5号”空间站也起飞上天，但由于飞行员身体状况不佳，被迫提前结束了飞行任务。“礼炮6号”和“礼炮7号”分别在1977年和1982年发射上天。它们在太空中都顺利完成了自己的任务。

畅想“和平”

1986年2月20日，苏联发射了第三代空间站“和平”号。“和平”号长13.13米，质量2.04万千克，最大直径4.2米，由三部分组成，分别是工作舱、过渡舱和非密封舱。和“礼炮”号相比，它的对接舱口增加到了6个，以实现与6艘飞船同时对接，对接能力大大提高。“和平”号主要用于太空探测试验，并且取得了巨大的成功，比如制造一些地面无法制造的药物和性能更好的材料、培植优良的粮食作物、进行生命保障系统试验等。2003年3月23日，“和平”号完成使命，坠入大气层焚毁。

▲“和平”号空间站

探索之旅

中国的"天宫"

国际空间站在研发和建造时，中国想要参与，但遭到美国的反对，结果未能参与其中。但中国人自强不息，走上了自主研发空间站的道路。经过数十年的努力，中国在2011年9月29日发射了第一个目标飞行器和空间实验室"天宫一号"。"天宫一号"全长10.4米，最大直径3.35米，由实验舱和资源舱构成。同年11月3日，"天宫一号"与"神舟八号"实现对接。2013年6月13日，"神舟十号"与"天宫一号"完成自动交会对接。

"天宫一号"的成功是中国航天事业的一个里程碑，也为之后空间站的发展打下了坚实基础。2016年9月15日，"天宫二号"发射升空，并在10月19日和早已等待的"神舟十一号"飞船对接。2017年4月20日，"天舟一号"货运飞船，成功完成与"天宫二号"的首次推进剂在轨补加试验，为我国空间实验室任务完美收官。

▲"天空实验室"号空间站

"天空实验室"号空间站

"天空实验室"号空间站是美国第一个环绕地球的试验性空间站，它全长36米，最大直径6.7米，质量约8.2万千克，于1973年5月14日发射入轨，曾三次和"阿波罗"飞船对接，共接待了9名宇航员。1974年2月，美国计划为"天空实验室"号加注燃料，但未能成功。1979年7月11日，地面人员向"天空实验室"号发出最后一条命令。之后，它便划破长空，穿过大气层，坠落在大洋中，结束了14亿多千米的航程。

国际空间站

国际空间站是一个国际大项目，是人类航天史上首次由多个国家合作完成的空间工程，参与的有美国、俄罗斯、日本、加拿大、巴西和欧洲航天局的11个成员国共16个国家。国际空间站体积庞大，内部结构复杂，由6个实验舱、1个居住舱、2个连接舱、服务系统及运输系统等组成，可同时承载6人进行太空工作。目前，国际空间站已经到了"暮年"，预计将于2024年退役。

▲国际空间站

空天飞机

空天飞机是航天飞机的"升级版"，是一种新型的航天运输系统，既能够航空也能够航天，集飞行器、太空运载工具及航天器于一身，还可以作为载人航天器，因此成为未来航空航天发展的一个重要方向。另外，它使用方便，不用借助火箭助推器就可以自行起飞，操作费用比较低。目前，这种系统还在研究发展阶段，很多国家都投入了研究，其中美国技术水平最高，并在2010年进行了首次飞行测试。

功能特点

空天飞机是一种未来飞行器，它能像普通飞机一样水平飞行，速度高达1.6万~3万千米/时，是声速的12~25倍，而且可以直接加速进入地球轨道，成为航天飞行器。返回地面时，它能像飞机一样在跑道上滑行着陆。因此，航天飞机可以实现航空和航天应用领域的自由切换，从而大幅度降低航空航天运输费用。

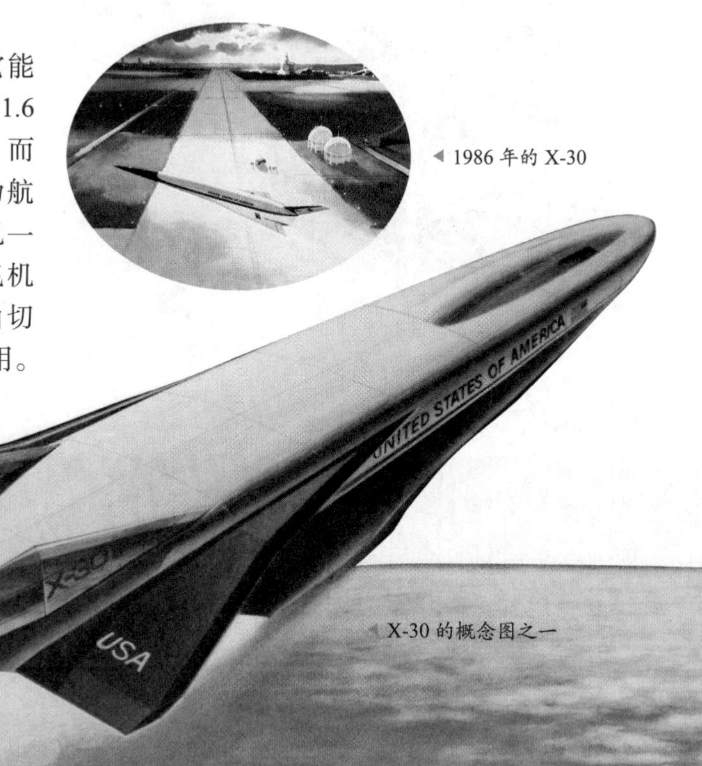

◀ 1986 年的 X-30

◀ X-30 的概念图之一

动力装置

空天飞机的飞行范围从大气层扩大到大气层外，速度从0跨越到3万千米/时，如此大跨度的运行环境和速度，一般的发动机根本无法适应。普通的发动机，在大气层内工作，可以吸入空气，不需要携带氧化剂，而太空中没有空气，因此无法在大气层外工作。火箭发动机可以在大气层内外工作，但是携带的氧化剂十分笨重，使用很不方便。于是，人们研发了一种混合配置的动力装置，即由空气喷气发动机和火箭喷气发动机两个部分组成，为空天飞机提供动力。不过，这种发动机十分复杂，工作起来并不可靠。

经典问答

空天飞机有哪些优缺点呢？

空天飞机的速度非常快，可以实现全球范围内的快速运输。它的起落不需要特殊的发射场地，仅仅一个机场就足够了，运输费用只有航天飞机的 1/10 左右。因此，它的经济性十分高。不过，空天飞机并不完美，它也有很多缺点。首先，它的研发门槛非常高，需要非常多的技术储备，一般国家根本没有技术能力；其次，它的研发周期很长，风险很大；最后，它的制造成本非常高，需要大量的资金支持。因此，空天飞机不适合航天事业刚刚起步的国家。

起落过程

空天飞机不需要专门的发射场，一般的大型机场就可以供它起落。在起飞时，空天飞机的空气喷气发动机首先工作，原理类似于飞机发动机，利用大气中的氧，节省氧化剂。当飞机进入高空时，喷气发动机关闭，火箭喷气发动机接替工作，依靠燃烧自身携带的燃烧剂和氧化剂来为空天飞机提供动力。空天飞机从太空向地面降落的时候，两个发动机只须将工作顺序交换就可以了。

军事作用

空天飞机在航空航天上的用途十分巨大，同样在军事上也有重要用途。首先，它的速度十分快，起降非常方便，在未来战争中可以作为快速运输机使用；其次，它可以作为武器平台，搭载众多制导武器，对敌方的陆、海、空、天等重要目标进行攻击；最后，它还可以通过自身携带的探测设备，探测敌方间谍卫星，防止机密泄漏。

X-33 空天飞机

1996 年，美国 X-33 空天飞机研制计划开始实施。这一计划中，将 X-33 空天飞机的飞行速度控制在声速的 13 倍左右，最终的成品被命名为“冒险之星”。美国国家航空航天局投入大量的资源，该计划已进行了 90%，但由于后期仍需大量的资金投入，并且机器本身也存在一定的故障，所以这一计划不得不搁置下来。

X-37B 空天飞机

2010 年，4 月 23 日，美国空军的 X-37B 空天飞机原型机轨道试验飞行发射升空，这是人类首架空天飞机。2011 年 3 月 5 日，第二架 X-37B 发射升空，进入低地球轨道。在空间运行了 469 天后，第二架 X-37B 在美国范登堡基地着陆。2015 年 5 月，X-37B 进行了第三次发射，在完成破纪录的 718 天秘密任务后，于 2017 年 5 月着陆，标志着美国在空天飞机领域实现了重大突破。

▲ X-33 空天飞机和 X-37B 空天飞机

空间探测器

空间探测器又称深空探测器，是指一种彻底脱离地球引力，飞往太阳、月球或其他行星或星际间进行探测的无人航天器。它是探索宇宙的主要工具。它的基本结构与人造地球卫星相同，但它携带了探测仪器。多数探测器在进行探测时要围绕目标天体飞行，甚至在目标天体上着陆。空间探测器主要分为月球探测器、行星和行星际探测器、小天体探测器等。

▲"卡西尼-惠更斯"号土星探测器是人类迄今为止发射的规模最大、复杂程度最高的行星探测器

空间探测器的任务

空间探测器的主要任务是：研究月球和太阳系的起源和现状；通过对太阳系各大行星及其卫星的考察研究，进一步揭示地球环境的形成和演变情况；利用宇宙空间的特殊环境进行各种科学实验等。

探测成果

从 1959 年开始，人类的各种空间探测器已经相继考察了月球，拜访了太阳系的几大行星及"哈雷"彗星。其中对月球的考察最详细，甚至派遣了航天员赴月球实地考察。对金星、火星，人们不仅绘制了地形图，而且还多次发射无人探测器在金星和火星表面着陆。还有一些探测器甚至已经飞出了太阳系。

特点

空间探测器的显著特点是：具备自主导航能力；采用核能源系统；有特殊防护结构；在月球或行星表面着陆或行走；本身有一些特殊的结构。

发射要求

为了保证探测器飞到与目标行星轨道相切处时目标行星恰好也运行到该处，必须选择在地球和目标行星处于某一特定相对位置的时刻发射探测器。而且这样探测器也可以在绕飞行星时，利用行星引力场加速，从而实现连续绕飞多个行星。

▲"尤利西斯"号探测器刚从"发现"号航天飞机释放出来的设想图

新知词典

“麦哲伦”号探测器

1989年5月4日，以16世纪著名的葡萄牙探险家麦哲伦的名字命名的“麦哲伦”号探测器成功发射。它是世界上第一个用航天飞机发射的探测器。

在第二年的8月，“麦哲伦”号进入环绕金星的轨道，9月开始观测。它利用先进的成像雷达系统对金星全球进行了详细的拍摄，还对金星95%的地区进行了高分辨率的重力测量，发回了大量数据。从数据的数量上看超过了以前其他探测器发回数据的总和，为绘制金星地图做出了重大贡献。

1994年10月12日，“麦哲伦”号探测器同地球失去了无线电通信联系。在这之前的4年半时间里，“麦哲伦”号已绕金星飞行了15 018圈。失去联系以后，虽然它还在飞行，但高度不断下降，最后必然会在金星巨大的大气压力下分裂成碎片，直至落到近500℃高温的金星表面而被烧毁。

各国探测器

1959年1月苏联发射了第一个月球探测器——“月球1号”，美国紧随其后发射了“徘徊者”号探测器、月球轨道环行器、“勘测者”号探测器。20世纪60年代以后，美国和苏联先后发射了100多颗行星和行星际探测器。日本于1991年8月发射太阳-A探测器，用于观测太阳活动。

▼ 高能太阳光谱成像探测器

▼ 正在对太阳进行探测的空间探测器

有时日面边缘上会突起一股火红色的炽热气体，在发生日全食的时候，人们用肉眼就可以看见，这种壮观的现象就是日珥

地球探测器

人类世世代代生活在地球上，经过了长久的发展和演变，对地球的环境已经有了一定的了解。可人类的能力毕竟有限，对地球的认识也就存在很大的局限性。如今，人们可以借助太空探测器对地球进行探测，特别是对地球周围的环境进行深入的考察，从而获得大量丰富的探测资源，满足自身的求知欲望。

中国的地球探测器

中国的“实践”系列卫星既是技术试验卫星，又是科学探测卫星。“实践一号”卫星装有很多特殊的探测仪器，取得了许多环境数据。“实践二号”和“实践二号甲”“实践二号乙”是用一枚火箭同时发射的。其中“实践二号”外形是一个八面棱柱体，任务是探测空间环境，同时还有关于很多新技术的试验。

新知词典

科学探测卫星

科学探测卫星是用来进行空间物理环境探测的，故又可称为太空探测台。假如我们把地球看成一个鸡蛋的蛋黄，那么地球四周的大气层就像是一团“蛋清”。这团“蛋清”厚达150千米以上，严重影响了人类去观测各天体。

科学探测卫星的出现，开拓了人类的视野。它携带着各种仪器，穿过大气层，自由自在、不受干扰地为人类记录着大气层、空间环境和太空天体的真实信息。而这些十分宝贵的资源又为人类登上太空、利用太空提供了重要指南。世界各国最初发射的卫星多是这类卫星或是技术试验卫星，比如苏联的“电子”号探测器和美国发射的“探险者”号卫星。

天文卫星也是一种科学探测卫星，与上述卫星不同的是它不仅仅探测空间环境，而且在地球轨道上建起了一座座太空天文台，专门对宇宙天体和其他空间物质进行科学观测。世界上第一颗天文卫星是美国1960年发射的太阳辐射监测卫星，它测到了太阳的紫外线和X射线通量。

▲ 太阳辐射监测卫星

“电子”号探测器

“电子”号探测器属于苏联的科学卫星系列，1964年1—7月共发射4颗卫星。“电子”号探测器的任务是研究进入地球内、外辐射带的粒子和与其相关的各种空间物理现象。“电子”号探测器带有高、低灵敏度的磁强计，低能粒子分析器，低能质子检测器，太阳X射线计数器，微流星探测器以及记录微粒辐射和研究宇宙辐射成分的仪器。各种探测仪器可由程序装置控制工作，也可由地面指令控制工作。“电子”号探测器获得了地球辐射带、磁场、带电粒子的特性、空间分布和能谱的大量数据。

"探险者"号卫星

美国发射的第一颗卫星"探险者"号就是一颗科学探测卫星。之后,"探险者"发展成为一个科学卫星系列。这一系列多为小型卫星,但其外形结构差别很大,由于探测的空间区域不同,所以它们的运行轨道也有高有低、有远有近。它们主要用于探测地球大气层和电离层;测量地球高空磁场;测量太阳辐射、太阳风;探测行星际空间等。

▶ 美国国家航空航天局新闻发布会上运载"探险者1号"卫星的"丘诺1号"运载火箭的模型

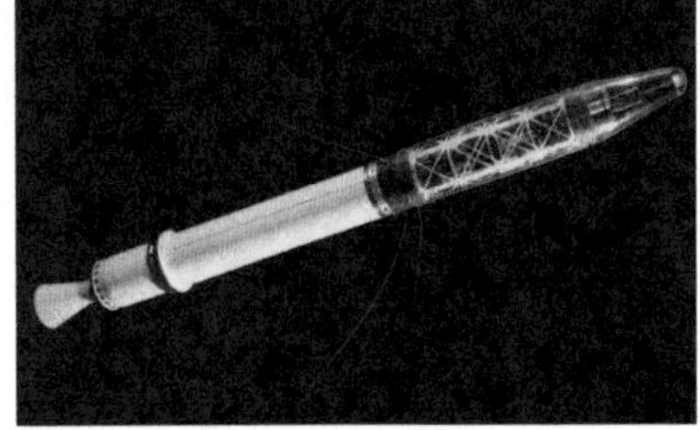

▲ 运送"探险者1号"卫星进入太空轨道的"丘诺1号"运载火箭

◀ "丘诺1号"运载火箭发射

监测太阳活动

太阳是宇宙中一颗普通的恒星，但对于人类来说，光辉的太阳无疑是宇宙中最重要的天体。没有太阳，地球上就不可能有姿态万千的生命现象，当然也不会孕育出作为智能生物的人类。为了更好地利用太阳赐予人类的能量，自20世纪60年代以来，世界各国发射了许多太阳探测器，它们都肩负着观测太阳的使命。

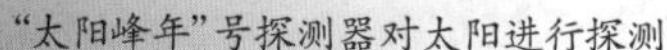
"太阳峰年"号探测器对太阳进行探测

"太阳峰年"号探测器

"太阳峰年"号探测器

在太阳活动高峰年的1980年2月4日，美国发射了"太阳峰年"号探测器。在长达9年的探测中，"太阳峰年"号探测器测出了太阳常数，观测到10颗彗星掠过太阳，1颗彗星和太阳相撞以及100次太阳耀斑的爆发等。

"尤利西斯"号太阳探测器

1990年10月6日，美国"发现"号航天飞机将"尤利西斯"号太阳探测器送入太空。它的任务是探测太阳两极及其巨大的磁场、宇宙射线、宇宙尘埃、X射线和太阳风等。在服役17年后燃料冻结停止工作。"尤利西斯"探测器发回的数据进一步加深了科学家对太阳各方面的认识，对探测太阳两极做出了重要贡献。

▲"尤利西斯"号太阳探测器

成果显著

通过研究“尤利西斯”号发回的数据，研究人员发现，太阳发出的太阳风有快、慢之分，不同纬度上太阳风的速度不同。除此之外，“尤利西斯”号还为研究人员提供了大量关于太阳磁场以及太阳表面活动情况的新信息。

▲ 发射前的“尤利西斯”号探测器

“风”号探测器

美国的“风”号探测器在 1994 年 11 月 1 日发射升空，进入太阳和地球之间的运行轨道。它的主要任务是测量太阳风的质量、动力和能量，进一步搞清楚太阳风是如何到达地球周围的，为科学家研究太阳风提供了很多资料。

◀ 太阳风暴

“太阳和日球观测台”

美国和欧洲合作研制的“太阳和日球观测台”太阳探测器在 1995 年 12 月 2 日升空，运行了 8 年多。在这期间，探测器多次死里逃生，同时也经历了太阳风暴的巨大考验，它提供的太阳测试数据，在预防和降低太阳风暴危害的工作中做出了巨大的贡献。

新知词典

SP 太阳探测器

自 20 世纪 90 年代中期以来，美国国家航空航天局和欧洲航天局就开始不断地监测太阳风和日冕。然而，它们只能从安全距离（到地球的距离只有日地距离的 1%）之外来观测太阳。

为了能真正捕捉到太阳大气的复杂性，科学家们决定把一个探测器送往比先前最靠近太阳的探测器距离还要小 7/8 的地方。也就是说，这个太阳探测器要一头扎入太阳日冕——太阳的外层大气，那里的温度在 100 万~200 万℃之间。这个探测器就是 SP 太阳探测器。

SP 太阳探测器是美国国家航空航天局和美国霍普金斯大学应用物理实验室共同研制的，是第一个飞入太阳日冕的飞行器，仅仅位于太阳表面上方 3 个太阳半径处。

在这次计划中，SP 太阳探测器肩负重任。它要探测所遇到的等离子体、磁场和波、高能粒子和尘埃。还要对太阳探测器轨道附近以及日冕底部的偶极结构的日冕结构进行成像。

行星探测器

航天事业轰轰烈烈地发展了几十年，人类并不仅仅满足于探索自己居住的地球和赖以生存的太阳。很早以前，人类已经把目光投向了地球的“邻居”——各个行星。人类已经向太阳系中派遣了几十个探测器，探测了除冥王星之外的所有行星，这些探测器帮助人类获取了很多资料，让生活在地球上的人们更加了解这些“邻居”。

▲“先驱者10号”

“先驱者10号”

“先驱者”号是美国行星际探测器系列，从1958年10月到1978年8月，共发射13个。其中“先驱者10号”极为引人注目。“先驱者10号”于1972年3月2日踏上征途，1973年12月3日与木星相会。它沿木星赤道平面从木星右侧绕过，在距木星13万千米的地方穿过木星云层，拍摄了第一张木星照片，并进行了10多项实验和测量，它所发回的资料是地球接收到的第一批木星资料。1989年5月24日，“先驱者10号”越过冥王星轨道，携带地球和人类的信息飞出了太阳系。

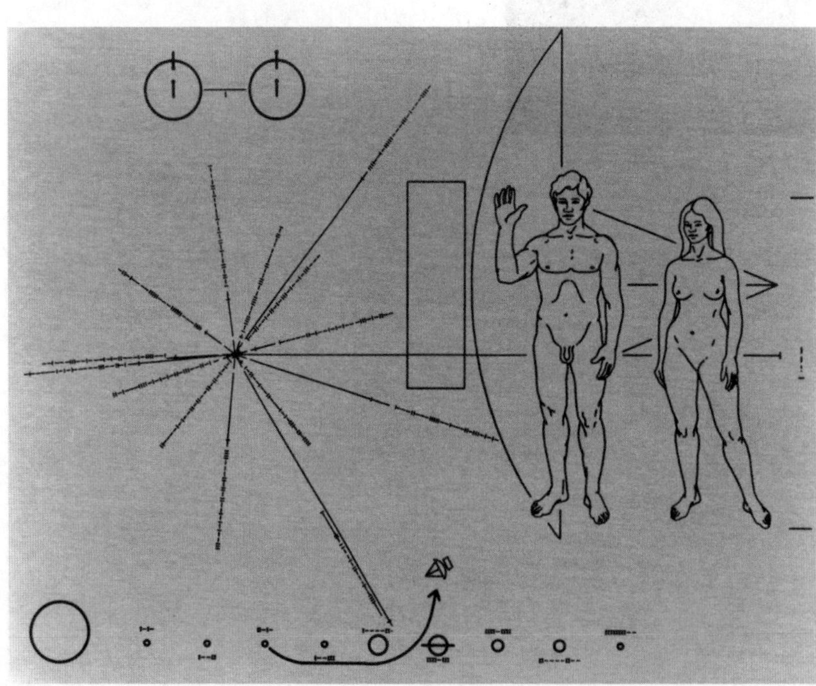

◀“先驱者10号”上携带有一块载有人类信息的镀金铝板。倘若探测器被外星的高智慧生物捕获，这块镀金铝板将会向他们解释这艘探测器的来源。铝板上绘有一名男性及女性的图像，氢原子的自旋跃迁，以及太阳与地球在银河系里的位置

"旅行者"号探测器

"旅行者"号总共有两名成员，它们是美国于1977年8月20日和9月5日发射的两枚行星探测器。它们的主要任务是考察太阳系的各个行星。1980年11月13日，当"旅行者1号"飞过土星的时候，发现了土星周围环绕着美丽的环形彩带。它还对土星周围的卫星进行了探测，纠正了人们一直以来认为"土卫六是太阳系中最大的卫星"这一错误理解。"旅行者2号"于1981年8月26日经过这里，给人类传回了一万多张土星的照片。另外，它们还负有一个特殊的使命，就是将地球上的声音、图像带往太空，寻访地外文明。它们带有一张镀金铜板制成的"地球之声"唱片，可播放120分钟，上面刻有115幅图片、60种语言的问候语，还有自然界的声音和多首世界名曲和民乐。

▶"旅行者2号"探测器和它拍到的土星

"卡西尼"号土星探测飞船

1997年10月，美国国家航空航天局将质量达6吨的"卡西尼"号行星探测无人飞船送入太空。这是20世纪最后一艘行星探测飞船。

"卡西尼"号在2004年6月到达土星，释放出飞往土卫六的"惠更斯"探测器。"惠更斯"的任务是探测土卫六的大气组成等各项物理参数，并将所得到的数据和图像，用无线电传送给轨道上的"卡西尼"号飞船。

▲"卡西尼"号飞船到达土星效果图

新知词典

什么是类地行星？什么是类木行星？

在太阳系里，围绕太阳旋转的大行星一共有八颗。按照离太阳由近及远的顺序，分别是水星、金星、地球、火星、木星、土星、天王星、海王星。其中，水星、金星、地球、火星被称为类地行星，木星、土星、天王星、海王星被称为类木行星。

类地行星主要由岩石组成，行星表面有很坚硬的固体，体积都和地球差不多大。这类行星的中央是一个以铁为主，且大部分物质为金属的星核。由于体积小，所以卫星很少或是没有卫星。如地球有一个卫星月球，火星有两个体积很小的卫星，而水星、金星没有卫星。

类木行星就像木星那样，主要由氢、氦、冰、甲烷等组成，只有极少量的铁和岩石，表面很光滑，体积都比地球大很多，但密度很小，因此也称为巨行星。类木行星拥有很多卫星，而且有光环。

▲类地行星——水星、金星、地球和火星大小的比较

苏联的“月球”号

在一开始，人们只能通过肉眼，或者借助天文望远镜来观察月球。但是这些并不能满足人类对月球的好奇心，人类还希望有朝一日能够飞向月球，跟月球来一次亲密接触。于是，人类开始了对如何飞往月球的探索。到现在，人类已经实现了靠近月球，并且能够在月球上行走，人类依靠自己的努力实现了自己的梦想。

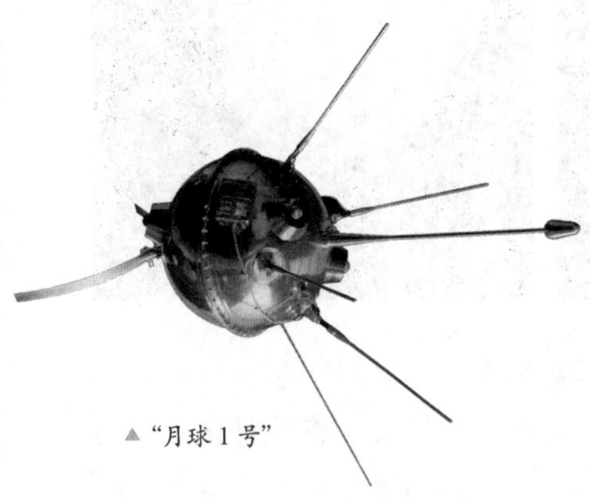

▲“月球1号”

淘气的“月球1号”

苏联在成功发射了世界上第一颗人造卫星后，便立即着手开发H1超重型运载火箭。同时，与美国同步地，他们也在实施着自己的登月计划。他们的第一步计划是实现飞船无人驾驶绕月飞行，于是苏联人研制出了“月球”号。1959年1月2日，“月球1号”在寒冷的天气里出发了。但由于飞行的速度太快，“淘气”的“月球1号”竟然在距离月球还有5 000~6 000千米的地方一飞而过，飞进了太阳系的轨道。

坚实的“月球2号”

“月球2号”是在1959年9月12日发射的。它的坚实就表现在它实现了“硬着陆”。在进入月球轨道后，它采用一头扎在奥托利克环形山上的方法实现着陆。即便经历了这样的撞击，“月球2号”还是正常完成了工作。经过它的探测，人类了解到月球周围没有强磁场和辐射带。

▶“月球2号”

新知词典

地球的天然卫星——月球

月球是地球唯一的天然卫星，与地球的距离为38万多千米。它的体积是地球的1/48，面积与亚洲面积差不多，质量约是地球的1/81。月球的构造和地球有些类似。月球有一个含铁和硫的小核，它被一层半融化状的岩石层所包围，该层的外面是一层固态岩石，叫作月岩。在月球表面，布满了大大小小的环形山，样子有些像地球上的火山。月球上还有连绵高耸的山峰和险峻的悬崖峭壁。我们从地球上肉眼能看到的月面上的暗斑称为“月海”，其实它是月球上的平原或盆地，地势低洼，在地球上看起来比较暗。

▲月球

月球的自转周期与它绕地球公转的周期相等，都是27.3天，而且转动方向相同，因此，月球总是用它的正面对着人类。不过经过宇宙飞船的探测，人们发现月球的背面比正面还要崎岖不平，几乎都是环形山。

不负众望的“月球3号”

在“月球2号”成功完成了使命之后，苏联大受鼓舞，在22天后，也就是10月4号就将“月球3号”送入月球轨道。它不负众望地完成了绕月飞行，还拍下了月球背面的照片，使人类第一次看到了月球全貌，帮助人类掀开了月球神秘的面纱。人类关于月球背面的种种猜想，也被“月球3号”所传回的事实所取代。数量众多的环形山是月球背面的特色地貌。

▲“月球3号”

◀“月球9号”展开后的登月舱

安全到达的“月球9号”

“月球9号”探测器是世界上第一个实现月球软着陆的探测器。它在1966年1月31日发射，经过了79小时的长途飞行，成功地着陆在月球之上的风暴洋地带。它的着陆器质量有100千克。它在月球上拍摄了很多月球照片，并且将这些照片传回了地球。

带回样品的“月球16号”

“月球16号”探测器于1970年9月12日发射，9月20日在月球的富海地带软着陆。它第一次将月球上的岩石样品带回了地球。它使用的采样工具是钻头，采集了120克月球岩石的样品，装入回收舱的密封容器里，在9月24日返回时将其带回地球。

▲发行于1970年的邮票，为纪念“月球16号”探测器和描述主要阶段的计划：在月球软着陆，发射的月球土壤样本返回胶囊，降落伞辅助降落在地球上

美国的月球探测器

“阿波罗”登月是一项极其庞大的工程。为了保证该计划能够成功实施，美国除了研制先进的登月飞船外，还发射了三个系列的月球探测器——“徘徊者”号、月球轨道环行器和月球“勘测者”号，对月球进行探测，为宇航员登月作准备，保证登月舱能在最合适的地方登陆。

“徘徊者”号的目的

1961 年 8 月—1965 年 3 月，美国先后向月球发射了 9 颗“徘徊者”号探测器，它们的主要目的是为了研究整个月球的外观，测量月球附近的辐射和星际等离子体等，检测月球轨道，为“阿波罗”登月作准备。

“勘测者 7 号”

“勘测者 7 号”实地调查了“阿波罗”飞船的登月点和具有代表性的月面，发回了 21 000 幅图片，证明勘察的一些地区有足够的支撑硬度，能够保证载人的“阿波罗”飞船降落，但照片中也显示月面上有一些碎石，可能妨碍载人飞船着陆。它所探测到的这些情况对“阿波罗”飞船的降落十分重要。

◀“勘测者 7 号”

◀艺术家笔下的月球“勘测者”脱离火箭第四节后脱离地球轨道的情景

备受挫折的“徘徊者”号

“徘徊者”号最初的发射很不顺利，1号~6号都因不同的原因而发射失败。“徘徊者7号”顺利到达月球，向地面发回4 300多幅电视图像，这些图像清楚地显示出月面上直径小到3米的月坑和几块不到25厘米的岩石，这是首次电视直播月球表面的情况。“徘徊者8号”的飞行也很顺利，它拍摄了更大范围的月面地貌，填补了月图绘制空白。“徘徊者9号”首次将电视实况接入商业网络中。“徘徊者8号”和“徘徊者9号”的飞行证明在月球上有很多可供登月舱着陆的平坦地方。

▲“徘徊者1号”~“徘徊者4号”

月球轨道环行器

这种航天器是与“勘测者”系列同步研发的，它也是为“阿波罗”登月计划服务的，为“阿波罗”飞船选择最佳、最安全的着陆点。它主要是在绕月轨道上飞行时执行拍摄任务，传回月球正面和背面的详细地形照片，绘制0.5米口径的火山口或其他细微部分的月面图。“月球轨道环行器”1号、2号、3号的任务是在围绕月球赤道的低纬轨道上飞行；4号、5号则是绕月球极轨道飞行。它们对月球表面99%的地区进行了探测，为“阿波罗”登月计划做了很好的准备工作。

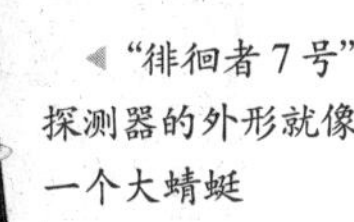

◀“徘徊者7号”探测器的外形就像一个大蜻蜓

新知词典

日本探月卫星——“月亮女神”

20世纪90年代，日本的第一个月球探测器“缪斯A”科学卫星进入太空，这使日本成为继美、苏之后，世界上第3个探测月球的国家。然而，在之后的几年内，“缪斯A”坠毁月球，日本的探月之路陷入低迷。

1999年，在美国“阿波罗”登月计划的启发下，日本宇航开发机构推出“月亮女神”探月计划。经过多年努力，2007年9月14日，“月亮女神”绕月探测卫星搭乘H2A-13火箭从日本南部种子岛宇宙中心顺利升空，开始了它为期一年的探月之旅。

“月亮女神”由一颗主卫星和两颗子卫星组成，3颗卫星总质量约3吨。发射升空后，“月亮女神”主卫星最终将进入距离月球表面100千米并经过月球两极上空的圆形轨道，两颗子卫星有各自的椭圆形轨道，轨道高度比主卫星轨道更高。探测器上共搭载了15种精密仪器，它们将以前所未有的精度对月球进行全面观测，它们将分析月球的化学成分构成、矿产分布和地表特征等。

▲“月亮女神”探测卫星

第一艘登上月球的载人飞船

“阿波罗11号”是第一艘登上月球的载人飞船。1969年7月16号，“阿波罗11号”搭载3名宇航员飞向月球，最后成功登陆月球，将人类的足迹留在了月球上，它完成了人类航天史上的壮举。

飞船情况

“阿波罗 11 号”飞船由指挥舱、服务舱和登月舱三部分组成。指挥舱是宇航员生活和工作的地方，也是全飞船的控制中心，舱内放置着陆部件、回收设备和姿态控制发动机等。服务舱为密封舱，存有供宇航员生活14天的必需品和救生设备。登月舱由下降级和上升级两部分组成。

▲“阿波罗”号飞船

发射

1969 年 7 月 16 号，“阿波罗 11 号”从美国肯尼迪航天中心发射升空，当时，全世界有约6亿人收看了发射的电视直播。“阿波罗 11 号”由“土星 5 号”火箭运载，当地时间 9 时 32 分，飞船升空，12 分钟后进入地球轨道。在绕地球一圈半后，飞船加速进入地月轨道。7 月 19 号，“阿波罗 11 号”进入了月球轨道。

◀ 装载着“阿波罗11号”的“土星5号”

▲“阿波罗 11 号”登月舱降落到月球

登月

“阿波罗 11 号”飞到月球背面时，登月舱从指挥舱中分离。一名宇航员留在指挥舱中，两名宇航员驾驶登月舱降落到了月球上。他们在月球上活动了 2.5 小时，钻取了月芯标本，拍摄了一些照片，采集了一些岩石标本，随后返回了指挥舱。

返回

两名宇航员返回指挥舱后，登月舱便被抛弃并留在了轨道上，随后，他们乘指挥舱返回地球。1969 年 7 月 24 日，“阿波罗 11 号”进入地球大气层，随后，飞船降落在北太平洋上，1 小时后，宇航员被发现，他们安全地返回了地球。

宇航员

“阿波罗 11 号”上有 3 名宇航员，他们分别是阿姆斯特朗、奥尔德林和科林斯。3 名宇航员中，阿姆斯特朗和奥尔德林踏上了月球表面，科林斯并没有登月，他留在了指挥舱上进行指挥。

▶ 执行“阿波罗 11 号”任务的三位宇航员——阿姆斯特朗(左)、科林斯(中)、奥尔德林(右)

名人小传

第一个登上月球的人——阿姆斯特朗

尼尔·奥尔登·阿姆斯特朗于 1930 年 8 月 5 日出生在美国俄亥俄州的沃帕科内塔，是家中长子。高中时，阿姆斯特朗就读于布鲁梅高中。他 1947 年进入普渡大学，两年后在海军服役了三年。在服役期满后他回到大学继续学习并于 1955 年毕业，后来又在南加州大学获得了航空工程学硕士学位。

从普渡大学毕业后，阿姆斯特朗决定当一名试飞员。他向爱德华空军基地的飞行研究中心递交了申请，申请通过后正式成为了一名试飞员。当他离开飞行研究中心时，已经飞过了 200 多个机型。

1962 年，美国国家航空航天局开始选拔第二批宇航员，阿姆斯特朗也递交了申请表。到 1966 年 3 月，他已经是“双子星座 8 号”宇宙飞船的特级驾驶员了。

1969 年 7 月 16 日，阿姆斯特朗乘坐“阿波罗 11 号”宇宙飞船，飞向月球。7 月 20 日，阿姆斯特朗踏上了月球的土地，当时他说出了一句名言：“这是个人迈出的一小步，但却是人类迈出的一大步。”

从 1962—1970 年，阿姆斯特朗一直在美国国家航空航天局任宇航员。1971 年他才从美国国家航空航天局退职。

2012 年 8 月 25 日，阿姆斯特朗因病逝世，享年 82 岁。同年 9 月 14 日，美国海军为阿姆斯特朗举行了海葬，其骨灰被撒入大西洋。

月球车

随着登月技术的发展，一批又一批的宇航员踏上了月球的土地。月球上留下了越来越多人类的足迹。人类也将各种各样的研究仪器安放在月球上，时时刻刻关注着月球上的变化。为了提高在月球上的工作效率，科学家们设计出了方便的、可在月球上驾驶的小车，并让它随着“阿波罗15号”登上了月球，开始工作。

分类

月球车是对月球进行考察和分析取样时使用的专用车辆，分为无人驾驶月球车和有人驾驶月球车两种。

无人驾驶月球车能根据地球上的遥控指令，在高低不平的月面上行驶。要是碰到紧急情况，月球车上的一套特殊装置还能使其避免颠覆。此外，仪器舱里的很多仪器设备，都能自动进行工作。我国目前研究的重点主要放在无人驾驶月球车上，这款月球车的主要功能是通过地面遥控，在月球上进行无人探测，寻找水和其他物质，并进行采样和摄像。

有人驾驶月球车是由宇航员驾驶的。它可以帮助宇航员拥有更大的活动范围，并减少体力上的消耗。宇航员采集来的土壤和岩石标本，也能用月球车存放和运输。

第一辆月球车

1970年11月17日，苏联的“月球17号”探测器把世界上第一个无人驾驶的“月球车1号”送上月球。“月球车1号”行驶了10.5千米，考察了8万平方米的月面。

◀“阿波罗15号”的月球车在月球上行驶

▲月球车在月球表面行进想象图

人类首次月球车行驶

第一次乘车在月面行驶的人是美国“阿波罗 15 号”登月宇航员大卫·斯科特和詹姆斯·欧文。“阿波罗 15 号”是 1971 年 7 月 26 日发射的，首次带去了一辆机动车——“月球车”去探索月球。“月球车”长约 3 米，宽约 1. 8 米，质量 209 千克，是电动的，由蓄电池组供电。车上装有名目繁多的科学仪器，有电视摄像及发射设备等。

登上高山

这辆小车除了能在平地上行驶之外，它还带领宇航员登上了月球高山。那座山高 3 700 米，宇航员爬到了它的山腰上，将月球上的平原、山脉，还有停在月球表面的登月舱一收眼底。登山途中还有一个神奇的景象：由于月球的引力很小，所以小车翻越岩石的时候溅起的砂石都悬浮在半空中，如舞如飞。

“阿波罗 15 号”载人登月任务中，宇航员詹姆斯·欧文向美国国旗致敬。照片由飞船指令长大卫·斯科特拍摄

探索之旅

“阿波罗 15 号”的月球之旅

1971 年 7 月 26 日上午 9 时 34 分，载着指令长大卫·斯科特、指挥舱驾驶员阿尔弗莱德·沃登、登月舱驾驶员詹姆斯·欧文的“阿波罗 15 号”访月球而去。

这次的着陆点选在雨海东南的亚平宁山脉和哈利德峡谷之间，这里的山脉绵延，沟壑纵横，地势险要。针对这次艰巨的考察任务，美国国家航空航天局的科学家们又专门设计制造了一辆新型月球车——“遨游 1 号”。

“遨游 1 号”类似一辆越野车。它长约 3 米，宽约 1.8 米，车质量 209 千克。它的速度可达 16 千米/时，以两个 36 伏的银-锌电池为动力，总共能跑 90 千米的路程。它能爬上 25°的斜坡，还能越过 25 厘米高的障碍物或 50 厘米宽的沟壑。行动起来十分灵活，前后左右转动自如。

两名宇航员驾驶“遨游 1 号”在月面上跑了三次，行程共 28 千米，采集到月球形成初期的结晶岩。除此以外。他们还测量有关月球辐射、太阳风、月球重力和磁场等数据。在 8 月 4 日下午 2 时 14 分，“阿波罗 15 号”还特别向月球发射了一颗质量 36 千克、直径 36 厘米的六面体形小卫星。

8 月 7 日下午 4 点 46 分，“阿波罗 15 号”平安地降落在夏威夷以北的海面上，整个航程历时 12 天。

“遨游 1 号”月球车

宇航员在月球上

当美国的阿姆斯特朗完成了第一次在月球上行走，标志着人类的航天技术已经发展到了一定水平。人类不仅可以乘坐航天器接近月球，还可以走出航天器。于是，越来越多的宇航员来到月球表面，开始了新一轮的月球探索。

▲ 宇航员在月球上行走

跳着前进

宇航员在月球上工作时，并不能像在地球上那样走路前进，而是需要跳跃着前进。因为月球引力只有地球的 1/6，走起路来轻飘飘的，也很费力。有人计算过，要在月球上实现行走前进，那么宇航员迈出的每一步所需的时间和步长都应该是地球上的 6 倍多。

月球上的灰尘

月球表面被一层厚厚的灰尘覆盖着，宇航员走过后会留下深深的脚印，裤子上也会沾满灰尘。在刚刚开始行走的时候，宇航员由于不习惯月球的引力环境，所以会出现跌倒的现象，这时月球上的灰尘就会沾满宇航员全身。当宇航员驾驶着月球车在月球表面行驶的时候，这层灰尘也会“蒸腾”起来，久久不能落下。

▲ 月球表面被一层厚度不等的尘埃、岩屑和岩块物质所覆盖，比地球上的沙漠还要荒凉寂寥

实验仪器和工具

在月球上，宇航员穿着的是充压的航天服，活动很不方便，在工作中不能过深地弯腰。因此，月球上的工具大都具有长柄。另外，随着登月飞船的降落，有很多研究仪器也被带上月球，像被动地震仪、月球磁场探测器和太阳风收集器等。

▶ 美国宇航员将美国国旗插在月球上

▲ 宇航员在月面挖掘土壤标本

采集岩石

阿姆斯特朗和奥尔德林在首次登陆月球时，就带回了20多千克的月球土壤和岩石。为以防万一，阿姆斯特朗还在自己的宇航服里装了一勺样品。自此之后，阿波罗登月宇航员总共带回了381千克月球土壤和岩石样品。科学家们对这些样品进行了研究，发现月球与地球年龄差不多，大约46亿岁，两者的化学成分也很相似。

登月着陆点

美国的“阿波罗”计划总共实现了6次登月，都选择在月球同一面上的不同区域进行着陆。“阿波罗 11 号”着陆在梅尔静海地区，“阿波罗 12 号”着陆在风暴海地区，“阿波罗 14 号”着陆在富拉·莫格高地，“阿波罗 15 号”着陆在亚平宁地区，“阿波罗 16 号”着陆在开莱平原，“阿波罗 17 号”着陆在静海地区。

探索之旅

月球上留下的“纪念品”

在月球上，有很多人类登月后都想在月球上留下一些“纪念品”，以作为人类涉足月球的验证和永恒纪念。

人类在月球上留下的纪念品可以说形形色色。

在月球上的风暴洋西部，“月球9号”静静地躺在那里。它是苏联于1966年2月3日发射的自动月球考察站，也是人类第一次在地球以外的天体软着陆的杰作。这个质量100千克左右的探测器，让人类第一次欣赏到了月球的“庐山真面目”。

美国的“阿波罗”号6次登月后遗留下的登月舱，可以说是月球上尤为突出的纪念品。其中，第一个登月舱“鹰”高达7米，质量14.7吨，外形如同童话中的大蜘蛛。“鹰”的外壳上还镶着一块不锈钢标志牌，上面用英文写着：1969年7月，地球上的人类第一次登上了月球，我代表全人类第一次到此。在这个登月舱内还存放着73个国家元首的亲笔信和宇航员的私人纪念品等。

值得一提的是，1969年7月，地球人首次踏上月球，在离别月球时，还留下了两套航天服和两双登月靴，可以说是人类第一次到月球旅行时的纪念品吧！

月球车也是人类留在月球上的“厚礼”。最为“资深”的当数苏联的“月球17号”送去的“月球车1号”，它自身质量756千克，底部有8个车轮，既可以爬坡，又可以过“河”。

"嫦娥"工程

世界上一些发达国家相继完成了自己的登月计划。在人类探月的进程中，中国也不甘落后，推出了自己的"嫦娥计划"。早在古代，中国就有着"嫦娥奔月"的美丽传说。到了科学技术高度发达的现代，中国人要让这一传说成为现实，要让"嫦娥"真的能够登上月球。

对宇航员的要求

中国的"神舟五号"飞船和"神舟六号"飞船，已成功将三名中国宇航员先后送入太空。中国的航天专家指出，执行"嫦娥"计划登月任务的宇航员，需要具有的素质与现在的宇航员是一样的。在日常训练上，与其他宇航员没有太大出入。但是作为执行这种特殊任务的宇航员，他们还要对月球的知识有所掌握，还要进行一段时间的月球环境适应训练。

四大任务

首期的绕月计划由"嫦娥一号"完成，它肩负着四大任务。首先，在环绕月球飞行的过程中，它要获取月球表面的三维立体影像，对月球的一些基本情况做出研究，并且取得一些基本的资料。其次，就是对月球表面的元素进行勘察，并绘制出分布图。再次，通过特殊的技术获取数据，估算出月球表面的年龄及其分布，研究氦3元素。最后，就是探测月球和地球间的空间环境。

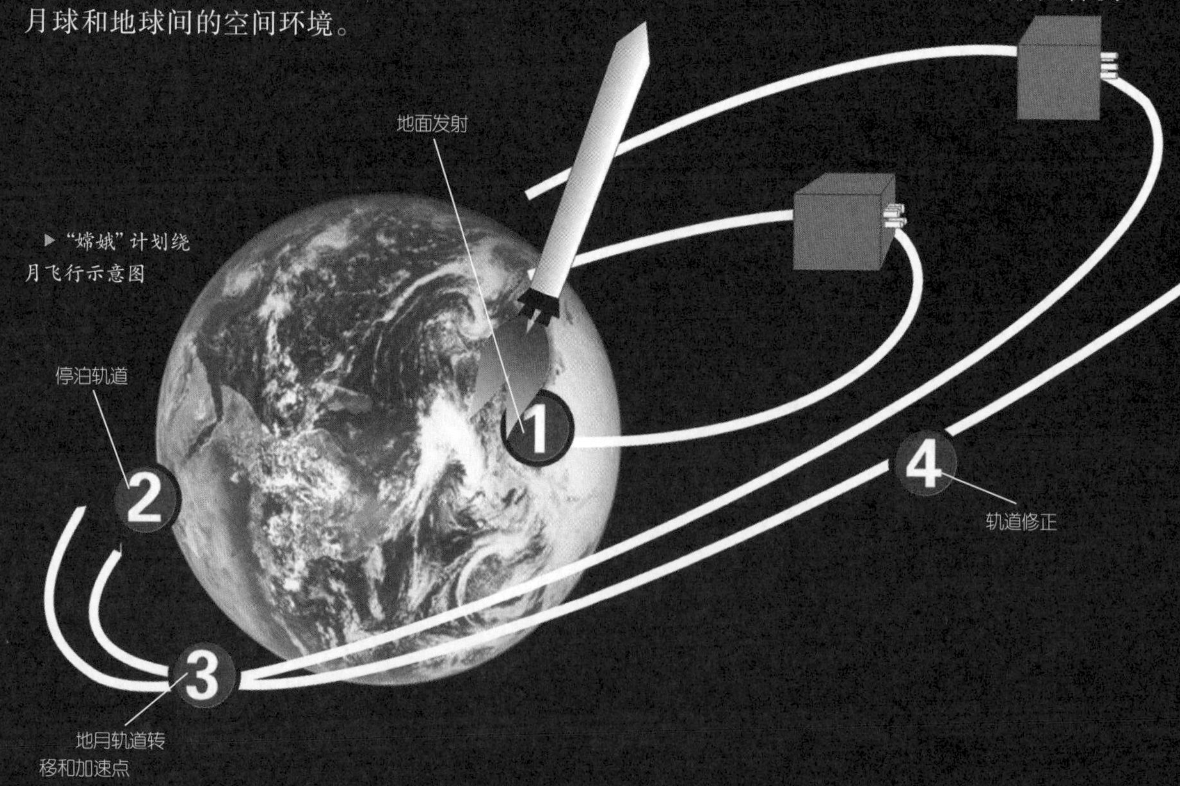

▶"嫦娥"计划绕月飞行示意图

意义重大

对于中国来说，“嫦娥计划”有着十分重要的意义。它首先表现在政治方面，可以帮助中国在世界上提高政治威望，同时也是人类向外层空间发展的重要一步。它有效推动了国际间的航天合作，为保障世界和平，防止“太空战”的威胁做出贡献。

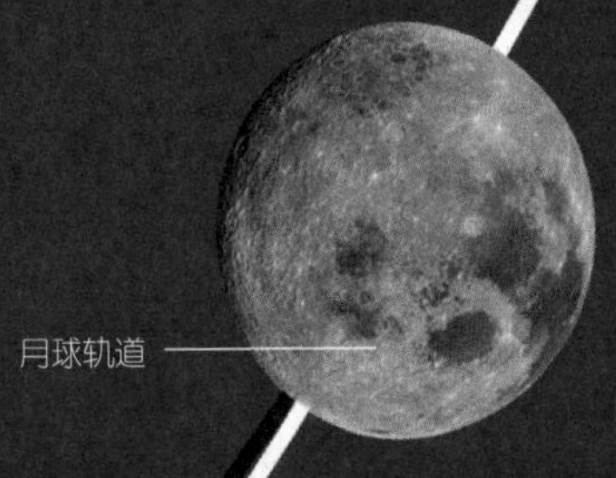

新知词典

“嫦娥”工程的进展

2004年，中国正式开展月球探测工程，并命名为“嫦娥”工程。

2007年10月24日，“嫦娥一号”成功发射升空，在圆满完成各项任务后，在2009年按预定计划受控撞月。

2010年10月1日，“嫦娥二号”顺利发射，也已圆满并超额完成各项既定任务。

2013年12月10日，“嫦娥三号”进入预定的月面着陆准备轨道，并于14日成功着陆。“嫦娥三号”的任务是我国探月工程中承前启后的关键一步。它搭载了我国第一辆月球车——“月兔”号，还将第一次在月球表面安装天文望远镜。

“嫦娥四号”是“嫦娥三号”的备份星。

“嫦娥五号”是中国第一颗地月采样往返卫星，负责“嫦娥”三期工程“采样返回”任务。它执行的是我国月球无人勘探任务中最关键的一步，在基本完成无人月球探测任务后，中国将会实施载人登月探测以及建设月球基地。

水星探测器

在太阳系的八大行星中，水星拥有几个“最”的纪录。它主要由石质和铁质构成，没有卫星围绕，是距离太阳最近的一颗类地行星，经常会被猛烈的阳光淹没，望远镜也很少能够仔细观察到。另外，水星还是太阳系中运动速度最快的行星，它绕太阳一周只需 88 天。

“水手 10 号”

美国于 1973 年 11 月 3 日发射了“水手 10 号”探测器，这枚探测器是人类设计的首个执行双行星探测任务的飞行器，也是第一个装备图像系统的探测器，它的设计目标就是飞越水星和金星两大行星。“水手 10 号”质量 503 千克，装备有紫外线分光仪、磁力计、粒子计数器、电视摄像机等仪器。它总共飞掠过水星三次，发现水星拥有稀薄的大气层，主要是由氦所组成，而且还发现水星拥有磁场和巨大的铁质核心。辐射计显示水星的夜晚大约是 - 183℃，而白天温度可达 187℃。

▲“水手 10 号”探测器

“信使”号

2004 年 8 月，“信使”号水星探测器在美国佛罗里达州卡纳维拉尔角空军基地顺利升空。它由美国国家航空航天局、卡耐基学院以及约翰·霍普金斯大学共同研制，由“德尔塔 2 号”火箭送入太空。为了研究水星的环境与特性，该探测器将于 2011 年 3 月进入预定轨道，对水星开始进行为期一年的探测工作。但因为水星和地球相距有一段距离，所以“信使”号不可能一下就到达水星。它在去往水星的途中，会先绕着地球、金星和水星飞行七年，然后才进入水星轨道，正式开始对水星的探测。它携带了包括摄像机、检测化学物质的质谱仪、了解磁场的磁力计等七种科学仪器。

◀“信使”号于 2004 年 8 月 3 日发射升空

成果非凡

2008年初，“信使”号飞越水星未知地表时拍到了部分影像资料，这些最新的照片显示了水星不为人知的一面，资料显示出水星表面有绵延数百千米的巨大悬崖，说明水星早期出现过断层活动，水星阴暗面还有陨石坑地形轮廓。通过资料，科学家们了解到这颗行星多彩的一面，水星上面曾经有火山活动。另外，在美国国家航空航天局不断改进的高科技设备的帮助下，“信使”号探测器拍摄到的照片显示出淡蓝色和暗红色。

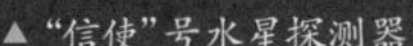

▲“信使”号水星探测器

“贝皮科隆波”

后来，欧洲和日本也联合研制出了水星探测器，名叫“贝皮科隆波”，由欧洲航天局负责建造主航天器。而日本宇航研究开发机构将提供一个次轨道器。该探测器于2013年下半年搭乘俄罗斯的“联盟2号”火箭发射升空，预计2019年抵达水星并进入其轨道。

离太阳最近的行星——水星

水星是离太阳最近的行星，也是八大行星中体格最娇小的一个，它的直径大约是4 877千米，为地球直径的2/5，体积也只有地球的1/20。一架普通的喷气式飞机，绕水星一圈只要十几个小时。因为离太阳太近，为了不被太阳强大的引力吸进“肚子”里，水星就要“拼命”快跑。水星的公转速度特别快，88天就能绕太阳“跑”一圈，但是它的自转却不是很快，59天才能转一周，大约是公转周期的2/3。也就是说，水星每绕太阳“跑”两周，自己转三周。

水星上的世界也没有人们想象中那么美丽，这里到处是坑坑洼洼的环形山，一片寂静、满目荒凉。与太阳的近距离接触，使得水星无时无刻不处于“水深火热”之中。它面向太阳的一面，承受着9倍于地球的光和热，最高温度可达400℃左右；而背对太阳的一面，由于没有大气起调节温度的作用，不得不在黑暗中忍受−170℃的严寒。

揭开金星的奥秘

在晴朗的夜晚仰望天空，我们会看见一颗最亮的星星，它就是金星。金星是距离地球最近的行星，我国古代称它为长庚、启明、太白或太白金星。因为它经常被云雾遮盖，所以我们很难看清其真面目，后来，人类派出的金星探测器终于可以一睹芳容，揭开了金星的奥秘。

“金星1号”

1961年2月12日，苏联发射了第一个飞向金星的探测器——“金星1号”探测器。这个探测器质量643.5千克，装有两块太阳能电池板和一根直径两米的折叠式抛物面天线。但最后却在距地球756万千米时通信中断，因此当5月19日它从距金星10万千米的地方掠过时，地面无法得到金星的探测信息，也无法获得探测结果。

▲苏联发行的“金星1号”邮票

成果

1970年12月15日，“金星7号”在金星实现软着陆，成功传回了金星表面温度等数据资料：测得金星表面温度为447℃，大气密度约为地球的100倍。“金星9号”和“金星10号”在金星表面各拍摄了一张金星全景照片，第一次向人们展露出金星的容颜。“金星13号”和“金星14号”拍回的四张金星表面照片是彩色的，从这些照片中，人们发现金星表面覆盖着褐色的砂土，岩石结构像光滑的层状板块。“金星15号”和“金星16号”通过雷达对金星表面进行了综合考察，获得了许多宝贵的资料。

经典问答

金星也有圆缺的变化吗？

1610年，意大利科学家伽利略在用望远镜观察金星的时候，他惊奇地发现，金星也有像月亮一样的圆缺变化。他连续观测许多夜晚，发现“满月”时的金星，浑圆而明亮；“新月”时的金星，形如镰刀，隐隐约约。在金星“满月”时，我们看到的是它整个白昼的一面；在金星“新月”时，我们看到的是它黑夜的一面。这是为什么呢？

原来这是由于太阳、地球、金星之间相对位置的变化引起的。当金星运转到太阳与地球之间时，它以背光的一面对着地球，从地球上看金星，就是一片暗淡，只剩下一个亮圈。随着金星继续运转，受光面渐渐露出来，亮的面积越来越大，金星也由缺变圆。当金星转到太阳背面时，金星以受光面对着地球，这时看金星是最圆的，此后，金星又由圆变缺。

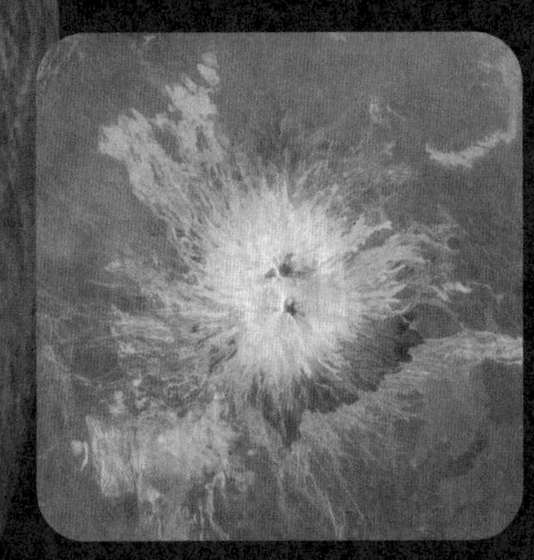
▲金星上的火山

“水手”号

从1962年7月到1973年11月，美国共发射了10个“水手”号金星探测器。“水手4号”携带电视摄像机，首次从火星附近向地球发回详细图像，根据图像可以鉴别出火星约有300个火山口。“水手6号”和“水手7号”还发回了质量更好的火星地形图，可以清晰地辨认出火星表面的侵蚀，特别是南半球显示出“乱石堆”地形。在这10个探测器中，最成功的就是在1973年11月3日发射的“水手10号”。它不但对金星进行了探测，而且还借助金星的引力三次飞越水星，对水星也进行了成功的探测。

“麦哲伦”号

1989年5月5日，“麦哲伦”号金星探测器在美国肯尼迪航天中心由“亚特兰蒂斯”号航天飞机携带升空，并于5月6日将它送上飞向金星的旅途。它经过462天的太空飞行，最后于1990年8月10日飞临金星。这个探测器质量3 365千克，装有一套先进的电视摄像雷达系统，能透过厚实的云层测绘出金星上一个足球场大小的物体图像。每隔40分钟，它就会把测得的数据和拍摄的照片传回地球一次。经过了四年的观测，“麦哲伦”号探测器取得了丰硕的科学成果。

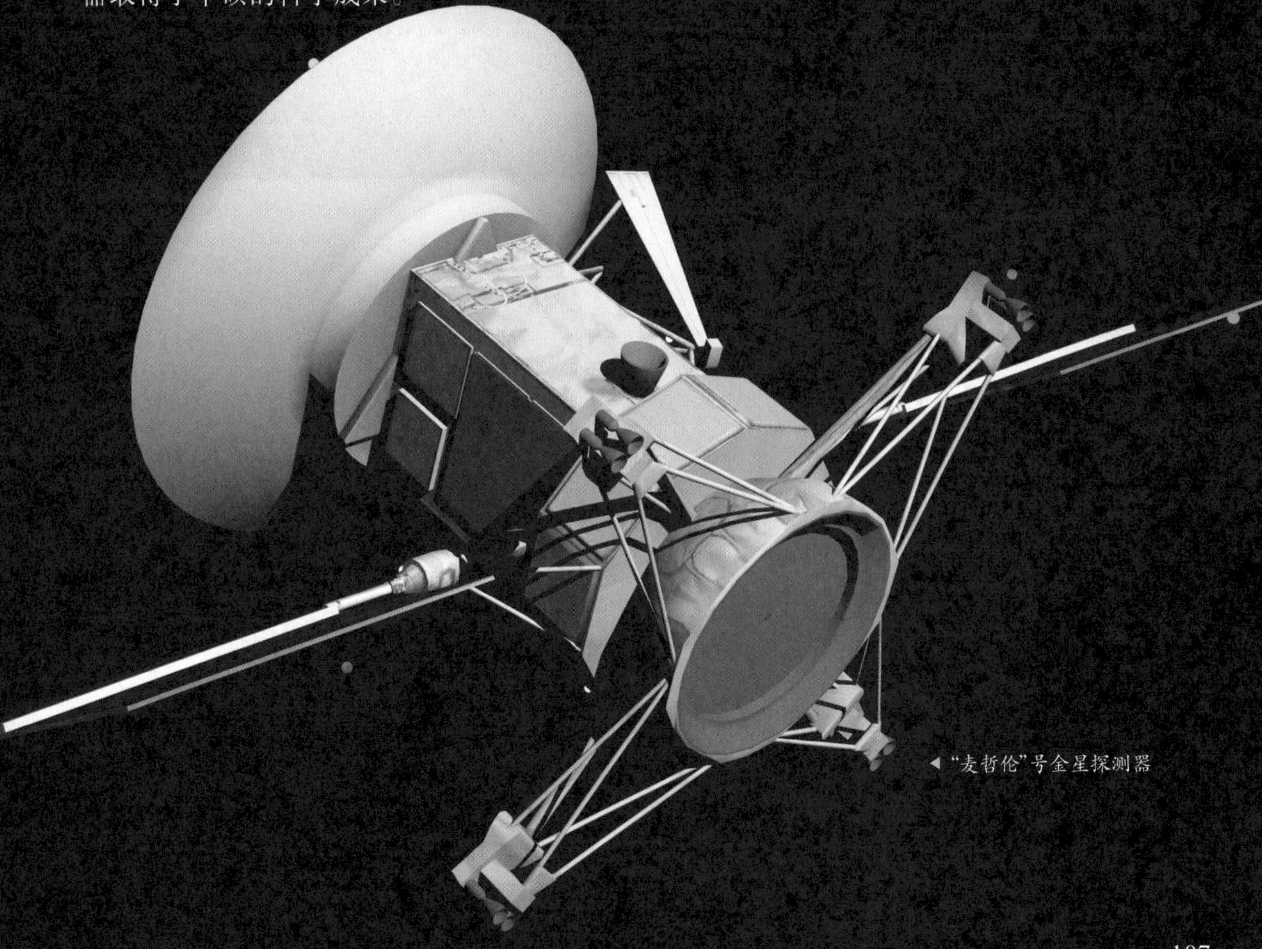

◀“麦哲伦”号金星探测器

走近木星

木星是天空中第四亮的星星，仅次于太阳、月球和金星，是太阳系体积最大、自转最快的行星。木星的卫星则一直是科学家们关注的焦点，目前，人们发现它有63颗卫星，这些卫星和巨大的木星一起组成了庞大的系统。为了更多地了解木星，人们发射了一系列探测器。

"先驱者"号

"先驱者10号"是美国的无人行星探测任务"先驱者"计划的第16颗无人探测器，于1972年3月3日发射。在1973年12月3日，它发回了第一组木星的近距离拍摄的图像，探测到了木星规模宏大的磁层，研究了木星大气，送回300多幅木星云层和木星卫星的彩色电视图像。"先驱者11号"送回有关木星磁场、辐射带、重力、温度、大气结构以及4个大卫星的情况。

▲"先驱者10号"

探索之旅

"伽利略"号的传奇

1989年10月18日，在地球的蓝色背景下，美国"亚特兰蒂斯"号航天飞机缓缓打开了它的货运舱。紧接着，一艘巨大的飞船被释放到轨道上来，这便是世界上第一个木星专用探测器——"伽利略"号。

在飞向木星的漫漫航程中。"伽利略"号曾两次飞过小行星带、飞临小行星Ida，在接近木星轨道的迁徙途中，"伽利略"号还成功地为人类传回了彗星与木星绝世之"吻"的精彩图像。

1995年，"伽利略"号终于来到木星。12月7日，它的探测器只身闯入神秘的木星大气层，开始对木星大气的成分和结构进行分析。虽然考察时间只有75分钟，但这毕竟是人类首次在木星大气层中进行的近距测量。之后，"伽利略"号成功地进入了木星轨道，变成了木星的一颗卫星。在过去的8年中，"伽利略"号绕木星飞行了34圈，与木星主要卫星35次相遇，发回1.4万张照片。

"老骥伏枥，壮心不已"，2003年9月21日，已经连续服役14年的"伽利略"号纵身"跳"入木星大气层，以一种近乎自杀的方式使自己焚毁，为自己漫长而荣耀的太空之旅画上了句号。

"伽利略"号是传奇的，是有史以来最伟大的太空探测器。它将宇宙的美景传递给人类，为人类探索宇宙的征程立下了汗马功劳。

▲"旅行者 2 号"探测器

"旅行者"系列

一些科学家曾经认为，木星附近有一个尘埃层或环，但一直没有确切的证据。1977 年，美国国家航空航天局发射了"旅行者 1 号"和"旅行者 2 号"探测器。1979 年 3 月，"旅行者 1 号"飞临木星，在 3 天之内探测了木星和 4 个伽利略卫星以及木卫五。该探测器在考察木星时，拍摄到了木星环的照片。"旅行者 2 号"也获得了有关木星环的资料，证实了木星也有光环。木星的光环就像一个大圆盘，厚度有 30 千米左右。这个大光环分为内环和外环，内环暗一些，外环稍亮一些。科学家认为，木星的光环可能是由很多黑色的小石块组成的。

"伽利略"号

1989 年 10 月 18 日，"亚特兰蒂斯"号航天飞机将"伽利略"号木星专用探测器送入轨道。这个探测器总质量约 2 717 千克，由木星轨道探测器和大气探测器两部分组成，搭载有 10 件仪器。1995 年 12 月 7 日，"伽利略"号进入绕木星飞行的轨道，开始对木星探测。在长达 14 年的太空飞行中，该探测器向地面发回了大量的数据和图像，使科学家获得了许多重要发现。其中最有价值的发现就是，探测到木卫二的表层下可能存在着海洋，这让人类看到了外星生命存在的希望。

探测木星卫星

"伽利略"号探测器还对木星的 4 个卫星进行了探测，发现木卫一是太阳系里最活跃的天体，其火山爆发达 100 多次，喷发出的火山烟柱高耸入云，到处布满了岩浆湖；在木卫二上，探测器也记录到一次巨大的火山爆发；在木卫三上则意外地发现了一个磁场；在木卫四上，环形山比人们想象的要少得多。因为木卫一、木卫二、木卫三、木卫四于 1610 年由伽利略发现，所以称为伽利略卫星。另外，"旅行者"号飞船也于 1979 年发现了木卫十四、木卫十五和木卫十六。

▲"伽利略"号探测器对木星进行探测

零距离接触土星

在太阳系八大行星中，土星的光环最惹人注目，它使土星看上去就像戴着一顶漂亮的大草帽。土星是太阳系的第二大行星，表面是液态氢和氦的海洋。其实，人们曾经发射过探测器来探索土星的奥秘，然而直到1997年10月15日，技术先进的美国才展开了轰轰烈烈的土星探测活动。

拜访土星

1973年4月6日发射的“先驱者11号”是第一个造访土星的探测器，它不仅发现了两条新的土星光环和土星的第11颗卫星，而且证实了土星的磁场比地球磁场强600倍。另外，“先驱者11号”的探测不仅证实了土卫十、十一、十二的存在，而且还发现了3颗新的土星小卫星。它还对土卫六进行了考察，结果表明，土卫六确实存在浓厚的大气层，并且在极区有极光现象。

▲“先驱者11号”

“旅行者2号”

1977年9月5日，“旅行者2号”探测飞船发射升空，该探测器于1979年7月飞临木星，在对木星进行考察后，继续探测土星、天王星和海王星。“旅行者2号”飞船所遵循的飞行轨迹，使它能保持在黄道（即太阳系众行星的轨道水平面）之中。经过探测，“旅行者2号”探测器传回了18 000多幅关于土星的照片。科学家们发现，土星也有一个大红斑，而且表面寒冷多风，北半球高纬度地带有强大而稳定的风暴。土星光环中不时也有闪电穿过，其威力超过地球上闪电的几万倍甚至几十万倍。现在，该探测器上的许多仪器已关闭，但它仍在继续探测太阳系的环境。

▲“卡西尼-惠更斯”号进入环绕土星

“卡西尼”号

1997 年 10 月 15 日，美国发射了耗资巨大的大型土星探测器“卡西尼”号。从此，一场费时 7 年、跨越 32 亿千米漫漫长路的轰轰烈烈的土星探测活动拉开了帷幕。“卡西尼”号太空探测器于 2004 年 7 月 1 日进入环绕土星转动的轨道。探测器上不仅安装有 12 台探测设备，还携带了一个可在太空发射的“惠更斯”号探测器，它专门用于探测土星最大卫星土卫六。2006 年 11 月 10 日，美国国家航空航天局宣布，“卡西尼”号探测器上的高清晰度照相机记录下了土星南极发生的带眼风暴。

“惠更斯”号

“惠更斯”号探测器于 1997 年 10 月由美国“卡西尼”号飞船携带发射升空，最终在 2005 年 1 月 14 日成功登陆土卫六。“惠更斯”号的降落过程历时两个多小时，其间打开了三个降落伞进行减速。它的质量为 317.5 千克，长、宽各约为 2.75 米，上面安装的六台压力、温度、风速、大气成分测量仪器，帮助科学家们揭开了土卫六的神秘面纱。

经典问答

为什么说土星是个“虚胖子”？

土星比木星小一点，是太阳系的第二大行星，体积是地球的 700 多倍，但质量只有地球的 90 多倍，因为它是一颗气体行星，密度很小。对此，有人提出一个假设，如果把土星放在一个巨大的水箱里，土星很有可能会像一条船一样漂浮在水面上，所以人们说它是个名不虚传的“虚胖子”。

土星被认为是太阳系中最美丽的行星。它的上空漂浮着不同颜色的云带，还环绕着一圈明亮耀眼的光环。从望远镜中看去，土星就像戴着一顶“遮阳帽”一般，飘行在茫茫宇宙之中。

但有时，我们观察土星会发现土星光环忽然消失不见了。这是因为土星是斜着绕太阳转动的，它运行到不同位置时，我们在地球上看到的土星角度也不同。再加上土星离地球十分遥远，人们会看不清土星的光环，就像光环突然消失了一样。

▲土星

探测海王星

海王星是太阳系八大行星中距离太阳最远的行星，它距离太阳约45亿千米，直到今天，仅有“旅行者2号”探测器于1989年8月25日访问过海王星。几乎我们所知的全部关于海王星的信息都来自这次短暂的会面。

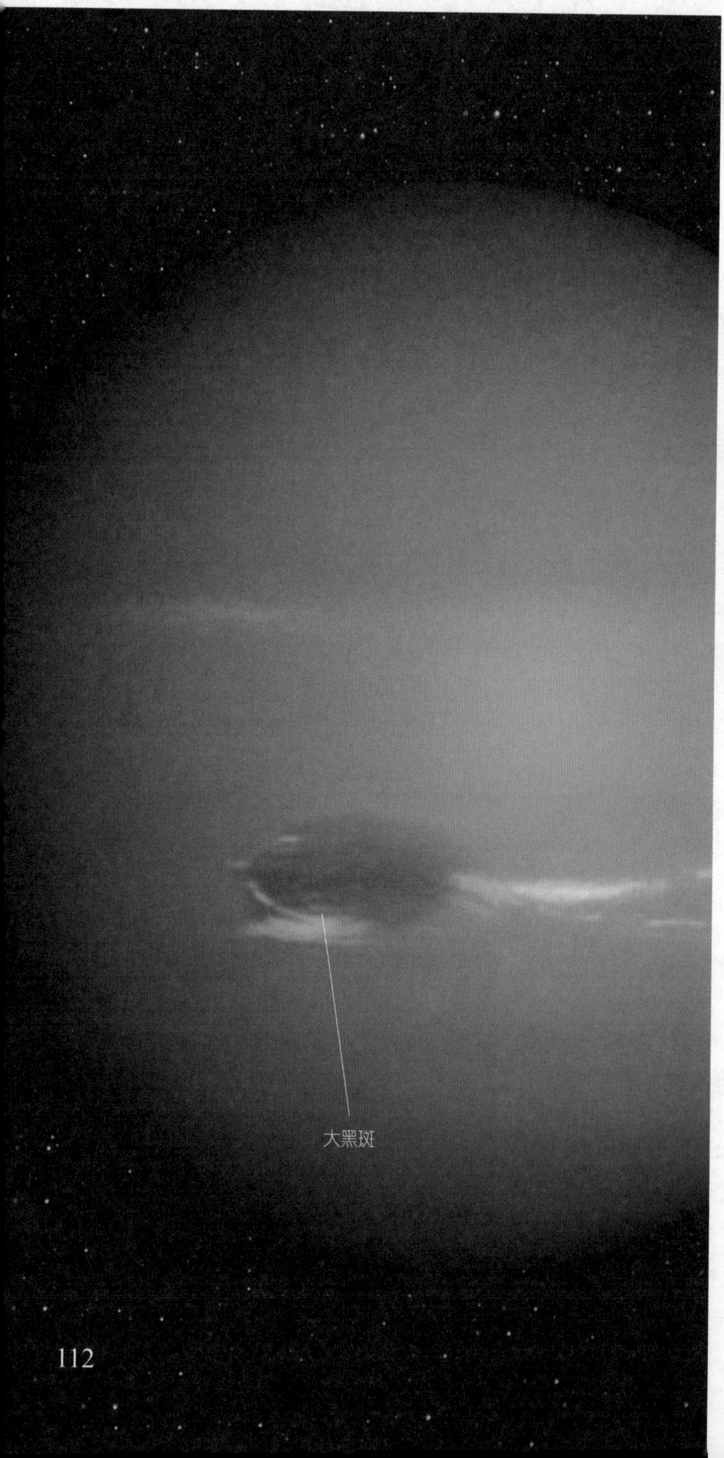

初次相会

“旅行者2号”在距海王星4 827千米的最近点与海王星相会，它发现了海王星的6颗新卫星，使其发现卫星总数增至8颗；首次发现海王星有5条光环，其中3条暗淡，2条明亮。

▲“旅行者2号”

大黑斑的秘密

从“旅行者2号”拍摄的6 000多幅海王星照片中发现，海王星南极周围有两条宽约4 345千米的巨大黑色风云带和一块面积有如地球那么大的风暴区，它们形成了像木星大红斑那样的大黑斑。但后来用哈勃太空望远镜观察海王星时发现大黑斑已经消失。大黑斑起初被认为是一大块云，而根据后来推断，它应该是可见云层上的一个孔洞。

大黑斑

◀“旅行者2号”拍摄到海王星上有“大黑斑”

磁场和大气层

海王星也有磁场和辐射带，大部分地区有像地球南北极那样的极光。海王星的大气层动荡不定，大气中含有由冰冻甲烷构成的白云和大面积气旋，跟随在气旋后面的是速度为 640 千米/时的飓风。海王星上空还有一层因阳光照射大气层中的甲烷而形成的烟雾。

▲ 海王星的光环

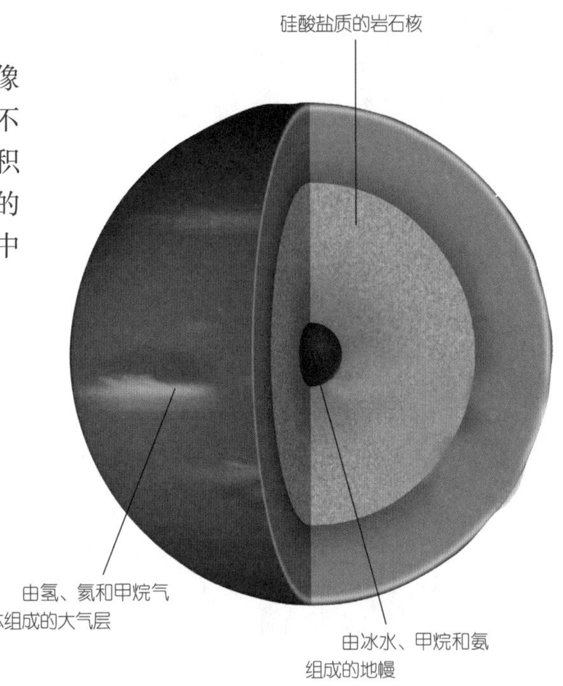

▲ 海王星结构示意图

存在活火山的天体

科学家根据探测信息还发现海卫一上有 3 座冰火山，而且有的还在活动，曾喷出过冰冻的甲烷或其他冰类物质。有时它喷出的氮冰微粒高达几十千米。这一发现使海卫一成为太阳系中存在活火山的第三个天体，其他两个是地球和木卫一。

探索之旅

笔尖上的发现

海王星的发现很富有戏剧性，它不是天文学家偶然观测到的，而是数学家“笔尖上的发现”。海王星的发现证实了牛顿力学和万有引力定律的可靠性，为牛顿力学赢得了至高无上的荣誉。

天王星被发现之后，为确定其轨道，天文学家对天王星的位置作了数年之久的观测。结果，他们发现天王星的位置并不符合计算结果。

天王星的反常运行引起了天文学界的注意。有人认为万有引力定律对于那些远离地球的天体也许并不可靠。另一些人则提出，在天王星之外可能还有一颗未知的行星。而验证后一种猜测唯一的办法，就是运用天体力学将造成天王星摄动的新行星轨道算出来。

1845 年，英国天文学家亚当斯计算出了新行星的轨道和质量。随后，他请求英国皇家天文学家艾里帮助确认这颗新行星，但艾里拒绝了，这就使亚当斯和海王星的发现擦肩而过。

1846 年 9 月 23 日，一个叫勒维耶的人写出了名为《论使天王星运行失常的行星，它的质量、轨道和现在位置的决定》的论文，其结论与亚当斯基本相同。

勒维耶于当年 9 月 18 日将论文寄给了柏林天文台的天文学家加勒，加勒收到了勒维耶的论文和信，当天晚上就将望远镜对准了勒维耶所说的天区。经过仔细观察，他果然在勒维耶所说的区域发现了一颗新星，而且这颗星的运动速度与勒维耶所计算出的速度是一样的。就这样，又一颗行星——海王星被发现了！

拜访火星

火星表面布满了遭陨石撞击留下的“伤疤”，纵横交错的干涸的河床是火星特有的地貌。人类自从进入航天时代以来，已经向火星发射了30多个各类探测器。

最初的探测

1962年11月，苏联发射的“火星1号”探测器在飞离地球1亿千米时与地面失去联系，从此下落不明，它被看作是火星探测的开端。1965年7月，美国的“水手4号”飞近火星，从距火星1万千米处拍摄21张照片，发现火星上存在大量环形山，大气密度只有地球的1%。

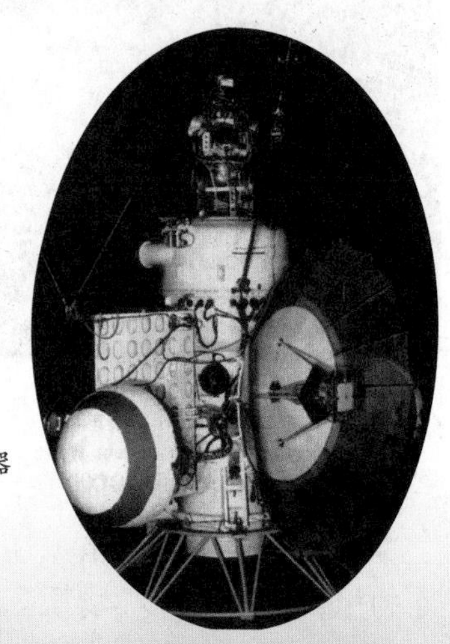

▶“火星1号”探测器

▲“海盗1号”

生命的探索

“海盗1号”和“海盗2号”探测器分别于1976年7月20日和9月3日在火星表面软着陆成功，它们分别在火星上工作了6年和3年，共发回5万多幅清晰的火星照片。经过4次探测，它们推翻了存在火星人的推测。

为移居火星而进行的探测

1992年9月25日，“火星观察者”号探测器发射成功。它的任务是绘制整个火星表面图，预告火星气候，测量火星各种数据，进一步揭示火星上有无处于原始阶段的生命现象，为未来人类移居火星探寻道路。

探索之旅

“好奇”号火星探测器

从20世纪初期开始，人们凭着望远镜中看到的火星影像猜想火星上可能存在生命，甚至生活着火星人。但当“海盗1号”和“海盗2号”到达火星表面的时候，人们大失所望——“海盗2号”的照片显示，火星是一个寒冷、贫瘠、干燥的行星，没有生命的踪影。

然而在同一时期，科学家在地球海洋底部的深海热泉里发现了微生物的存在，这证明生命可以适应各种环境。于是，科学家们又燃起了寻找火星生命的希望之火，并数次发射探测器去火星寻找生命。

2011年11月26日，美国又发射了“好奇”号火星探测器。“好奇”号是一个汽车大小的火星遥控设备，是美国第五个火星着陆探测器，也是第一辆采用核动力驱动的火星车。它的使命就是探寻火星上的生命元素。2012年8月6日，“好奇”号成功降落在火星表面，展开为期两年的火星探测任务。

截至2014年4月，“好奇”号已经有了很多令人振奋的探索成果。比如，2012年9月在火星上发现了古河床；2013年9月，又发现火星表面土壤含有水分；2014年4月又拍到了神秘的亮光。这些发现，让人们坚定了在火星发现生命的信心。

“火星拓荒者”号

1997年7月4日，美国的“火星拓荒者”号太空船降落在了火星表面。它的任务就是搜集火星表面的数据，拍摄火星照片并且将其传回地球。“火星拓荒者”号的成功登陆，也为日后登陆太空船和探测车的设计做出了重要贡献。

“火星拓荒者”号

“勇气”号火星车在火星表面进行探测

“勇气”号

2003年6月10日，携带“勇气”号火星车的美国“火星探测流浪者”号探测器发射升空。2004年1月4日，“勇气”号火星车在火星成功着陆，开始进行探测。“勇气”号第一次找到火星上曾有水存在的证据。

探秘天王星

天王星是太阳系八大行星中最遥远的两颗行星之一，因为距离太远，在它1781年被发现之后的200多年之中，我们对于它的了解一直都很少。直到20世纪80年代“旅行者2号”探测器的造访，才真正揭开了天王星的很多奥秘。

▲ 蓝绿色的星球

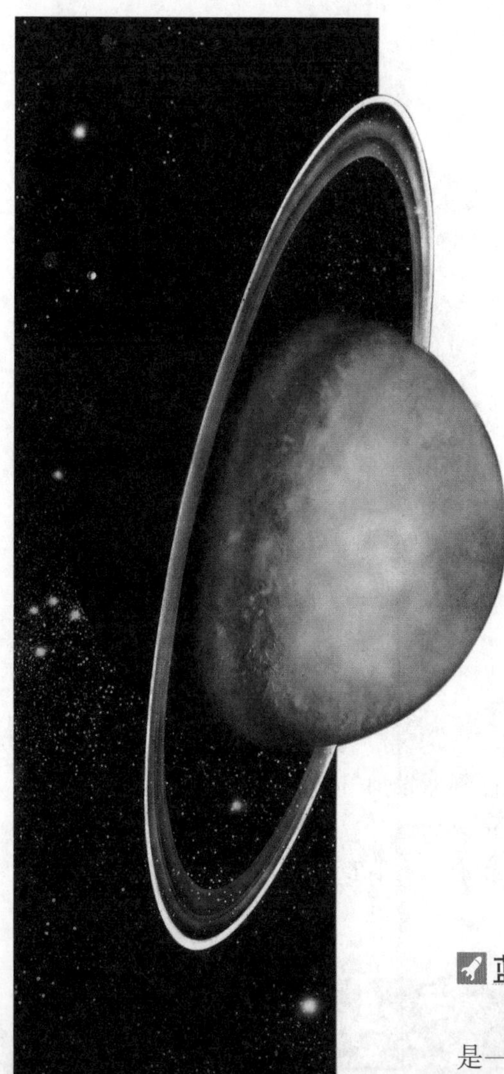

▲ 天王星的自转轴几乎是倒在它的公转轨道上的

首次探访

1986年1月24日，“旅行者2号”在距天王星8万千米的地方掠过，对它作了46天的考察，第1次精确地测得天王星绕太阳公转1周大约相当于84个地球年，自转周期是16.82小时。天王星也有磁场，不过强度较弱，且因磁场扭曲而毫无规律。

▲ 地球和天王星大小的比较

蓝绿色的星球

探测器送回地球的7 000多张照片显示，天王星是一个蓝绿色的星球，科学家们据此推测天王星也没有坚实的固体外壳，星体完全由气体组成，主要成分是氢和氦，还含有少量的氮和甲烷。由于甲烷云层会吸收红光，所以才造成了天王星呈现出蓝绿的颜色。

最有价值的发现

探测器对天王星最具有价值的发现，要算它的光环与卫星了。“旅行者2号”的探测结果显示，天王星大约有20 多个环。但是这些环与土星环相比是又窄又暗的，宽度大概只有几千米。但是在较宽的天王星环缝中，还夹藏着一些小环。天王星的自转轴斜向一边，几乎就躺在公转太阳的轨道平面上，这使得我们从地球上看天王星的环像是环绕着标靶的圆环。

▲ 天王星有一个暗淡的行星环系统，由直径约 10 米的黑暗粒状物组成

横跨整个行星的云带

1986 年，“旅行者 2 号”飞掠过天王星时，观察到了 10 个横跨过整个行星的云带特征。对此，有人认为，这是天王星的内热低于其他巨大行星的结果。

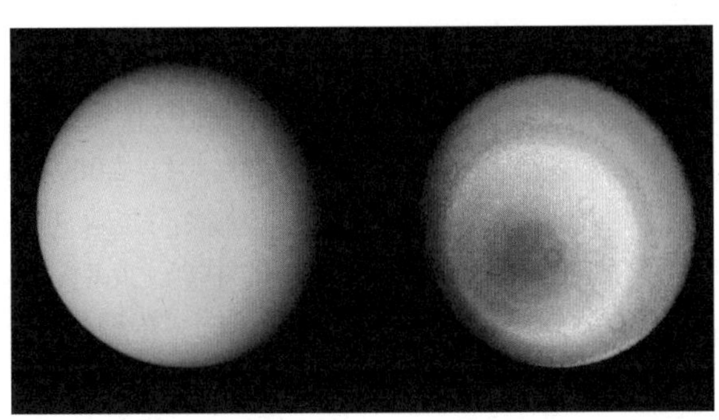

◀ 近乎天然颜色(左)和在长波下(右)的天王星南半球，显示出“航海家 2 号”在大气层中看见的微弱云带和羽冠

名人小传

数星星的“蠢人”

天文学家威廉·赫歇尔被人们称为数星星的“蠢人”。因为他数十年如一日地观测着星空，立志数清天空的星星。只要天气晴朗，无论严寒酷暑，他都用望远镜盯着夜空，常常彻夜不眠。陪在赫歇尔身边的，还有他的妹妹卡洛琳，赫歇尔渴了、饿了，卡洛琳就喂他喝水、吃饭……赫歇尔直到 50 岁才成婚，而卡洛琳为了天文工作，终身未嫁。但就是这种“蠢人”，却是现代第一颗行星的发现者。

虽然历史上天王星被观测到了很多次，但当时都被当作了恒星。1781 年 3 月 13 日深夜，赫歇尔用自制的望远镜观测双子星座时，突然发现了一个暗绿色的光点。仔细一看，似乎又是一个极小的圆面。赫歇尔马上意识到：这绝不是恒星！他换上了倍数更大的目镜观察，结果发现这个圆面又大了不少。据此他断定，这个天体一定是太阳系中的。因为如果是恒星，不管多大的望远镜，也不可能把它放大成圆面。

为了慎重起见，赫歇尔在给英国皇家学院的报告中，把这颗新发现的星体当成是一颗无尾彗星。但后来他又说明这颗新星是太阳系中的新行星，科学界也承认了这颗新行星。这就是现在的天王星。

在发现天王星以前，人们一致认为土星是太阳系的边缘。天王星的发现，扩大了太阳系的范围，使人们开始重新认识太阳系，对行星的划分也有所改变。这是人们在探索宇宙的道路上迈出的十分了不起的一步。

▲ 威廉·赫歇尔，天王星的发现者

“新地平线”号探测器

2006年1月19日，美国国家航空航天局将冥王星探测器“新地平线”号探测器发射升空，用来探测冥王星及其最大的卫星卡戎和位于柯伊伯带的小行星群。作为人类有史以来最快速的飞行器，“新地平线”号飞越月球轨道只用了9个小时，而到达木星引力区只用了13个月。考察完冥王星后，“新地平线”号将会向离地球更远的宇宙空间飞去。

▲“新地平线”号发射升空

飞行过程

在飞掠冥王星之前，“新地平线”号大部分时间都处于休眠状态，但是在飞越木星的时候，人们唤醒了它，拍摄了大量木星及其卫星的清晰的图片。2009年12月29日，“新地平线”号在结束木星探测，穿过土星轨道后，越过了地球与冥王星连线的中点。此时，它距离地球大约24.57亿千米。之后的几年，“新地平线”号相继穿过天王星轨道、海王星轨道。2015年7月14日，它终于到达冥王星附近，开始对冥王星进行探测，并且每天用4.5小时把收集的数据传回地球。

◀“新地平线”号宇宙飞船的早期概念艺术图

发射推迟

“新地平线”号探测器原本定于2006年1月17日发射升空。但是由于肯尼迪航天中心附近出现强风，负责该项目的控制中心突然停电，所以发射曾两度被推迟。1月19日，发射中心上空天气转好，气候条件十分适合发射，电力中断也得到恢复。于是，“新地平线”号在这天发射升空。当飞行了大约45分钟后，“新地平线”号探测器和第三节火箭顺利脱离，逃离了地球引力的束缚，开始向木星飞去，在借着木星的引力加速后，直奔冥王星。

新知词典

柯伊伯带

柯伊伯带位于海王星轨道以外的太阳系边缘地带，是一片天体密集的中空圆盘状区域。这里到处都是原始太阳星云的残留物，也是短周期彗星的来源地。1992 年时，人们找到了第一个柯伊伯带天体。之后，人们又发现了 1 000 多个柯伊伯带天体，直径从数千米到上千千米不等。那么柯伊伯带是如何形成的呢？人们认为柯伊伯带天体是在距离太阳更近位置成形之后被海王星一个个甩出去的。冥王星距离柯伊伯带很近，而个头和柯伊伯带中的小行星大小相当，因此在 2006 年时，人们剥夺了冥王星作为太阳系大行星的地位，将其降为矮行星。

▲ 柯伊伯带天体——“新视野”号可能的研究目标（艺术家的概念图）

▲ “新地平线”号探测器

探测柯伊伯带

2016 年，“新地平线”号探测器在完成了对冥王星和其卫星卡戎的探测任务后，飞往柯伊伯带。这是一个由彗星和其他宇宙碎片构成的中间环带。2017 年 2 月 6 日，在完成了对 6 颗遥远的柯伊伯带天体成像探测后，“新地平线”号的发动机启动，进行轨道修正，向另一个柯伊伯带小天体飞去。这个飞行过程大约要持续两年时间。在完成所有的探测任务后，“新地平线”号携带的燃料已经所剩无几，无法再进行制动减速，因此它会保持既定速度，向太阳系边缘飞去。据估计，到 2029 年时，“新地平线”号将飞离太阳系。

携带的设备

“新地平线”号的探测任务十分繁重，因此它携带了大量先进的科学仪器。比如，多谱线可见光成像相机在可见光范围内工作，可以通过四个不同的滤光器，对天体进行拍摄，得到彩色图像；线性标准成像光谱阵列在红外光谱范围内工作，能对每种光进行分析，从而描绘冥王星表面物质成分；紫外线成像光谱仪用来探测冥王星的大气构成；远程勘测成像仪用来在冥王星最近点拍摄高解析度图像；高能粒子频谱仪可用来寻找从冥王星逃逸的中性原子。

▶ “新地平线”号和冥王星

太空工作者——宇航员

宇航员是专门在太空中工作的人员，主要负责各种航天器的驾驶、维修和管理，以及在航天过程中的生产、科研和军事等工作。太空中环境恶劣，因此对于宇航员的身体素质有着很高的要求。从表面上看，宇航员可以在广阔的太空中自由地漫步，没有地心引力的束缚。其实宇航员的工作也是很辛苦的。

应具备的素质

宇航员首先要具备良好的身体素质，这样才能很好地适应太空中的特殊环境。一名合格的宇航员都会经过特殊的体能训练，这种训练的方法和强度一般人都很难承受。其次就是心理素质。宇航员要有适应寂寞、消除紧张和排解无聊的能力。因为他们长期在狭小的舱内工作，远离亲人、朋友，工作又具有一定的危险性，所以有一个良好的心理素质和心理调节能力是十分必要的。

层层选拔

要想成为一名宇航员，一开始就要经过层层的选拔。这一选拔过程是非常严格和严谨的。第一步就是进行身体检查，从医学的角度出发，对候选人的身体状况作检查，看其是否符合标准。第二步是基本条件的选拔。这是一轮书面选拔，主要考虑年龄、身高、体重等一些基本条件。最后是心理和适应能力的考核。

◀ 宇航员训练

▶ 在模拟状态下体验失重

体能训练

经过了层层选拔并不意味着就可以成为一名合格的宇航员。职业的宇航员一般还要经过 3~4 年的特殊训练。其中体能训练是很有必要的，主要是通过一些体育项目的训练，如游泳、球类等等。目的是提高宇航员的身体素质、运动协调性和情绪的稳定性等。

▲ 宇航员正通过气闸舱的最后一道闸门出舱

▲ 宇航员身穿宇航服在太空中漂浮

特殊训练

宇航员的工作地点非常特殊，太空环境会让人产生种种不适。因此他们要经过一系列特殊的训练，使其能够更好地适应太空环境。超重训练、失重训练和低压训练等是宇航员必须经过的“考验”。这种特殊训练对被训练人提出了很高的要求。高强度的训练和训练中产生的不适感觉，要求被训练人具有极强的身体素质和坚持到底的精神。

训练设备

特殊的训练就需要有特殊的设备。对宇航员训练的主要设备有计算机辅助训练器、各系统训练器、飞行训练模拟器、实体训练模拟器、人用离心机和中性浮力水池等。其中人用离心机主要对宇航员进行超重耐力训练，中性浮力水池主要进行的是模拟环境训练。

名人小传

俄罗斯宇航员波利亚科夫

俄罗斯宇航员波利亚科夫是生物医学研究所副所长、宇航指挥中心负责医疗的副主任。他最令人瞩目的成就，就是创造了一项世界纪录——在“和平”号空间站上连续工作了437天17小时58分17秒。

从1994年1月8日—1995年3月22日，波利亚科夫在太空“居住”了一年多——14个半月，创下了人类历史上宇宙飞行时间最长的纪录。他乘坐飞船绕地球飞行了7 000多圈，航程达2.9亿千米。

在浩渺的太空连续工作、生活超过400天，这可不是件容易的事。虽然波利亚科夫前期进行了各种训练，空间站上也有锻炼仪器，但如此长时间的飞行，人体的反应、长期失重对人的心血管系统造成的影响、人的骨骼组织和免疫系统会发生的变化等情况，都是在地面无法预知的。波利亚科夫的任务，就是完成这项宇航史上从未有过的科学研究。

▲ 波利亚科夫

每逢“和平”号空间站出现异常情况，波利亚科夫总是显示出临危不乱、镇定解决棘手问题的能力。生活中的波利亚科夫平易近人，能很快地和每一个新到空间站的宇航员和睦相处。

宇航服

太空环境和地球环境十分不同，如果不对宇航员加以保护，那么宇航员在太空中是不能生存的。于是，为了克服恶劣的太空环境，人们研制出了宇航服。宇航服实际上就是在航天活动中，保护宇航员生命安全的个人防护装置，作用类似于汽车上保护人员安全的安全气囊和安全带一样。在航天事业中，宇航服的作用十分重要。有了它，宇航员就有了生命保障，就能在太空中安心工作。

主要结构

在结构上，宇航服可以分为五层，分别是内衣层、调温层、加压层、约束层和保护层。在宇航员进行长时间太空飞行的过程中，是不能更换衣服的，而人体新陈代谢会不断分泌皮脂、汗液等，会污染宇航员的内衣，因此宇航服的内衣层会选用柔软、吸湿、透气的材料制成。调温层是用来在小范围调节温度的，使得宇航员可以处在最舒适的温度环境。加压层则是用来增加压力的，因为太空中的大气压和地球大气压是不一样的。约束层用于承受航天服的所有负载，防止气囊承受太大压力。保护层是宇航服最外的一层，具有防火、防热辐射等功能，这一层大部分用镀铝织物制成。

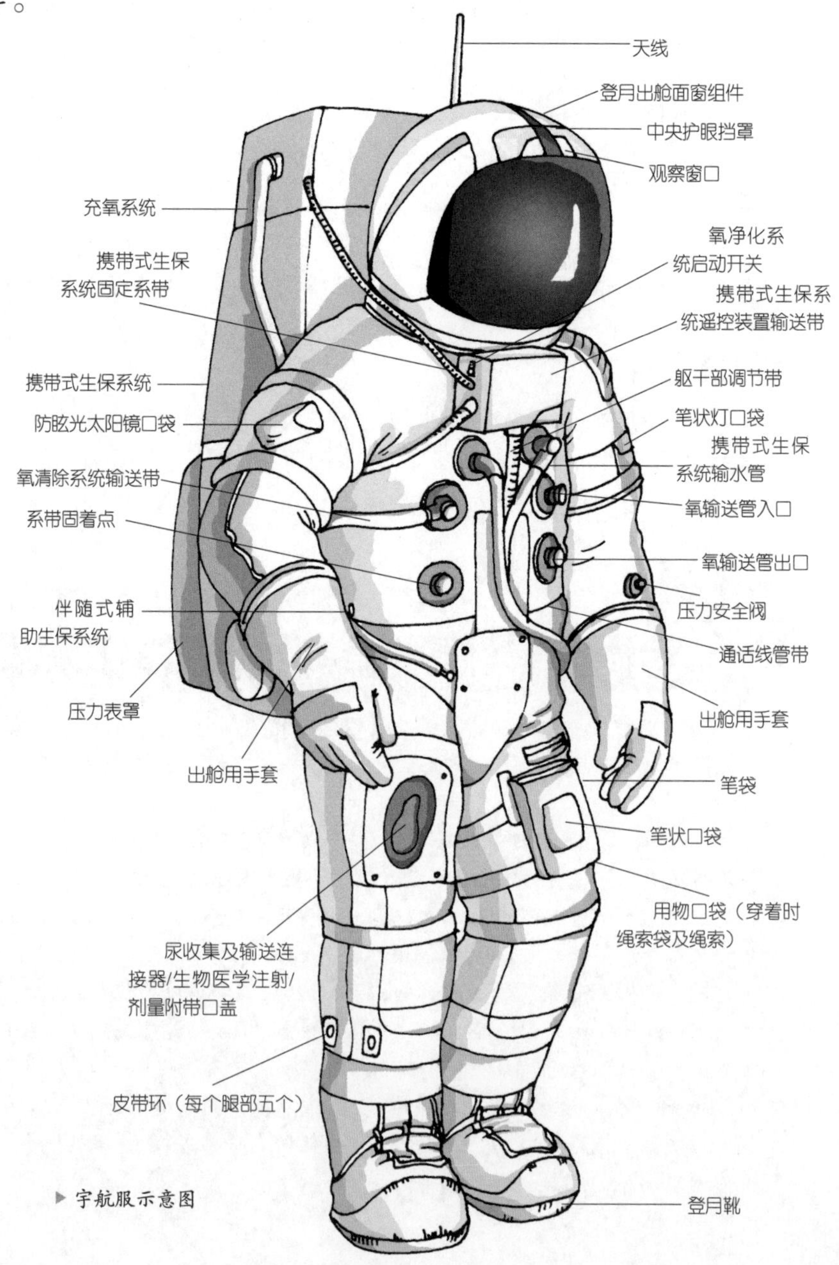

▶ 宇航服示意图

分类与功能

根据功能和使用地点的不同，宇航服可分为舱外宇航服和舱内宇航服。舱外宇航服主要是宇航员进行太空行走时所穿，它具备宇航员在太空中活动和短暂生存的所有功能。舱内宇航服是宇航员在航天器内部所穿。当航天器发生气体泄漏，导致舱内气压突然下降时，如果宇航员及时穿上它，并接通供氧、供气设备，就能保证宇航员的安全，为航天器返回地面赢得时间。根据结构的不同，宇航服可分为软式、硬式和软硬结合式。

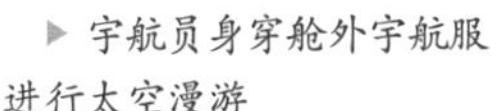

▶ 宇航员身穿舱外宇航服进行太空漫游

重要的头盔

头盔是宇航服非常重要的组成部分，它由头盔壳、面窗结构和颈圈等组件构成。其中，头盔壳是头盔的主体，其材料具有强度大、抗冲击、耐热性等优点；面窗就像窗户一样，宇航员透过它来观察周围情况；颈圈是连接服装和头盔的关键部件，具有可靠气密性。需要指出的是，头盔的面窗除了要有良好的光学性和广阔的视野外，还要有防雾、去湿的功能。宇航员进行太空行走时，会处在－150℃的低温环境中，面窗内的温度会随之降低，从而形成薄雾，影响宇航员的视线。比如 1966 年，美国“双子星座 9 号”飞船的宇航员在进行太空活动时，就因为面窗起雾，看不清外面的景象，而没有完成航天任务。

神奇的腰带

太空环境十分恶劣、复杂，谁也不敢保证在此环境下，宇航员的身体不会出现突发状况。于是，人们在宇航服的内衣层添加了一条神奇的腰带。这条腰带内藏有一套复杂的微型检测系统，可以对宇航员的心率、体温、呼吸等生理数据进行记录，同时还能对宇航服内部温度、压力等数据进行监测，以便宇航员在出现身体不适时，及时采取措施。

▲ 腰带可以监测和记录宇航员的生理数据

经典问答

宇航服是什么时候诞生的？

20 世纪 30 年代，美国冒险家威利・波斯特驾驶飞机进行了横越北美大陆飞行的挑战。期间，他将飞机飞到了同温层，而保证他在高空不失压的是一件高空飞行压力服，即用发动机的供压装置送出的空气压吹起来的气囊。后来，美国在研制宇航服的时候，借鉴了这个技术。1961 年，真正的宇航服在美国问世。当年 5 月，宇航员艾仑・谢泼德成功进行了美国最早的载人航天飞船计划——“水星”计划的亚轨道飞行。当时，他所穿的就是由高速战斗机飞行员所穿的压力服所改装的宇航服。

航天器中的生命保障系统

要保证宇航员在太空很好地工作，首先就要保证宇航员的正常生命体征。在航天器中，科学家们特别设计和安装了“生命保障系统”，确保宇航员的正常生活，使其环境尽量接近于人类生活的地球。

氧气供应

氧气是人类和其他大多数生物生存所必需的。在航天器中，一般采用消耗式或再生式两种供氧方式。短期载人航天器多采用消耗式，就是用高压气罐存储纯氧，气体经减压后输入座舱。长期载人航天器多装备了能够产生氧气的设备，先将宇航员使用过的废水处理成净水，再用电解的方法生产氧气。

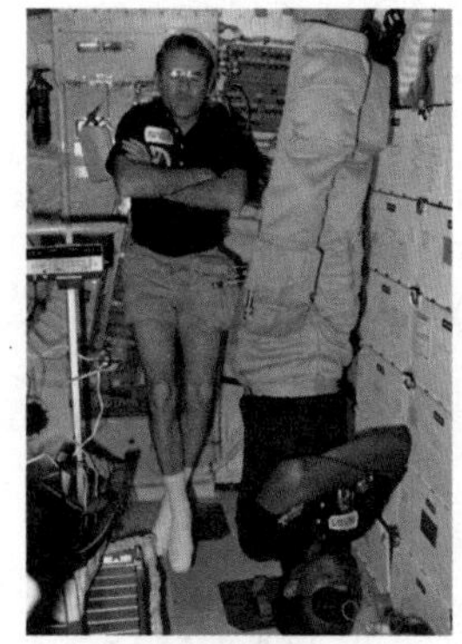

合适的温度、湿度

航天器中温度和湿度的控制是在同一时间进行的。为了防止内外热量交换，航天器的舱段结构一般都设计了隔热层。舱内多余热量的排出，通常都是采用热辐射器，或采用消耗式蒸发剂的方式。在热交换器中，冷空气形成的同时，空气中的多余湿气就会凝结成水，从而保证了舱内适宜的湿度。

在太空中睡觉戴上眼罩，是为了防止光线干扰

名人小传

“居住”太空时间最久的宇航员

俄罗斯宇航员谢尔盖·克里卡廖夫，曾经6次乘坐“联盟”号宇宙飞船和美国航天飞机执行太空任务，是目前世界上在太空累计停留时间纪录的保持者。

克里卡廖夫于1958年8月27日出生于列宁格勒，1981年大学毕业后进入科罗廖夫能源航天集团工作。他在这里参与测试各种太空飞行设备和地面操作，同时也参与设计空间交会对接设备。

1985年克里卡廖夫被选为苏联宇航员。1988年11月26日，他和苏联宇航员沃尔科夫乘坐“联盟TM-7号”宇宙飞船前往“和平”号空间站工作。在太空停留了115天以后，克里卡廖夫返回地球。

1991年5月18日，克里卡廖夫再次前往“和平”号空间站。然而，在当年12月26日，苏联解体了，身在太空的克里卡廖夫和沃尔科夫成了苏联的最后两名宇航员。1992年3月17日，在太空滞留了311天的克里卡廖夫返回地球，他在升空时还是苏联公民，回到地球时国籍就变成了俄罗斯。

苏联解体后，美国和俄罗斯在航天领域展开合作。1998年12月4日，克里卡廖夫乘坐“奋进”号航天飞机前往太空，开始国际空间站的第一个组装任务，这一次工作了12天。从这以后，克里卡廖夫又多次前往国际空间站执行任务。2005年4月15日，克里卡廖夫开始了他的最后一次太空之旅，同年10月10日，克里卡廖夫返回地球，结束了他的太空生涯。自此他的太空累计停留时间保持在了803天9小时39分钟，此纪录至今无人打破。

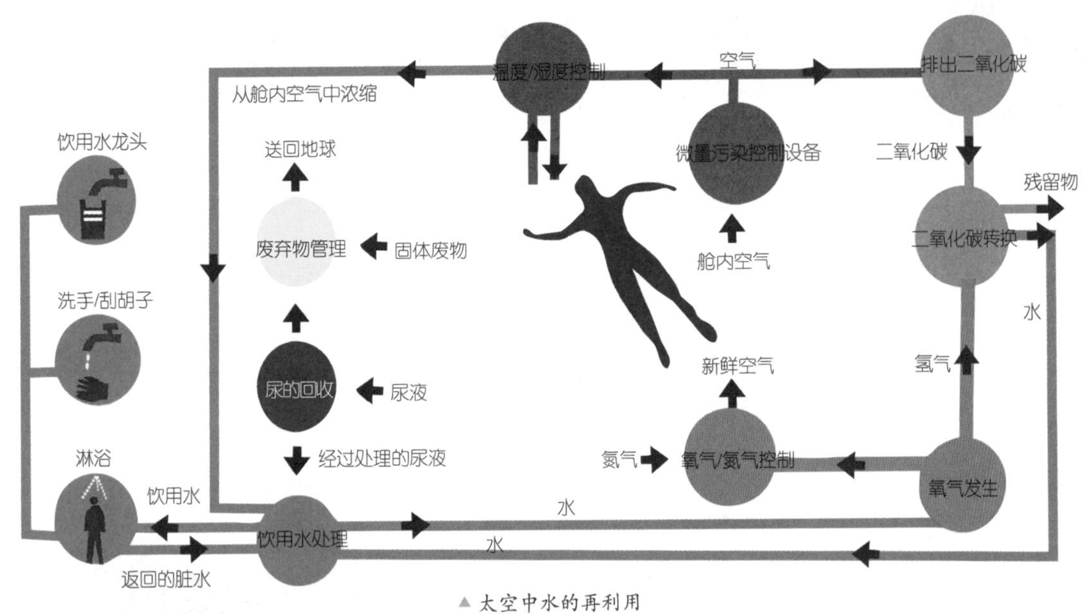

▲ 太空中水的再利用

生命之源——水

水是生命存在的必要保障。与氧气的供应相同，短期载人航天器采用消耗式的方法供应水，长期载人航天器则采用再生式的方法。水的再生一般是通过对废水的特殊处理，经过过滤、杀菌等一系列方法，回收率达到了 90%以上。

食品供应

太空食品与地球上的食品有很大不同。由于太空中的微重力环境，太空食物在食用中不能产生碎屑、汤汁等。这些会漂浮在空中，污染舱内环境，对宇航员的身体健康构成伤害，也对仪器、设备构成损坏。日常食品、储备食品和救生食品是载人航天器中必备的三类食品。

▼ 宇航服为宇航员提供氧气、适宜的温度等

航天员的太空生活

宇航员在太空的生活，与人们在地球上的生活远不一样。主要的不同就在于重力的消失，一切物体在太空中都处于一种漂浮的状态。很多活动在地球上可能很容易完成，但是到了太空中却需要科学家们进行特殊的设计。

太空中饮食

为了保证宇航员在太空中的营养，太空食品要经过特殊的设计。在失重情况下，食物在食用过程中不能产生碎屑，因为这些碎屑会漂浮在舱内，污染舱内环境。所以早期人们发明了“牙膏式”食品，可以将糊状的食物挤入口中。现代的太空食品种类很多，有复水食品、天然食品、热稳定食品等，另外还有饮料。不同的食品有不同的食用方法，复水食品在食用时必须先注入水；热稳定食品就是可以加热的，用以破坏对人体有害的微生物和酶。

▲ 太空食品与地球上的食品有很大不同。由于太空中的微重力环境，太空食物在食用中不能产生碎屑、汤汁等

◀ 宇航员演示在太空中睡觉时的姿势

太空中睡觉

睡觉，这件看似简单的事情，到了太空上也是要经过特别设计的。现代的载人航天器中，有睡袋、睡铺或者睡眠间。没有了地心引力，宇航员在睡眠过程中就没有了躺在床上的感觉。飘忽不定，使宇航员的睡眠很不踏实。睡袋有特殊的束缚装置，可以将宇航员的身体、头部与支撑垫和枕头贴紧，让宇航员有类似于在地球上睡觉的感觉。

坚持锻炼

习惯了地球环境的人类，到了太空之后身体的各种功能和机能都会受到影响，因此宇航员到了太空中也要坚持锻炼。拉力器、功率自行车和跑步器是非常有效的锻炼器材。这些器材可以帮助宇航员平衡全身的体液循环，防止在失重状态下腿部肌肉的损失。

经典问答

宇航员怎样洗漱?

因为太空的失重环境,所以洗脸、刷牙、刮胡子、理发、洗头、洗澡等活动都很麻烦。

为了防止水到处乱飘,宇航员洗脸一般用湿毛巾擦一擦脸就行了。刷牙则是用手指蘸上牙膏来回蹭几下,再用湿毛巾把牙齿擦干净就算完成了,如果像在地面上那样刷牙,牙膏沫会飞得满座舱都是。

宇航员刮胡子一般使用电动剃须刀,使用时还必须小心防止胡子渣从剃须刀边漏出来。因为细小的胡渣飘在座舱里,清理起来会十分困难。

太空理发也很不容易,虽然宇航员在去太空之前都要把头发理得很短。但是长时间的飞行,头发又会长长。这时候,宇航员就要互相帮助了,一人理发,一人拿着吸尘器吸走剪下的头发。

由于在太空中不可能有很多的水供给宇航员冲洗头发,所以宇航员使用的洗发液是特制免冲型的。洗完后,用餐巾纸或毛巾一擦,洗发液就能清除干净。

在太空中洗澡更加麻烦。俄罗斯“和平”号空间站的浴室是一个像睡袋一样的装置,宇航员洗澡时,袋内有清水和浴液射出,洗完澡,可以打开袋下的抽风机,把脏水抽走。美国航天飞机上的浴室是个浴罩,浴罩下部也安有抽风机。宇航员洗澡时打开淋浴龙头和抽风机,上面喷水下面抽水,会形成如同地面一样的淋浴效果。

◀ 宇航员在工作

日常工作

太空是一个非常特殊的工作环境，宇航员的工作服和使用的工具，都是为了适应失重环境而专门设计的。宇航服内是加压的，很难弯曲，因此宇航服上有特殊的关节设计，这样就不会影响宇航员的正常工作了。在工具方面，有抵消反作用力的设计，防止这种反作用力作用于人的身体。

舱内工作

宇航员在舱内工作，就不需要穿着专门的宇航服了。在太空站中搬运物体也是宇航员工作的一部分，这个工作要比在地球上容易得多。因为物体到了太空中都不再具有原来的重量了。再大的物体，都是轻飘飘的，轻轻一拿就可以“搬”走了。

▲ 宇航员在太空中的生活

危险的太空垃圾

所谓的太空垃圾，并不是太空中原本存在的一些尘埃，而是我们人类在探索宇宙的时候，给美丽的太空留下的废弃物。这些东西千奇百怪，有废弃的卫星、火箭的末级、整流罩的零件、螺栓、垫圈儿、各种各样的金属块儿和脱落的涂料；也有宇航员抛入太空的各种废弃物；还有火箭爆炸、卫星相撞炸成的碎片。这些太空垃圾已经形成了环绕带，围绕地球运动。

太空垃圾的危害

自从1995年以来，已有近万个人造物体从轨道上坠落下来，10多个国家发现了从天而降的这些不速之客。它们如果坠落在人口密集的城市，后果就很难设想了。这些太空垃圾看起来并不起眼，但是，它们的危害却是非常严重的。有些垃圾受地球引力的作用重新回到了地球，虽然大部分在大气层中燃烧了，但是少数到达地面的垃圾也给人类带来了恐慌和灾难。

经典问答

如何处理太空垃圾？

在人类开始航天探索的时候，航天工作者都没考虑到，他们的工作会对太空环境造成负面影响。而现在人们已经充分认识到了这个问题，并开始采取国际合作的方式加以防治。

首先是预防。太空里现在已经有很多碎片，不能再增加碎片了。科学家们设想了几种预防方案。第一种是消能，就是将完成工作的火箭中剩余的推进剂排放出去，以防止它们爆炸产生碎片。第二种是采用可重复使用的航天器。第三种是在设计航天器时就采取措施，使得航天器尽量减少抛弃物。第四种是在空间预先划定一个轨道，作为“太空垃圾处理场”。再通过遥控方法让寿命即将结束的卫星进入这个轨道。

预防必须与治理相结合。一种治理方法是回收，就是用航天器将空间碎片回收带回地面，但这种方法有很大局限性。第二种方法是烧毁，美国已经在开始这方面的研究。第三种方法是脱轨，就是推动空间碎片脱离原先轨道，或进入大气层烧毁。

预防与治理是处理太空垃圾的两种方式，相比之下，治理所需要的成本和技术难度要更大一些。

太空垃圾的数量

太空中究竟有多少太空垃圾，很多人对此作了估算。据计算，太空中的航天器爆炸事件已经发生了近20起，其中苏联在太空中进行了9次反卫星武器爆炸试验，而美国的火箭在太空轨道上爆炸了10次，这就给宇宙中残留了上亿片的垃圾。据悉，现在抛在太空的垃圾已经超过7万吨，能给人类的太空活动带来危险的、直径在1毫米以上的垃圾已有数百万个。

恐怖的太空垃圾

据统计，自20世纪50年代末以来，人类已经发射了4 000多次航天运载火箭，但只有一小部分火箭残体坠毁，大部分都留在空间，作为垃圾碎块环绕地球疾速飞行，极小一块飞行垃圾就足以给人造卫星或者航天器造成巨大损伤。一块一厘米大小的绕地飞行碎物就可以击穿任何一个航天飞行器的外壳，因为它们的飞行速度极快，发生碰撞时可以释放出极大的能量。

▲ 太空中漂浮的碎石对航天器安全运行有很大威胁

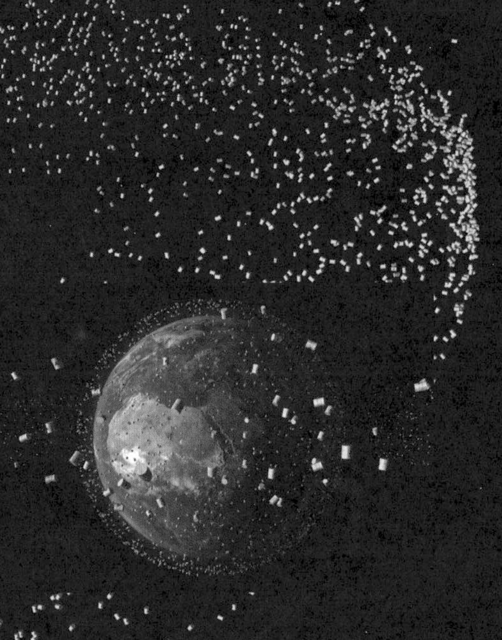

◀ 太空垃圾是航天器最大的威胁，目前，太空垃圾在近地轨道和地球同步轨道围成了一个圈

太空垃圾集中地

太空垃圾最密集的空间位于距地球1 424~1 645千米之间。由于载人航天并不在这个高度，如国际空间站位于402千米的轨道上，所以载人航天受到的威胁相对较小，但用于商业和科研目的的卫星仍然面临撞击威胁。

最引人注目的太空垃圾

坠毁在地球上的最引人注目的太空垃圾是美国第一个试验性航天站“天空实验室”。它于1973年5月14日发射升空，“服役”6年后结束使命，1979年7月11日重返大气层时烧毁，其中一部分坠入印度洋，另一部分坠落在澳大利亚境内。

太空行走

人类已经乘坐着各种航天器在太空中飞行了，看到太空中的神奇景色，人类想迈出自己的脚步去走一走。于是，当人类的航天技术发展到一定阶段，能够给宇航员提供必要的保护时，宇航员就走出航天器的舱门，实现了人类的太空行走。

◀ 阿列克谢·阿尔希波维奇·列昂诺夫

走出航天器

1965 年 3 月 18 日，勇敢的苏联宇航员阿列克谢·阿尔希波维奇·列昂诺夫走出了航天器。他在太空中度过了大约 24 分钟，其中有几次离开飞船的距离达到 5 米，完成了人类首次出舱活动任务。为此，国际航空联合会将“宇宙”金质奖章授予列昂诺夫，还用他的名字命名了月球背面的一座环形山。

出舱准备

在太空中行走比在地球上困难得多，但是为了空间作业的需要，人类还是一次次地走出了航天器。在出舱前，宇航员必须先吸一段时间氧气，将体内的氮气排出。喷气背包和通信背包是出舱工作必备的。喷气背包帮助宇航员在太空中朝着不同方向运动，通信背包则用于与有关方面保持联系。另外，还需要用保险带把宇航员和飞行座舱连接起来，以确保安全。

美国第一位

美国航天史上第一位出舱活动的宇航员，是爱德华·H. 怀特。他曾经是一名试飞员，后来在 1962 年 9 月的时候被挑选成为一名宇航员。1965 年 6 月 3—7 日，他乘坐“双子星座 4 号”飞船进入太空，在舱外工作了 21 分钟，用喷气枪进行了移动试验，成为实现美国太空行走的第一人。

▲ 爱德华·H. 怀特被 7.6 米长的脐带线和 7 米长的绳索连接在飞船上，进行美国第一次舱外活动

行走之最

美国宇航员赫尔姆斯和沃斯，在 2001 年 3 月 11 日创下了在太空中单次行走时间最长的纪录。在出舱后，他们在太空中结伴而行 8 小时 56 分钟。俄罗斯宇航员索洛维耶夫是太空行走次数最多的宇航员。到目前为止，他已累计出舱 17 次，太空行走 80 多个小时。

去掉“脐带”

早期的太空行走都离不开一条“脐带”将出舱的宇航员和舱内连接起来。1984 年，两名美国宇航员把这条“脐带”去掉了，并实现了在太空中行走 1 个多小时。他们的宇航服有着专门的设计，可以在需要返回的时候自动飞回舱内。

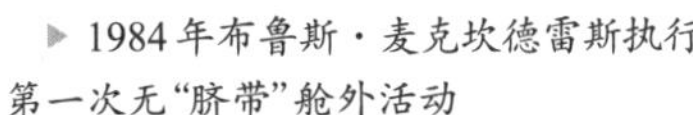

▶ 1984 年布鲁斯·麦克坎德雷斯执行第一次无“脐带”舱外活动

名人小传

第一位漫步太空的女天使

苏联宇航员斯维特兰娜·萨维茨卡娅是世界上第一位漫步太空的女性，她还是竞速飞行纪录的创造者和飞得最高纪录的保持者。

斯维特兰娜出生于飞行世家，从小就喜欢飞行，从中学起就开始练习跳伞。16 岁时，她已完成了 450 次跳伞，并创下 3 项世界跳伞纪录。24 岁的时候，斯维特兰娜已持有驾驶 20 种不同类型飞机的牌照。

1975 年 6 月，斯维特兰娜驾驶 E-133 飞机飞出了 2 683 千米/时的高速度，打破了美国女飞行员扎克琳·科克兰保持了 11 年的世界纪录——2 300 千米/时。

1977 年，斯维特兰娜又驾驶 E-133 飞机飞至 21 209.90 米的高空，创下水平飞行最大高度的世界纪录，并保持至今。

从 1980 年起，斯维特兰娜被挑选调入苏联宇航员中队。这一时期，她又成为了在太空中驾驶宇宙飞船飞行最快的女子。

1984 年 7 月 25 日，斯维特兰娜在她的最后一次太空飞行中又创造了一项新的太空纪录——成为第一位在太空行走的女性。她不仅在太空行走，还在太空进行了新型万能手工工具试验。这项试验很危险，要防止焊接时熔化的金属滴落在宇航服上，因为如果宇航服上烧出了小洞，就会造成压力丧失导致宇航员丧命。

1984 年 7 月 29 日，斯维特兰娜安全返回了地面。此后不久，这个传奇的女人与一位飞行员结婚，并于 1986 年 10 月生下了小宝宝，当时她已经 38 岁了。

航天员进行舱外活动

轨道

航天器在太空中并不是随意飞行的，它们有自己的飞行轨道。轨道实际上就是卫星、宇宙飞船等绕星球飞行时的路线，是一个抽象的概念，肉眼是看不到的。从1957年第一颗人造地球卫星进入太空以来，人类已经向太空中发射的近万个航天器，它们进入各自轨道，围绕地球飞行。

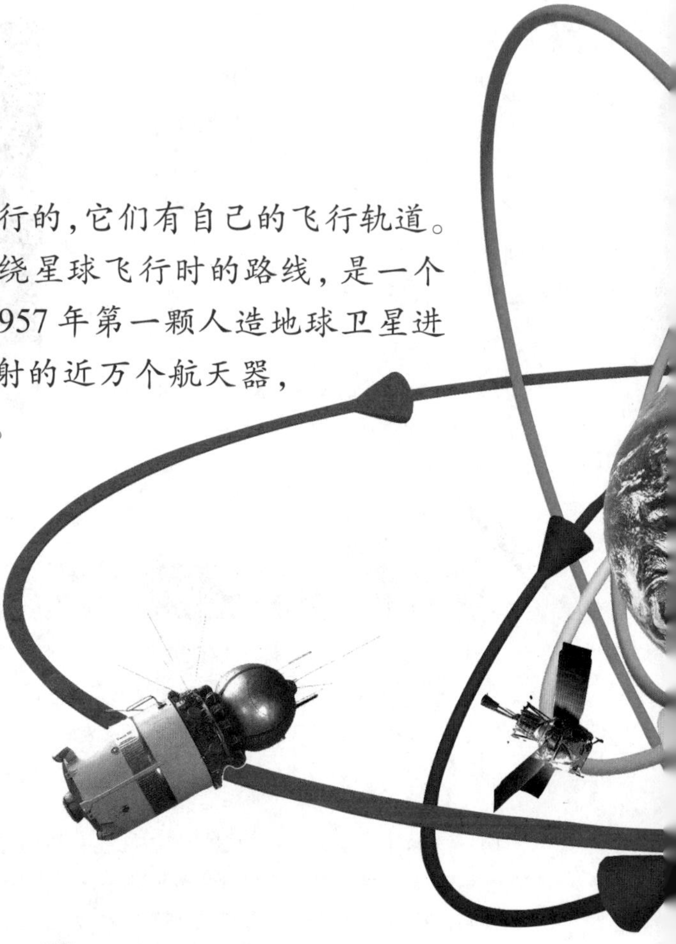

轨道的分类

航天器的功能不同，轨道也不同。按高度不同，轨道可分为低轨道和高轨道；按地球自转方向不同，轨道分为顺行轨道和逆行轨道。这些轨道中有一些具有特殊意义的轨道，如赤道轨道、地球同步轨道、对地静止轨道、极地轨道和太阳同步轨道等。通常，通信卫星占用的是地球的同步轨道，气象卫星占用极地轨道，探测卫星使用近地轨道。当然，不论什么轨道，首先要考虑的是稳定和安全。

顺行和逆行轨道

顺行轨道的轨道倾角（轨道平面和赤道平面之间的夹角）小于90°。在这种轨道上运行的卫星，绝大多数离地面较近，高度仅为几百千米，因此又将其称为近地轨道。逆行轨道的轨道倾角大于90°。想要把航天器送入逆行轨道，运载火箭需要朝西南方向发射。这样不仅无法利用地球自转，而且还要为克服地球自转付出额外能量。

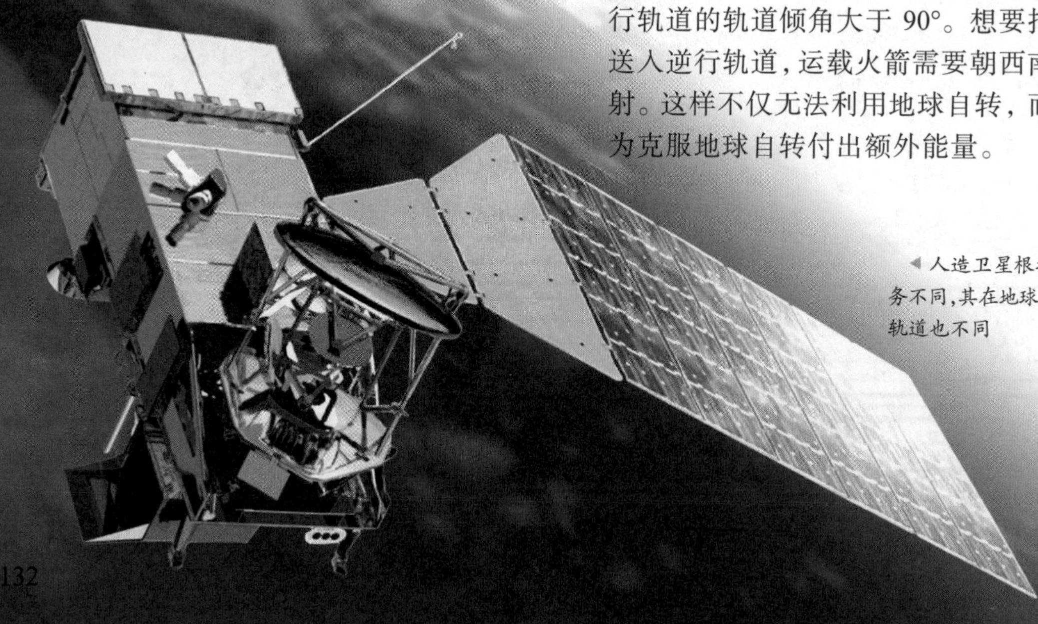

◀人造卫星根据担负的任务不同，其在地球上空的运行轨道也不同

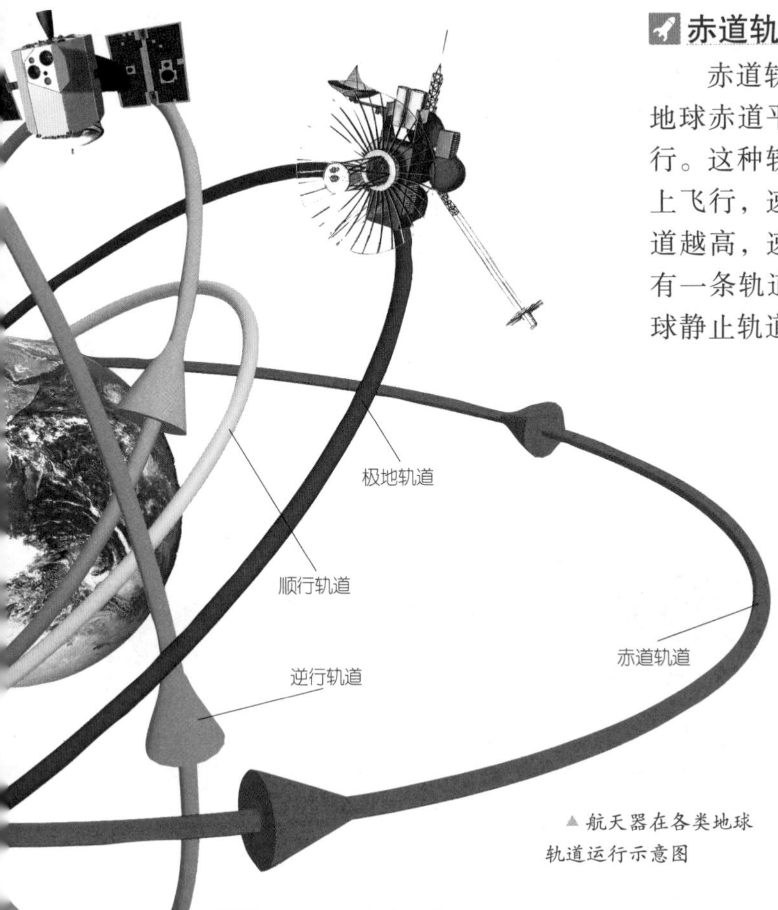

▲ 航天器在各类地球轨道运行示意图

赤道轨道

赤道轨道的轨道倾角为 0°，轨道平面与地球赤道平面重合，即航天器在赤道上空运行。这种轨道有无数条，航天器在这种轨道上飞行，速度随距离地面的高度而变化，轨道越高，速度越小，环绕周期越长。这其中有一条轨道具有特殊的重要地位，它就是地球静止轨道。

极地轨道

轨道平面和赤道平面之间的夹角为 90°的地球轨道叫作极地轨道，它因轨道平面通过地球南北两极而得名。位于极地轨道的航天器非常特殊，它们可以飞越地球任何地点的上空，因此是观察整个地球最合适的轨道。通常，气象卫星、资源卫星、侦察卫星等需要进行全球观测的航天器会采用这种轨道。

地球同步轨道

地球同步轨道是运行周期和地球自转周期相同，运行方向和地球自转方向相同的地球轨道。在地球同步轨道上运行的航天器，每天同一时刻会出现在地球上相同地点的上空。通常，用于通信、气象、广播电视、数据中继等方面的卫星会出现在这种轨道上，以实现对同一地区的连续工作。

探索之旅

美国首位完成轨道飞行的宇航员

约翰·格伦是美国首位完成轨道飞行的宇航员。1921 年，格伦在美国俄亥俄州出生。在那里，他读完了小学、中学和大学。21 岁时，他加入美国海军航空学校，毕业后成为海军陆战队战斗机驾驶员。1957 年，格伦因创造横穿美国大陆的超声速飞行纪录而被选为“水星”计划的宇航员。在经过几年的严格训练后，1962 年，格伦驾驶“水星”号飞船在 260 千米高的轨道上进行了 3 圈轨道飞行，成为美国首次完成轨道飞行的宇航员。不过，之后他再也没有参加过重大的航天计划。1965 年，格伦从宇航员岗位和海军退役，进入政界，负责科技事务，并做出突出贡献。令人称奇的是，1998 年 10 月 29 日，也就是在格伦 77 岁高龄时，他乘坐“发现”号航天飞机重新飞上了太空，从而创下了两次太空飞行间隔最长、年龄最大的宇航员纪录。2016 年 12 月 8 日，这位美国人心目中的英雄去世了，享年 95 岁。

▲ 77 岁的格伦

地球静止轨道

人造卫星的运行轨道多种多样，轨道参数不同，卫星轨道也就不同。当多种参数共同约束某种轨道时，轨道的数量可能就大大减少了。倾角为零的圆形地球同步轨道，简称地球静止轨道。航天器处在地球静止轨道上，运行一周的时间恰好和地球自转一周的时间相同，而且两者运行方向又一致，相互之间保持相对静止，因此从地面上看，航天器就像固定在赤道上空某一点。

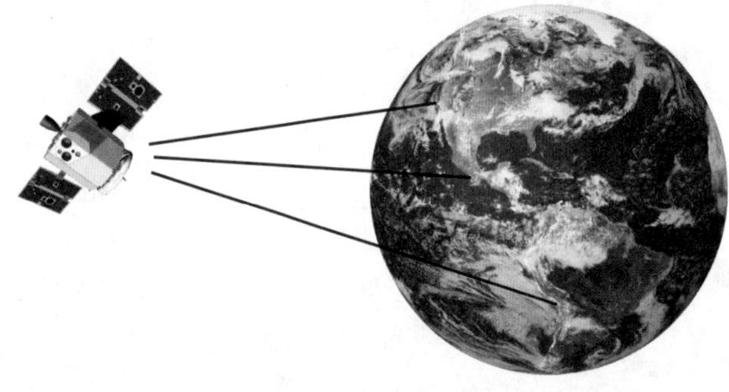

▲ 地球静止卫星在地球静止轨道上绕地球运行

静止卫星

地球静止轨道的轨道高度比较高，因此卫星能观测到的地面区域比较广阔。据计算，仅一颗卫星就能覆盖40%的地球表面，并且它与地面保持相对静止，跟踪简单，使用方便，能够24小时连续工作，因此应用非常广泛。

有限的静止卫星

地球静止轨道通信卫星虽然具有覆盖面积大、控制简单等一系列的优越性，但是也有其不足之处，因为它只有一条。目前，人们已经发射的航天器接近万个，其中大部分是卫星。静止卫星不断增多，致使地球静止轨道上变得十分拥挤，尤其是在欧洲、印度洋和美洲的三个静止轨道弧段内，更是密密麻麻。按照大多数卫星的技术水平，两颗静止卫星之间要相隔1°以上，信号才不会相互干扰。即使随着卫星技术不断提高，抗干扰能力不断增强，两颗卫星之间的距离可以缩短，但也不可能无限靠近。因此，地球静止轨道所能容纳的卫星数量是极其有限的。

经典问答

什么是星下点轨迹？

人造地球卫星在地面上的投影点，叫作星下点。星下点在地球表面移动留下的轨迹，就是星下点轨迹。对于处在星下点的观察者来说，卫星就在他的头顶。如果所有的星下点连在一起，画成轨迹图，就可以得出某一时间卫星在某地的上方。通常，在不考虑其他因素干扰下，近地卫星的星下点轨迹像一条正弦曲线，地球同步倾斜轨道卫星的星下点轨迹是一条8字形的曲线。目前，一些规模较大的测控中心都用大屏幕实时显示星下点轨迹图，从而为人们提供卫星实时运行情况。

轨道环境

地球静止轨道是通信卫星的高密集区，也是引发航天器异常的高发区。那里环境十分复杂，有大量的高能粒子、热等离子体、环电流、磁场、太阳电磁辐射、流星体和空间碎片等。此外，那里极易受到太阳活动的影响，尤其是遇到强太阳风时，会完全暴露在宇宙射线之下，给航天器带来严重损坏。

▲ 太阳风作用下的地球磁场艺术想象图

和地球同步轨道的不同

地球静止轨道和地球同步轨道不是一回事，它们之间有共同点，但也有很大区别。它们的相同之处就是运行周期是相同的，都是 23 小时 56 分 04 秒。它们的区别主要有三处。第一，轨道倾角不同。地球静止轨道的轨道倾角为零，也就是轨道在赤道平面上，而地球同步轨道平面可以和赤道平面的夹角不为零。第二，观察者的看到的现象不同。对观察者来说，地球同步轨道上的卫星，每天同一时刻会出现在相同位置的上方。也就是说，在一段时间内，卫星相对于观察者是运动的。而地球静止轨道上的卫星，每天任何时刻都位于同一位置上空，相对于观察者是静止不动的。第三，卫星的星下点轨迹不同。地球同步卫星的星下点轨迹是一条 8 字形的封闭曲线，而地球静止卫星的星下点轨迹始终是一个点。

▶ 地球卫星

太阳同步轨道

太阳同步轨道是一条特殊的轨道，上面运行的卫星可以拍摄出最好的地面目标图像。不过，它对轨道精度要求很高。为了较长时间保持与太阳“同步”，卫星需要配备轨道控制系统，用于修正轨道误差和不断克服各种力的影响。

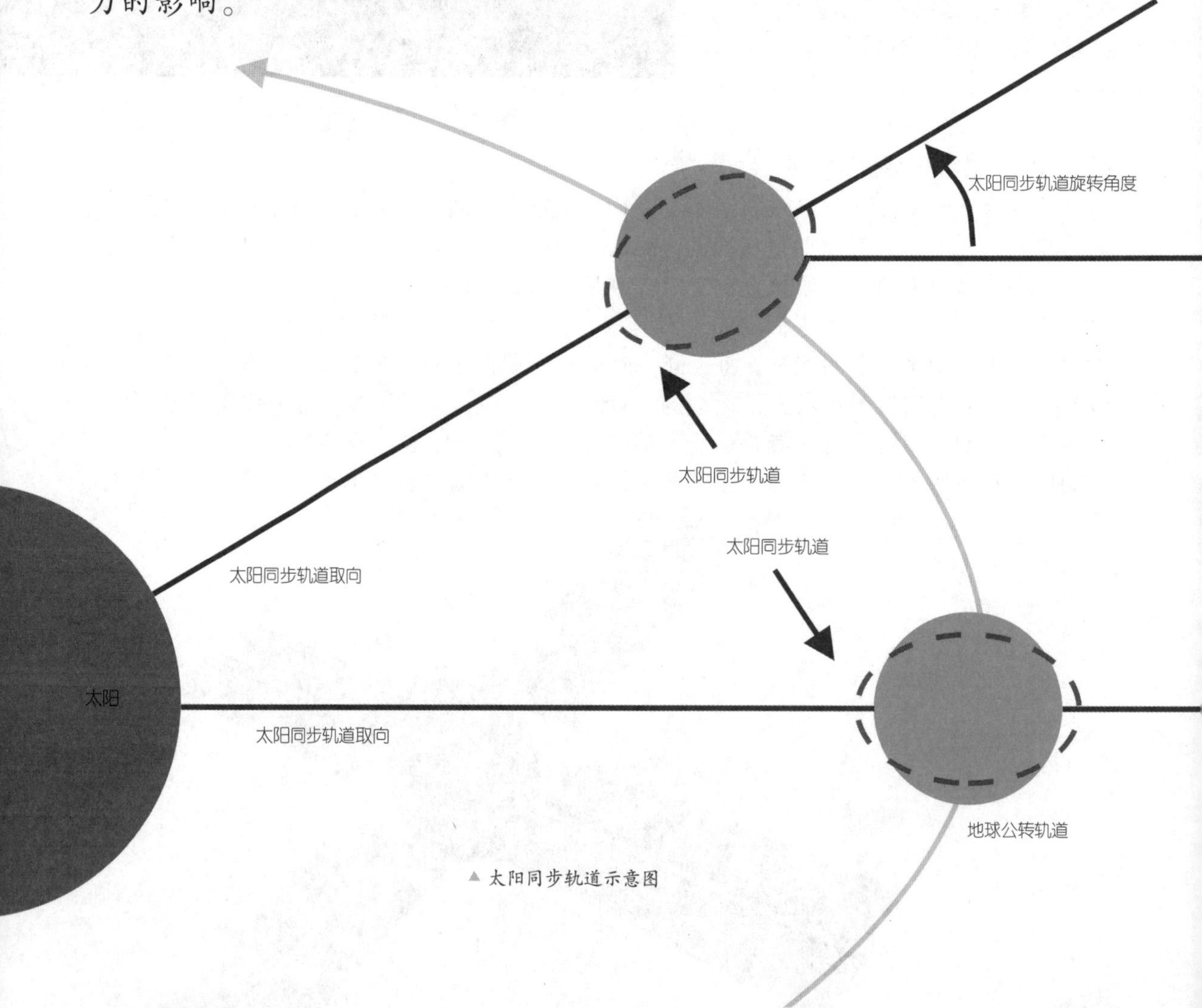

▲ 太阳同步轨道示意图

特殊之处

太阳同步轨道的轨道高度通常在500~1 000千米，与赤道面的夹角在90°~100°，它的特殊之处在于这里的太阳光和轨道平面夹角保持不变，轨道平面绕地轴的旋转方向和周期，与地球绕太阳的公转方向和周期相同，简单说就是航天器、太阳、地球保持三点一线。而位于这个轨道上的航天器，每一次经过同一地面目标上空时，都能保持相同的光照条件，都能在同样条件下重复观测同一目标。通常，气象卫星、地球资源卫星会采用这种轨道。

理论意义

之所以气象卫星、资源卫星通常会选择太阳同步轨道，是因为在这个轨道上可以得到最好的太阳光条件，可以在同一时刻观测同一位置，从而得到高质量的地面目标图像。有人会说，地球并不是圆的，因此卫星在太阳同步轨道上运行的时候，和地球之间的距离是会变化的，如果卫星走的速度有快有慢，那么每天出现在同一地点上空的时间就不一样了。事实上，按照天体运行规律，每一条轨道上物体运行的速度是固定的，因此不会出现时间不一致的现象。

▲ 气象卫星多运行于太阳同步轨道上

▲ 太空使用的太阳能电池

太阳同步轨道的优势

卫星总是在相同的当地时间从相同的方向经过同一纬度，就像太阳一样，在同一季节里，总是在当地同一时间从相同方向出现，因此称为太阳同步卫星。这类卫星由于轨道平面和太阳光间保持同一角度，所以当卫星采用太阳能电池供电时，只要设计好轨道、发射时间，一开始就让太阳能电池帆板正对太阳，就可以使某一地区在卫星经过时总处于阳光照射下，太阳能电池不会中断工作，从而发挥最大的供电效果。

新知词典

天体运行规律

天体运行规律也叫开普勒三大定律，是开普勒以太阳系为范围提出来的，但也普遍适用于其他天体。其中，第一和第二定律发表于 1609 年，是开普勒从著名丹麦天文学家第谷·布拉赫 20 多年所观察与收集的非常精确的天文资料中总结出来的，第三定律发表于 1619 年，是在大量计算后得出的。

这三大定律分别称为椭圆定律、面积定律和调和定律。其中，椭圆定律是说所有行星绕太阳的轨道都是椭圆，太阳在椭圆的一个焦点上。不过，在很多情况下，可以将卫星轨道近似看作一个圆。面积定律是说行星和太阳的连线在相等的时间间隔内扫过相等的面积。由此可知，卫星沿椭圆运动时，速度大小并不相等，在近地点附近速度大，在远地点附近速度小。调和定律是说所有行星绕太阳一周的时间的二次方与它们轨道长半轴的三次方成比例。也就是说，在近地空间运动的卫星绕地球运动一周需要 85 ~ 90 分钟，离地球越远，周期越长。当然，开普勒定律也有一定局限性，比如第二定律只在行星质量比太阳质量小得多的情况下才是精确的，如果考虑到行星也吸引太阳，那么问题就复杂了。

引力跳板

空间探测器，也就是对地球以外的天体和空间进行探测的无人航天器，在飞向探测目标的时候，为了能够省时省力，必须选择最短、最合理的路线。而从地球飞往其他天体最合理的飞行轨道就是双切轨道（两个轨道只有一处交汇点）。这时，人们往往会借助引力跳板来减少能源的消耗。

什么是引力跳板

当空间探测器从地球轨道飞越某个行星的时候，借助这个行星的引力改变原来飞行轨道的同时，又获得了更大的速度，使得飞行目标天体的时间减少。这种在没有任何动力消耗的情况下，借助行星引力为空间探测器加速，缩短星际航行时间的飞行，就称为引力跳板。

▶ 探测器沿着双切轨道运行可以借助行星引力支援，最短时间到达目标行星

▲ 探测器和行星

引力跳板的原理

如果将探测器和行星视为一个系统，那么只要入轨合适，行星的一部分机械能就会在轨道上转移到航天器上。这部分能量对于行星来说无足轻重，但对于探测器来说却是非常大的，可以帮助航天器完成引力加速。相反，如果航天器入轨时机不当，航天器的一部分机械能会转移到行星上，使得航天器损失一部分能量，因此，在利用引力跳板的时候，首先根据天体的质量、探测器的质量和相对速度，确定探测器的飞入高度和飞入角度，并随时注意其速度的微小变化。这样，在星际航行中，探测器就有可能对它的轨道进行必要的调整，从而省时省力地飞向目标。

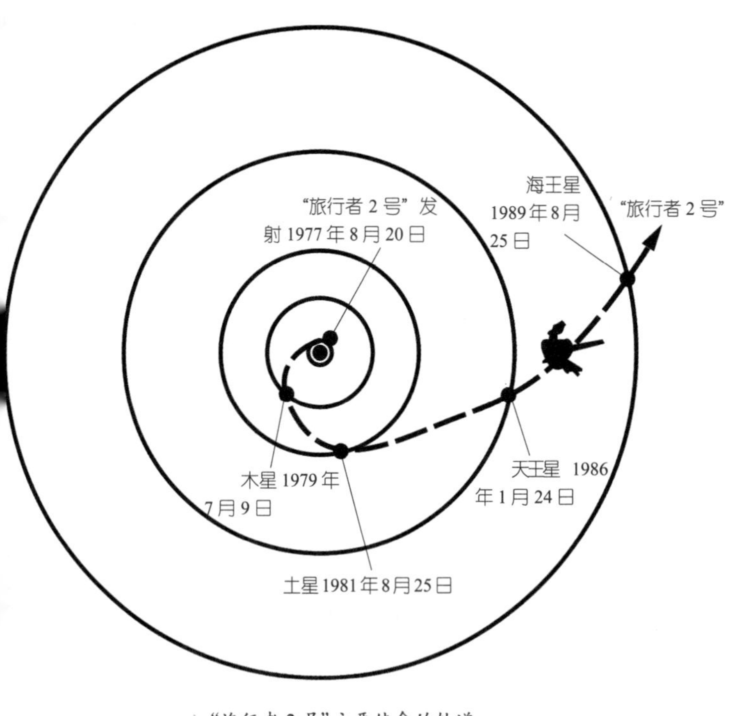

▲"旅行者 2 号"主要使命的轨道

引力跳板的优点

探测器利用引力跳板，除了能够节省所带的燃料外，还能够大幅度缩短星际航行时间。比如探测器如果选择最经济的双切椭圆轨道，那么抵达土星需要 6 年时间，抵达海王星需要 31 年，但是如果借助引力跳板，那么飞抵土星只需要 3~4 年，飞抵海王星也只需 12 年。另外，借助引力跳板还能够使探测器进入非常特殊的轨道，进行难得的探测活动。比如，美国在发射"旅行者 1 号"和"旅行者 2 号"的时候，先后借助木星、土星、天王星的引力作"跳板"，从木星跳到土星，再从土星跳到天王星，继而再跳到海王星，成为探测太阳系行星最多的空间探测器。

拯救卫星

1997 年 12 月，"亚洲 3 号"卫星发射升空，准备进入月球轨道。但是由于火箭故障，卫星被搁浅在地球同步转移轨道上。第二年 5 月，美国休斯公司利用引力跳板拯救了这颗卫星。休斯公司利用卫星上的燃料，首先将卫星送入月球轨道，然后借助月球引力改变卫星轨道，使它进入地球同步轨道。而这次救援也为今后挽救一些未能进入地球同步轨道的卫星开辟了一条新道路。

探索之旅

挽救"阿波罗 13 号"飞船

1970 年 4 月 11 日，美国"阿波罗 13 号"飞船发射升空，执行载人登月任务。在发射的第二天，服务舱发生爆炸，重创"阿波罗 13 号"，导致大量水、氧气泄漏，同时还损坏了飞船上的电池组和二氧化碳过滤装置。在保障宇航员生命安全优先的前提下，地面人员命令登月计划停止。不过，由于动力装置损坏严重，"阿波罗 13 号"无法直接返回地球，3 名宇航员不得不乘坐登月舱继续朝月球飞行。在绕月球转一个大圈，飞到月球黑暗的另一面后，登月舱发动机立即启动，并成功利用引力跳板将飞船投掷进地月返回轨道。最终，飞船以约 8 700 千米/时的速度飞离月球，成功返回地球，降落在南太平洋，创造了人类航天史上最伟大的奇迹。

▲"阿波罗 13 号"飞船降落在南太平洋

发射前的准备

火箭从发射到进入预定轨道，虽然只有短短的几十秒或几分钟，但火箭发射的前期准备工作却非常漫长而且精细入微。如果有一处没有准备好，就有可能造成发射失败，甚至搭上航天员的性命。通常，火箭发射的前期准备工作包括火箭的检查、测试、转运、加注推进剂、发射程序与数据的计算和装订、地面勤务保障等。

▲航天飞机与火箭在组装车间完成检测组装

发射时间

火箭发射的时间十分重要。在航天术语中，这个时间称为“发射窗口”，也就是允许运载火箭发射的时间范围。这个范围有大有小，宽窄度不一样，宽的一般以小时或天计算，再宽一点的甚至按月、年计算，而窄的要用分、秒计算。具体发射时间，要按照火箭承担的任务决定。

▲“哥伦比亚”号航天飞机与火箭在技术房完成组装后，在运往发射区的途中

气象观测

天气对于火箭发射至关重要。火箭的发射时间确定之后，气象部门就要对天气状况进行预报。他们会启动气象雷达、气象卫星，组成一个气象网络，预报长、中、短期天气。而且，越临近火箭发射日期，气象部门提供的天气数据越要详细，不仅要包括发射场周围的天气状况，还包括场区高空的风场、火箭飞行经过的地区的气象等。如果火箭发射当天的气象状况不理想，那么发射时间就有可能推迟。

检查测试

运载火箭不是在发射场建造的，而是有专门的建设厂房。火箭建造好后，要先运送到准备区的专用厂房内，对火箭上的仪器设备一项项进行测试，然后对所有单元组成的系统进行匹配测试，检查系统之间是否能够协调工作，之后再对所有系统进行多次总检查，并且模拟各种飞行状态，保证火箭系统的安全可靠性是否达到技术标准。在所有的检查完成，并都符合标准后，火箭就要被运送到发射场。

火箭的竖立

火箭被运送到发射场时，并不是组装好的，而是一节一节的。到达发射场后，首先由吊装设备将火箭分级吊装、对接和总装，使其完整地竖立在发射台上。火箭处于竖立状态后，人员要再一次对各个系统进行测试，并进行发射演练。在所有的检查完成后，火箭就处于随时发射状态。

◀ 由指挥中心向发射场、各测控站、远洋测量船队等统一发出口令：点火

加注燃料

一切准备就绪后，工作人员开始向火箭加注燃料。加注燃料的过程十分危险，因为所有的燃料都处于低温状态，非常容易发生爆炸。而且，不仅工作人员要承受低温环境，火箭本身携带的设备也要承受低温考验。有时候，燃料一次性加注不完，还需要补加3~5次。

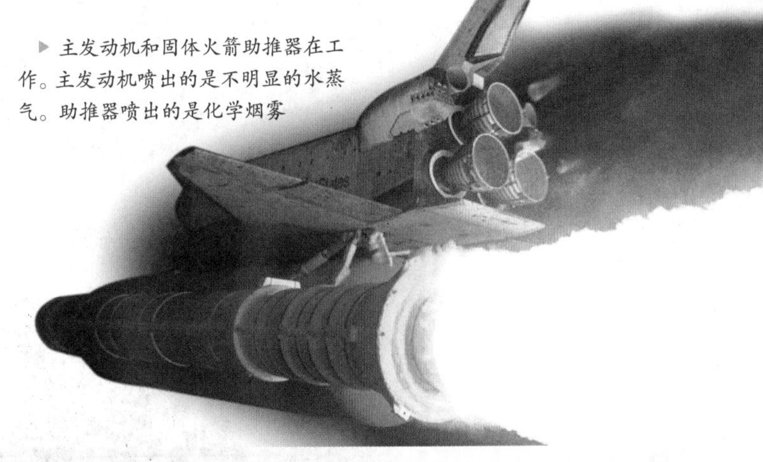

▶ 主发动机和固体火箭助推器在工作。主发动机喷出的是不明显的水蒸气。助推器喷出的是化学烟雾

经典问答

火箭发射平台为什么烧不坏？

火箭点火的刹那，温度高达2 800℃、这时，火箭发射平台不仅要承受强高温，还要承受强烈的气流冲击。为了能延长发射平台的寿命，人们对其进行了特殊处理。除了平台本身结构优良、材料坚固耐用外，工作人员在火箭发射前还给发射平台涂抹了特殊的防护涂层。发射平台的面积十分大，有几千平方米，光涂料就要用上几千千克。喷涂涂料时，工作人员先将平台表面打磨好，再用几百千克的溶剂清洗，之后才能覆盖防护涂层。

另外，人们还会通过喷水的方式对平台进行降温。火箭点火前，人们会在平台上喷一层5厘米厚的水膜，保护平台。在火箭飞到5米高的时候，发射平台还会用20秒的时间向火箭尾部喷射40万千克的水，使发射平台的核心区域温度降到1 000℃左右。

航天器发射过程

火箭的建造周期很长，费时费力，但使用生命却非常短暂。它的任务是把其他航天器送到宇宙中，任务完成，火箭的生命也就完结了。火箭虽然生命短暂，但想要完成任务却不容易。其发射过程要经历倒计时、升空和最后分离。这个过程看似很简单，却是一场惊心动魄、生死攸关的旅程，也是航天工作者最紧张的时刻。历史上，很多航天器都在发射后，因为各种原因而失败。

地面发射

地面所有准备工作完成后，总指挥下达发射命令，火箭发射进入倒计时阶段。倒计时完成后，地面控制人员按下点火按钮，发出发射命令。这时，第一级火箭发动机开始点火，第一级燃料箱里的燃料开始猛烈燃烧，喷出大量高温高压气体，推动巨大的火箭离开地面，不断加速飞向高空。当然，航天器发射除了从地面发射外，还有从空间发射的方式。空间发射是只利用航天飞机将航天器投送到预定轨道，或者是在投放后，利用比较小的运载火箭或者航天器自身的发动机，推动航天器加速、变轨，将其带到更高的轨道上去，完成航天器发射入轨任务。

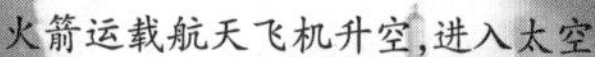

▲火箭运载航天飞机升空，进入太空

▲“发现”号航天飞机在施放“哈勃”太空望远镜

空中分离

第一级火箭的燃料用尽之后，它的使命就完成了，准备脱离火箭，坠入大气层焚毁。当第一级火箭完全脱离火箭后，第二级火箭的发动机立即点火。由于没有第一级火箭的负重，火箭以更快的速度继续上升。火箭上升到大概 70 千米的时候，速度达到最大值，也已经冲出大气层，到达太空中。之后，火箭便会在惯性和地球引力的共同作用下继续飞行。在飞行一段时间后，第三级火箭发动机点火工作，火箭继续高速飞行，直到到达预定速度，进入预定轨道。这时，火箭的任务已经基本完成了。

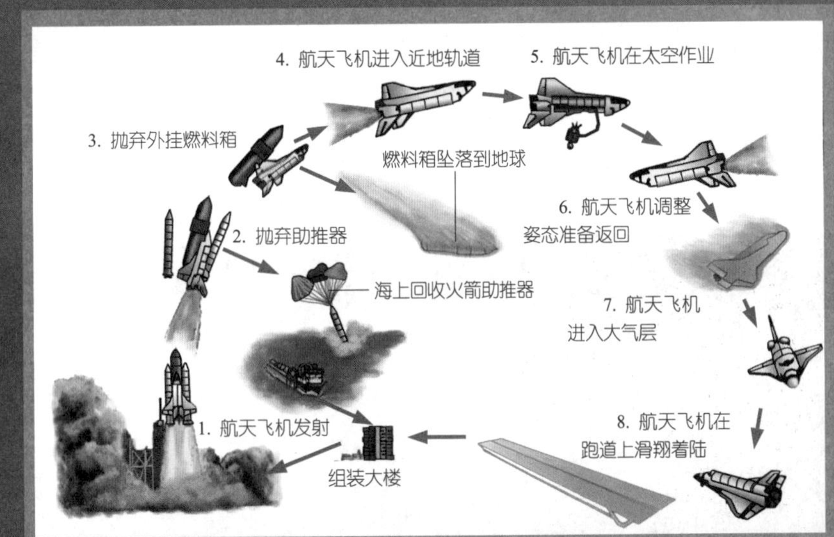

▶ 航天飞机发射图

姿态控制

火箭进入预定轨道后，开始释放航天器。航天器进入轨道时，姿态并不一定是最合理的，因此要进行姿态控制，将携带的各种仪器设备调整到最佳角度，以对准特定目标，使航天器达到最好工作状态。早期，航天器通常会采用被动姿态稳定方式，如自旋稳定，来调整姿态。这种稳定方式简单易行，但是精度不够，很难让航天器达到最佳姿态。现今，大多数航天器采用主动姿态控制方式。主动姿态控制系统会不断进行空间测量，然后将测量值和标准值进行比较，再根据姿态误差发出控制指令。姿态控制发动机接到命令后，产生控制力矩，实现姿态控制。

经典问答

倒计时是怎么来的?

倒计时是指从未来的某一时点往现在计算时间，用来表示距离某一期限还有多少时间。“倒计时”一词来自于一部关于发射火箭的科幻电影。1927 年，在拍摄一部德国故事片《月球少女》时，导演在拍摄火箭升空的镜头时，为了加强影片的戏剧效果，设计了“9，8，7，…，3，2，1”点火的倒数计时的火箭发射程序。影片上映后，这一设计引起了火箭专家的浓厚兴趣。他们认为倒计时有一定的科学道理，能够突出火箭发射的时间越来越少，使人们产生火箭发射前的紧迫感，于是便将这一方法借鉴过来。目前，倒计时在航天发射中仍在使用，而且在别的领域也得到了广泛应用。

▲ 倒计时完成后，火箭点火升空

控制飞行姿态

航天器在太空中保持正确的姿态,是航天器执行任务时要满足的最基本的条件。不过,航天器刚入轨时所建立的初始姿态并不一定是最正确的姿态,需要重建姿态。有时,因为某种原因,原本正常飞行的航天器会失去正确姿态,也会需要重建姿态。因此航天器的姿态控制就显得十分重要,是保证航天器在太空正常飞行的基本手段。它包括两个方面,分别是姿态稳定和姿态机动。前者是保持已有的姿态,后者是转变航天器的姿态。

飞行姿态的重要性

航天器进入太空是要执行某项特定的任务的,比如对宇宙中某个天体进行观测,监视地球某个地域,对无线电信号进行转发等。航天器上的各种探测仪器的传感器就像是人的眼睛,向地面传送信息的天线就像是人的耳朵,而“眼睛”和“耳朵”带有明显的方向性,只有同时对准各自特定的目标,才能做到“耳聪目明”。如果航天器的飞行姿态不正确,那么这航天器无疑就变成了“瞎子”和“聋子”,根本执行不了任务。

错误的姿态

很多航天器上都安装有大面积的太阳能电池板,可以将太阳能转化为电能,为航天器上的各种设备提供电能。如果太阳能电池板背对着太阳,总是处在阴暗面,那么就无法将太阳能转化为电能,也就无法为各种设备供电。那么,辛辛苦苦发射到太空的航天器就不能正常工作,成为一堆废物。如果用于转播电视的通信卫星姿态错误,那么电视信号就不能传送到特定区域,地面上成千上万的电视接收天线就无法接收信号,电视自然也就成了摆设。

◀ 太阳能电池板是卫星的电能来源

重力梯度稳定

重力梯度稳定是航天器利用重力梯度力矩来稳定姿态的技术。绕地球飞行的航天器各部分的质量受到的离心力和地球引力不同，产生的力矩也不同。这些不同的力矩称为重力（引力和离心力的合力）梯度力矩。重力梯度力矩可以使航天器的一面一直对着地球，因此可以保持航天器姿态稳定。不过，重力梯度力矩虽然能稳定航天器的姿态，但它会使得航天器像单摆一样，绕着力矩最大轴摆动，因此精度不高。同时，这种摆动还会产生各种阻力，消耗航天器的能量。

被动控制

姿态控制主要有主动、被动或者二者结合类型，可以是自动控制，也能由航天员手动控制。航天技术发展早期，受制于技术水平，姿态控制主要采用被动式，比如自旋稳定、重力梯度稳定。自旋稳定的原理是利用飞行器绕其自转轴自旋产生陀螺定轴性（陀螺在不停自转的同时，环绕着另一个固定的转轴不停地旋转），使飞行器的自转轴方向在惯性空间定向。不过，由于陀螺漂移的影响，自转轴的方向实际上是在不断变化的，所以准确性有限，甚至随着时间的推移，方向的变化会大到无法容忍的地步。还有，对于自旋速度和偏离已经确定的航天器，这种方式不具有再次定向能力。

▲ 航天员可以通过手动控制改变航天器的运行姿态

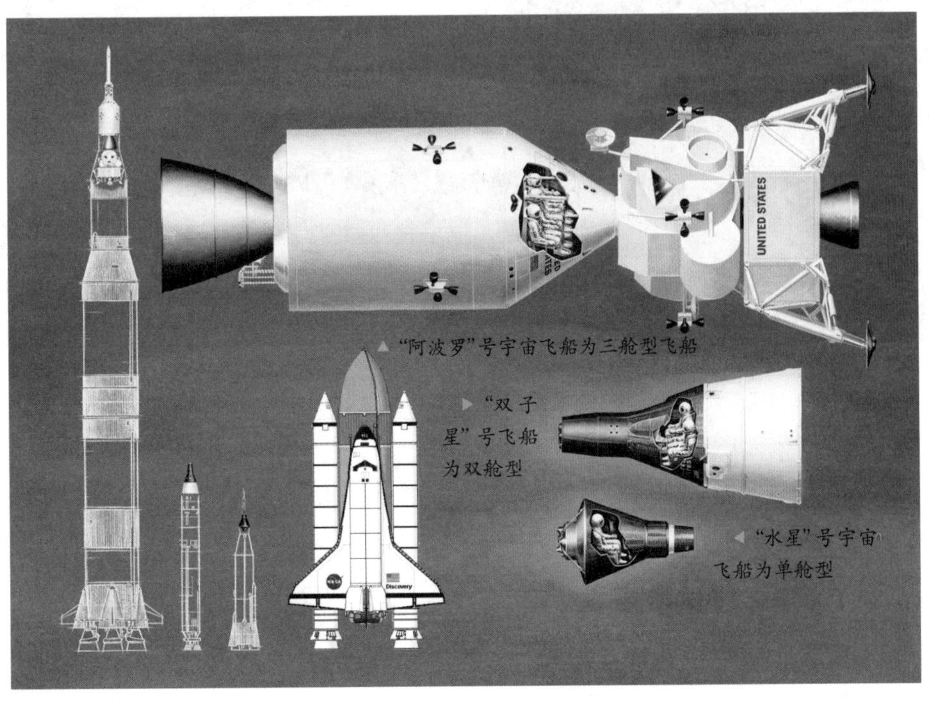

▲ “阿波罗”号宇宙飞船为三舱型飞船

▶ “双子星”号飞船为双舱型

◀ “水星”号宇宙飞船为单舱型

航天器的变轨

运载火箭发射能力的限制，使得航天器往往不能直接被送入最终运行的轨道，而是先进入一个比较低的椭圆轨道，在上面过渡运行一段时间后，再选择一个合适的时机，利用发动机提供的推力改变航天器的运行速度和运行轨道。这种使航天器从一个轨道进入另一个轨道的过程就叫作变轨。

变轨原因

航天器在轨道上运行的过程中，常常需要变轨，目的是为了保证航天器的运行寿命。报废、损毁的航天器会变成太空垃圾，长期在太空轨道上运行，它们对正常运行的航天器造成了巨大的威胁。为此，航天器常常会主动变轨，规避危险。另外，地球引力的影响，会使航天器的运行轨道高度每天以100米左右的速度下降。这会影响航天器的正常工作。如果不采取措施，那么航天器的轨道高度会越来越低，最终坠落大气层焚毁。

▲ 卫星变轨前启用自身携带的火箭，对姿态进行调整

如何变轨

为了节省燃料，人们会先将卫星发射到一个椭圆轨道上。当卫星运行到远地点时，受到的地球引力最小，这时姿态调整发动机点火，以消耗最少的燃料将卫星轨道调整到需要的高度。从力学上可以进行分析，当发动机点火时，卫星速度增加，作圆周运动所需的向心力就要增加，但万有引力提供的向心力没有变。这时，卫星就要作离心运动，其运行轨道将提升，速度将会减小，直到达到新的平衡。

影响因素

航天器发射前，是否需要变轨是提前设计好的。这是考虑了火箭运载能力、卫星发射时间、发射场地、发射方向等各种因素后的结果。通常，在航天器变轨之前，轨道高度至少要满足远地点高度达到地球同步轨道的高度，这样才有利于变轨。当然，如果运载火箭的能力比较强，可以进一步提高远地点的高度，以便在卫星变轨时减少燃料消耗。不过，轨道高度也不能无限增加，需要综合考虑卫星上仪器的工作限制范围。

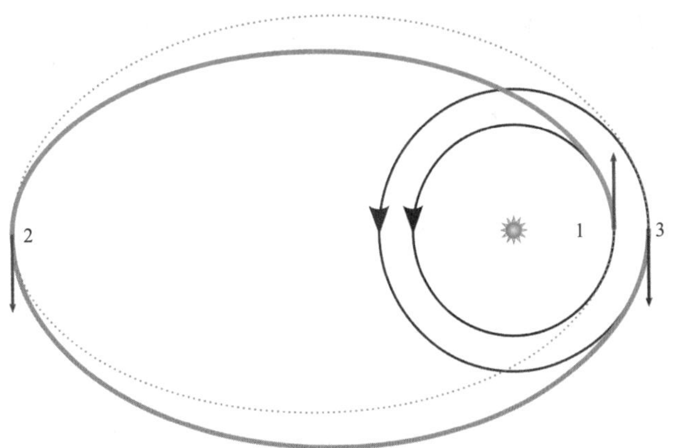

▲ 航天器变轨：航天器首先被发射到轨道1（蓝色），在运行一段时间后，发动机点火，提高速度，增加离心力，使其运转轨道变成2（绿色）。当航天器运转到近地点时，制动和变轨发动机工作，改变航天器运转角度和速度，使轨道变成3（红色），也就是目标轨道

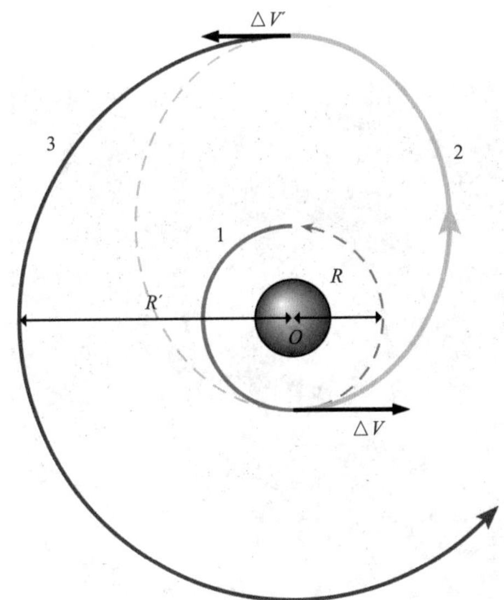

轨道控制

航天器变轨成败的影响因素有很多，比如推进系统产生的反作用推力、地球引力、气动力、太阳辐射压力及其他行星的引力等，因此对航天器运行轨道的精准控制十分重要。常见的轨道控制主要有两类：轨道转移、轨道调整或轨道保持。前者涉及的轨道变化比较大，主要是航天器发射时从临时停靠的轨道向目标轨道过渡；后者变动范围比较小，主要是为了消除偏差，保持航天器原有的运行轨道。

◀ 转移轨道

探索之旅

“嫦娥一号”卫星变轨

“嫦娥一号”卫星的成功发射是中国航天事业的一个里程碑，让中国人和月球亲密接触的千年梦想变成了现实。

事实上，“嫦娥一号”卫星奔向月球的道路十分曲折，它从发射到绕月飞行一共进行了7次变轨。其中，从围绕地球运转到进入地月转移轨道进行了4次变轨，从地月转移轨道进入绕月飞行的工作轨道进行了3次变轨。

“嫦娥一号”卫星变轨主要是为了节省火箭能量。其实，把“嫦娥一号”卫星从地面上直接送到绕月轨道，在技术上是可行的，但是要极大地增加火箭的推动力。而相比之下，通过变轨，将“嫦娥一号”卫星送入目标轨道，既节能经济，又降低了技术难度。不过，对于变轨发动机的要求还是非常高的，因为卫星和地面距离比较远，而且要多次变轨，发动机接收指令后必须精确响应，严格执行各种指令，否则卫星有可能飞向错误的方向。

轨道上的交接

一座巨大的空间站不可能一次性发射到太空中，而是需要将一个个小部件送入太空后组装起来。而在组装的过程中，就需要宇宙飞船和一个个部件进行对接，以便宇航员实施组装工作。空间站组装好后，人类可以长时间在天空作逗留，但需要定期补充物资。这也需要航天器和空间站进行对接，以便完成货物补充。于是，航天器的交会和对接技术产生了。

什么是交会与对接

两个航天器在空间轨道上进行合并对接的技术就叫作空间交会对接。它实现了航天器与空间平台人员、货物、设备等的转移。当受控制的航天器距离对接目标 300 米以内时，就实现了两者的交会。之后，两个航天器的对接轴开始对准，对接装置开始运作，等到受控航天器停靠在目标航天器上时，整个交会对接过程就完成了。这时，航天器的发动机停止工作。

▶ 美国“亚特兰蒂斯”号航天飞机与俄罗斯“和平”号空间站首次成功对接后，在“和平”号空间站停靠时的照片

主要用途

航天器的空间交会对接主要有三方面用途。首先，它可以为长期在空间平台上工作的人员提供物质补给。例如，俄罗斯的“联盟”号和“进步”号宇宙飞船、美国的航天飞机，它们的主要任务就是为国际空间站提供物资补给。其次，它可以为大型空间设施的建造和维护提供支持。比如，国际空间站就是隔舱段直接通过交会对接组装而成的。最后，它可以对空间飞行器的飞行状态进行优化。比如，在“阿波罗”登月计划中，登月舱和“阿波罗”飞船进行过两次交会对接，以降低对火箭运载能力的需求。

经典问答

中国的航天器是什么时候完成第一次交会对接的?

2011年11月1日,"神舟八号"宇宙飞船搭乘改进的"长征二号F"火箭飞入太空。2天后,也就是2011年11月3日凌晨,它和"天宫一号"进行了中国航天器的首次空间交会对接。当时,在地面控制站的引导下,两个航天器逐渐靠近。在距离100千米时,"神舟八号"成功捕捉到"天宫一号",完成自动追踪过程。之后,"神舟八号"通过几次变轨,缩短了和"天宫一号"的距离。当二者距离在100米以内时,它们调整好姿态,以1米/秒的相对速度靠近,准备对接。当两个飞行器只有几十厘米的距离时,它们的相对速度只有0.1米/秒。它们慢慢平稳靠近,最终实现精准对接。对接成功后,它们一起飞行了12天,然后分离。11月14日,它们又成功进行了第二次对接。两天后,"神舟八号"撤离"天宫一号",返回地球。

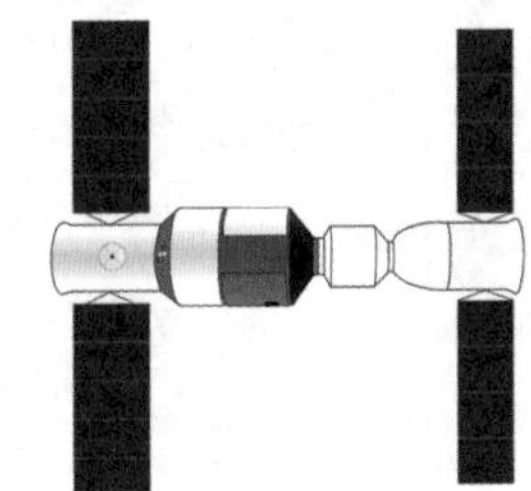

▶ "天宫一号"(左侧)和"神舟"飞船(右侧)对接的示意图

▲2011年12月 Soyuz TMA-03M 在低地轨道与MRM-1 Rassvet 对接,运送三位宇航员至国际空间站

交会对接过程

航天器实现交会对接的整个过程可以分为五个阶段:地面引导、自动寻找、交会、停靠和对接。受控航天器在地面人员的控制、引导下,在比目标航天器稍微低一点的椭圆轨道上运行。之后,通过变轨,受控航天器进入和目标航天器基本一致的轨道高度,然后和目标航天器建立通信关系。下一步,受控航天器调整姿态,逐步靠近目标航天器,实现交会。最后,当两个航天器距离变成零,完成合拢操作时,整个对接过程就完成了。

控制类型

航天器空间交会对接对控制系统要求比较高。根据是否有人员参与,控制方式可分为四种类型:遥控操作、手动操作、自动控制和自主控制。遥控操作是指由地面站通过遥测和遥控受控航天器实现交会对接。手动操作是指在地面人员的指导下,由航天员完成交会对接操作。自动控制是指不依靠航天员,由两个航天器上的设备和地面站实现交会对接。自主控制是指不依靠任何人员,完全由两个航天器上的设备实现交会对接。

▼美国"阿波罗"号飞船与俄罗斯"联盟"号飞船准备对接

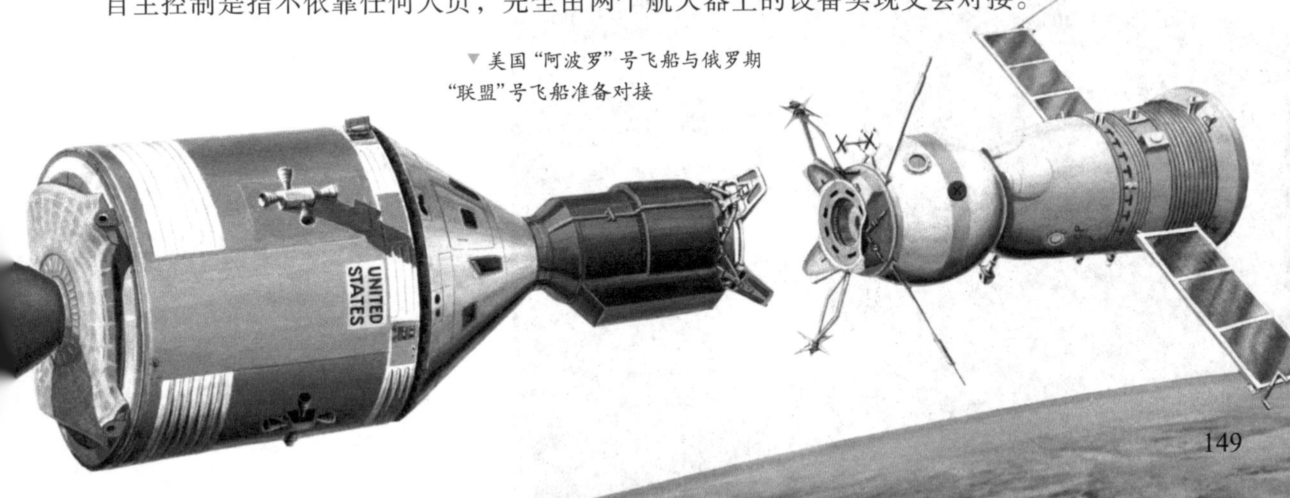

航天器的动力

航天器想要进入太空，在太空中傲游、探索可不容易，除了需要运载火箭帮忙外，自身还要携带各种动力装置。这样，它们才能顺利抵达太空，各种设备才能正常工作。为了更好地执行任务，人们给航天器安装了各种动力装置。当然，动力装置的不同，主要取决于航天器的类型，以及它们所要执行的具体任务等。

▲ 火箭推进器为航天器升空提供巨大动力

航天动力学

研究航天器和运载器在飞行过程中，所受到的力以及在力的作用下运动的学科称为航天动力学。它的研究范围包括航天器的质心运动，航天器相对于自身质心的运动和各部分的相对运动，与航天器的发射、航天器轨道机动飞行有关的火箭运动。

化学火箭推进器

火箭推进器是人类进入太空的第一功臣，也是人类探索太空的主要动力来源。不过，目前的化学火箭燃料的有效载荷比较低，因此要将航天器送入太空，所需要的燃料非常多，大约占到起飞总质量的90%。这就意味着如果航天器要进行远途和长时间的太空旅行，自身携带能源上天并不是个好办法。而最理想的办法当然是在太空中实现能源的不断补充。因此，火箭推进器一般只用于将航天器发射到空间轨道中。

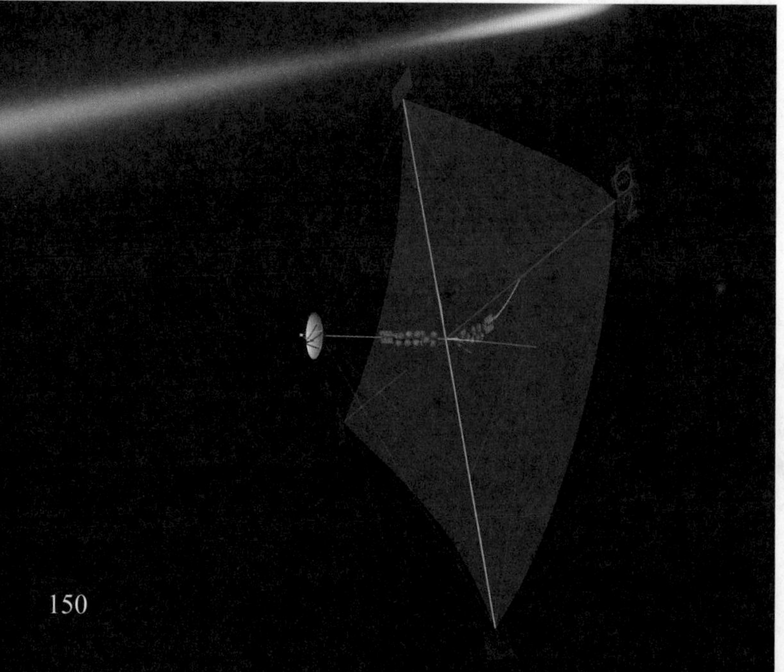

光帆推进器

在航天器上安装太阳帆，航天器就能以阳光作为动力，在太空进行长期飞行。它既不需要火箭，也不需要携带燃料，只需要展开一个超大面积的航帆，就能从太阳光中获取持续不断的推动力，从而向太阳系边缘飞行，进入星际空间，这就像是在大海中依靠风前进的帆船。通过改变航帆的角度，就可以改变航天器的前进方向和速度。

◀ 太阳帆的构想图

离子推进器

离子推进器和传统火箭的原理类似，都采用喷气式原理，但它喷的不是燃料燃烧后排出的炽热气体，而是一束束的带电粒子或离子。它通过电能作用，形成电磁场，激发工作物质释放出高速粒子流，实现推进。虽然它提供的推力相对小得多，但是它需要携带的燃料相对更少，而更关键的是，只要它能长期稳定工作，就能将航天器加速到非常高的速度。目前，相关技术已经应用到一些航天器上，比如日本的“隼鸟”太空探测器、欧洲的“智能1号”太空船等。

▲ 安装在“深空一号”上的美国国家航空航天局的2.3 kW NSTAR离子推力器正在喷气推进实验室里试验

等离子体帆推进器

在航天器上安装一个巨大的帆状磁体或者电磁铁，使得航天器周围形成一个类似于水泡的巨大磁场泡。太阳风中的高速带电粒子接触到磁场泡，就能像推动地球一样推动航天器，这样航天器就能在推力作用下逐渐远离太阳。这种航天器能够像地球磁场保护地球一样，保护所载的宇航员和仪器设备。目前，这种航天器主要处于研究阶段。

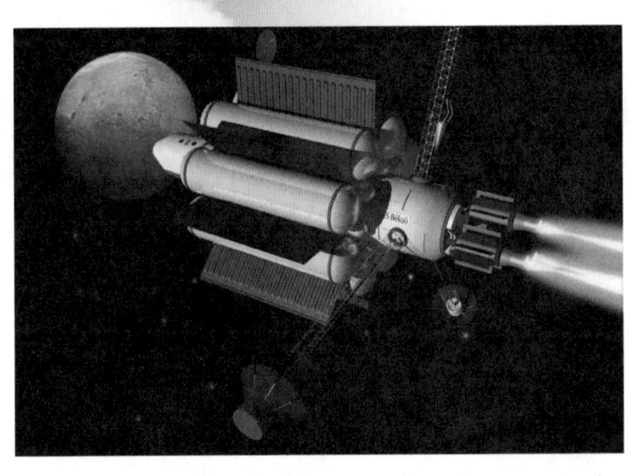

▲ 等离子体帆推进器想象图

核能火箭推进器

核能火箭推进器以核能为初始能源，通过核反应释放能量，给液态氢加热，而被加热的氢膨胀后，通过喷管高速喷出，产生的推力帮助航天器前进。这种推进器具有很大前景，有可能是未来星际航行的主要推进系统。不过，它研制的困难也很大，因为它在工作的时候会产生极高的温度，如何实现部件本身不被毁坏是个难题，而如何防止各种设备不被核辐射摧毁同样是个难题。

经典问答

什么是核能？目前，它的主要应用有哪些？

核能是来自于原子核的能量。当元素的原子核发生变化的时候，就会释放能量。原子能量比我们平时见到的煤炭和天然气的能量大得多。例如，1千克核燃料铀可供利用的能量相当于燃烧200多万千克优质煤释放的能量。目前，核能主要用于两方面。首先，核能可用于制造核武器，比如原子弹、氢弹等。其次，核能可用于发电。人们建立核电站，通过控制核反应速率，缓慢释放核能。释放的核能用于将水加热成水蒸气，推动发电机发电。

▲ 核电站

航天器的“翅膀”和“眼睛”

航天器在太空中长期运行，不能仅依靠携带的燃料进行飞行、为卫星设备提供电能。事实上，航天器在轨道上运行的时候，大多数能源来自于太阳。它们有一双“翅膀”，是一种收集太阳能的装置，可以将太阳能转化为电能。另外，在航天器进行探索的时候，需要“眼睛”。不过，它们的眼睛和人眼不同，是各种科学仪器。

太阳能帆板电池

卫星、宇宙飞船上都安装有太阳能帆板电池，它能将太阳能转化为电能，使航天器正常工作。航天器在升空阶段，为了避免大气的作用，太阳能帆板电池通常是合起来的。当航天器进入轨道后，太阳能帆板电池才会展开，以合适的角度面向太阳，为航天器获取能源。如果太阳能帆板电池没能顺利展开，那么此次航天发射就是失败的，因为这意味着航天器无法长时间运行和工作，将在不久后因失去动力来源而提前报废。因此，太阳能帆板正常展开是航天器飞行中的一个关键动作。

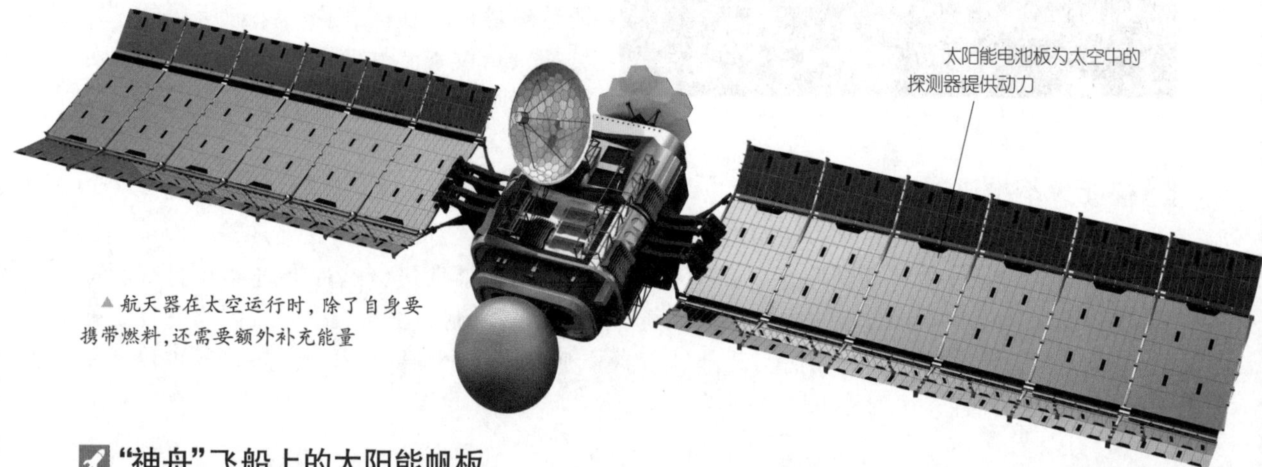

▲ 航天器在太空运行时，除了自身要携带燃料，还需要额外补充能量

“神舟”飞船上的太阳能帆板

中国的“神舟”飞船有一大一小两对太阳能帆板。它们所用的材质是太阳能硅片，可以吸收太阳能，是重要的能源动力部件。当“神舟”飞船搭乘运载火箭升空时，太阳能帆板是折叠的，收藏在火箭的整流罩内。进入太空后，“神舟”飞船和运载火箭分离，逐渐进入轨道，而太阳能帆板缓缓打开。它就像一个发电机，不停地发电，然后将电传输给飞船的各个系统。

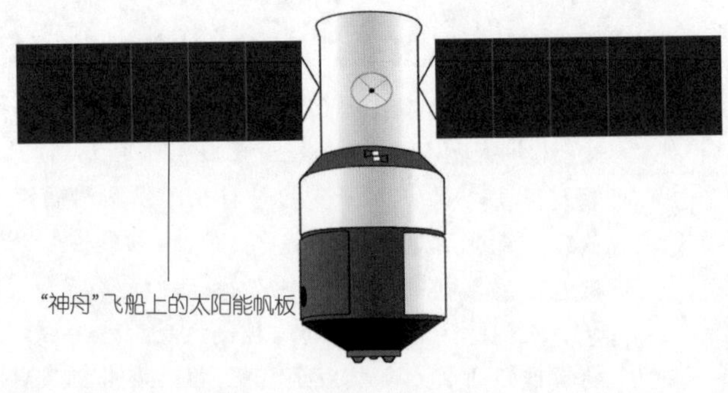

▲ 太阳能帆板吸收太阳能，为“神舟”飞船补充能量

经典问答

航天器的能源来源有哪些?

航天器上的能源来源主要有三种:电池、核发电和太阳能。电池可以为航天器提供能源,但是提供的能源有限,因此使用并不多。核发电可以为航天器提供持久性能源,但是它的构造十分复杂,成本很高,实用性目前并不强。相比之下,太阳能发电持久性好,构造又简单,成本还低。因此,目前航天器主要通过太阳能电池帆板为航天器提供能源。

早期航天器上的太阳能电池阵都是安装在航天器的表面。不过,后来由于航天器耗电量大幅增加,原先的太阳能电池阵面积不够用,这才发展为巨大的帆板。目前,大多数航天器两边都有像翅膀一样的巨大太阳能电池帆板,它们上面贴有半导体硅片或砷化镓片,能将太阳能转换成电能。比如,国际空间站的桁架的两端安装的数对大型太阳能电池帆板,是国际空间站动力和能源的主要提供装置。

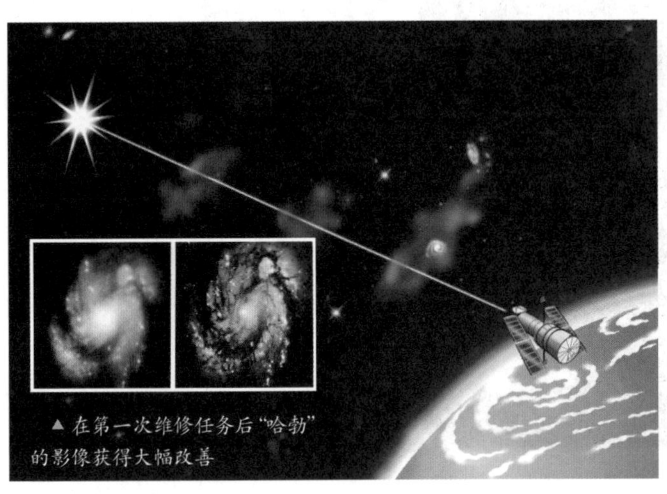

▲ 在第一次维修任务后"哈勃"的影像获得大幅改善

▲ "哈勃"太空望远镜成像

各种探测仪器

航天器进入太空是为了执行各种任务的,比如观测地球、探索未知天体、寻找地外生命等。而这一切都离不开探测仪器,比如红外线探测仪、可见光照相机和摄影机、紫外线探测仪等。宇宙中,有很多"光",但不是所有的"光"都肉眼可见。不过,航天器上的这些仪器很厉害,它们有的能看见可见光,有的能接收看不见的"光",然后将其变成肉眼可见的图像,而且它们的"视力"非常好,看的距离非常远。

常见的探测仪器

红外望远镜是航天器上最常见的探测仪器。比如,世界上第一颗红外天文卫星就搭载了一架口径为0.6米的红外望远镜,能够看到深空的红外光线。多光谱扫描仪是光学侦察卫星最常用的探测仪器,它的遥感器由多个波段的敏感元件构成,不仅工作波段宽,而且各波段的数据容易配准,因此比其他遥感器更具优势。紫外线探测仪可用来探测紫外光。可见光照相机和摄影机可以在光照环境下进行拍摄。

▲ "奥德赛"号火星探测器装备的环境辐射探测器探测出火星表面含有大量的氢原子

飞行控制

航天器飞入太空，进入预定轨道后，并不会和地面失去联系。地面人员需要时时和它进行联系，对它进行飞行控制。这就需要一个专门的测控网络和控制中心。目前，测控网络主要有地基测控网和天基测控网，而飞行控制中心比较多，比如中国北京航天飞行控制中心、中国西安卫星测控中心、美国休斯敦任务测控中心等。

任务控制室地基测控网

地基测控网

地基测控网由测控中心和遍布世界各地的测控站（陆上测试站、海上测试船、空中测试飞机）组成。测控中心主要负责对测控站进行指挥和控制，收集、处理、发送各种测量数据、图像、指令，保持与航天员的联系，监视航天设备的运转等。

天基测控网

天基测控网的主体是中继卫星。这些中继卫星位于地球同步静止轨道上，可以接收航天器发出的信息，然后将其传送给地面控制站。地面控制站对接收的信息进行处理后，将生成的指令传送给中继卫星。之后，中继卫星再将指令传达给航天器。也就是说，中继卫星在当中扮演了中介的作用。

探索之旅

北京航天飞行控制中心

2011 年 11 月 1 日凌晨 5 点，北京航天飞行控制中心灯火通明。一个月前，这里见证了中国首个目标飞行器“天宫一号”的发射成功，如今又要见证“神舟八号”飞船的发射。5 点 28 分，“神舟八号”发射进入 30 分钟准备阶段。控制中心前方的大屏幕上清晰地显示着北京时间、任务时间和准备时间。随着扬声器传来读秒声，所有的目光都凝聚在大屏幕上。轰隆隆……“神舟八号”乘着“长征 2F”火箭腾空而起，向着“天宫一号”进发。随着火箭升空，各种指令声四起。6 时 12 分，中国载人航天工程总指挥宣布“神舟八号”飞船发射任务圆满成功。而飞行控制中心的大屏幕上显示着两个醒目的亮点，它们就是即将进行“太空之吻”的“神舟八号”和“天宫一号”。

中国北京航天飞行控制中心

1996 年 3 月，中国北京航天飞行控制中心在北京北郊的航天城正式组建，成为中国载人航天工程任务的指挥调度、飞行控制、分析计算、数据处理和信息交换中心，同时也是中国卫星发射的重要指挥机构。自从投入使用以来，这里承担了“神舟”系列飞船的发射、飞行和返回任务，一系列卫星的发射和飞行控制任务，比如绕月探测卫星的飞行控制和长期管理任务。可以说，中国北京航天飞行控制中心是中国对外测控服务的一个窗口和中国航天事业伟大发展的重要标志。

◀ 大型运输机运送“挑战者”号航天飞机前往发射中心

美国休斯敦任务测控中心

美国休斯敦任务测控中心是美国最大的航天控制中心，它从 1965 年就开始承担载人航天飞行的监控任务。测控中心有很多测控台，分担着不同的职责，可以实现一天 24 小时不间断的连续工作，对航天器的各个方面进行监控，保证航天器的正常运行。虽然美国几乎所有的航天器都是从佛罗里达发射的，但是所有的控制都在休斯敦任务测控中心。可以说，这里才是美国航天发射的心脏。

▲ 美国休斯敦任务测控中心在执行飞行任务中

返回地球

在现有的航天技术下，宇航员还不能在太空环境中长期生存。因此，载人航天器不仅要承担将宇航员送入太空、进行太空探索的任务，还负责在宇航员完成既定任务后把宇航员安全送回地面。载人航天器这一上一下对航天大国来说似乎并不困难，但实际上，由于载人航天器飞行速度十分快，要保证它安全着陆是十分困难的。而且，本身就十分复杂的载人航天器在返回地球的途中会遇到很多障碍，因此载人航天器安全返回地球不是一件容易的事情。

▲返回舱从太空返回地面整个过程示意图

制动改变轨道

当航天器完成任务需要返回地球时，地面控制中心会下达指令，航天器根据指令改变自己的运行轨道和姿态，以便以最合适的角度进入返回轨道。首先，航天器会自动将运行姿态调整为返回姿态，然后在这种姿态下保持在轨运行，之后开启制动火箭发动机，利用产生的反向推动力降低航天器的运行速度，使其脱离原来的运行轨道，进入预定运行轨道，最后逐步过渡到进入大气层的轨道。

穿越黑障区

航天器进入大气轨道后，一段艰难的考验就开始了。航天器在高速飞行时，和大气发生剧烈摩擦，表面会形成几千摄氏度的高温。同时，在高温下，气体和航天器表面材料被分解和电离成的分子，会形成一个等离子鞘，笼罩在航天器外层，就像一个金属罩扣住手机一样，使其和外界的无线电通信中断。这种现象被称为黑障现象，而产生黑障现象的大气区域被称为黑障区。在穿越黑障区时，人们对航天器失去控制和监测，因此这段时间什么事情都有可能发生。

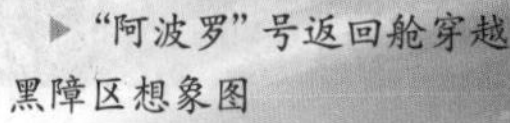
▶"阿波罗"号返回舱穿越黑障区想象图

安全着陆

安全穿越黑障区后，航天器即将着陆。不过，这个时候，航天器的速度非常快，如果直接着陆，会因为高速撞击而变成碎片。因此，在航天器着陆前，必须先降低飞行速度，实现软着陆。这就需要航天器必须有一个可靠的降落伞系统。当航天器到达一定高度时，降落伞系统开始工作，释放出巨大的降落伞，使其逐步减速，能以极低的速度着陆，实现航天器完好无损地返回地面，整个过程就像是跳伞运动员降落。有的航天器降落系统比较复杂，除了装备有降落伞外，还装有制动火箭。当航天器快要着陆时，制动火箭工作，非常精确地控制航天器的降落速度，保证航天器完好无损。

▲“阿波罗 17 号”指挥舱降落在太平洋，1972 年 12 月 19 日

▲航天器降落到预定的着陆场上

地面搜寻

航天器的降落地点并不是随意的，而是必须要降落到预定的着陆场上。航天器降落到着陆场，地面人员也不容易找到它，因为面积太大了，因此对航天器的实时监控就显得十分重要。也就是说，地面人员必须按时、准确地预报及测量航天器降落的位置，以便回收区的工作人员尽快发现着陆的航天器。

探索之旅

有惊无险的“联盟 TMA1”载人飞船

2003 年 5 月 4 日凌晨，在地面飞行控制中心的命令下，俄罗斯的“联盟 TMA1”载人飞船脱离国际空间站，开始返回地面。按照估计，“联盟 TMA1”载人飞船要降落在距哈萨克斯坦北方城市阿尔卡雷克 90 千米的预定地点。可是，在飞船降落时，地面搜救人员却没有在他们的头顶发现飞船，而且飞船和地面失去了联系。这个情况令所有人都紧张不安。幸运的是，在经历了两个多小时的煎熬后，人们在距离指定降落地点外 460 千米的咸海以北，发现了已经着陆的“联盟 TMA1”飞船。当搜救人员打开飞船上的舱口盖时，3 名宇航员全都安然无恙。顿时，现场一片欢呼。这也成了美国“哥伦比亚”号航天飞机失事以来，载人航天器首次从太空返航。

着陆场

航天器降落似乎只需要找一块平坦的地方就可以了，例如大草原或是大海。但实际上，航天器的着陆场都是精心挑选的，需要综合很多方面的因素。因为着陆场必须是一个安全可靠的地方，不能存在潜在的安全风险。只有如此，航天器的安全着陆才有保证。

选择条件

着陆场的选择一般要满足三个条件：一是面积要足够大，能够适应航天器落点出现比较大的偏差的情况；二是本国的航天测控和通信网能比较方便地使用，以能够实时监控航天器的降落位置；三是气候条件要好，不能有大风或者是雷雨天气，以免影响着陆。当然，航天器的着陆地点可以是陆地，也可以是海上，具体选择要依据本国的地域特点和国情。

主副着陆场

通常情况下，航天器的着陆场会有两个：一个主着陆场，一个副着陆场。主着陆场一般是航天器着陆的首选，这里不仅自然条件比较适合航天器着陆，而且各种通信、搜救设备也比较齐全。副着陆场一般是备用着陆场，是航天器着陆的第二选择。当主着陆场的天气情况比较恶劣时，副着陆场就会发挥作用。另外，在紧急情况下，航天器不能在主、副着陆场降落时，可以选择紧急着陆场。一般情况下，紧急着陆场会分布在世界各地的若干区域。

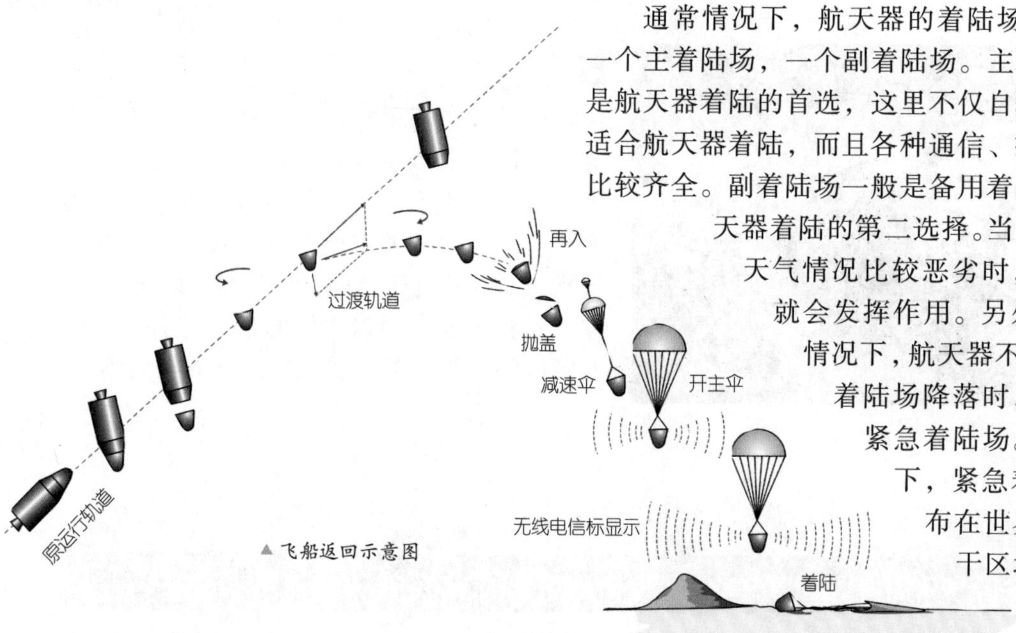

▲飞船返回示意图

卫星着陆场

卫星着陆时，着陆场的工作人员可以根据地面控制中心发布的卫星数据及时了解卫星返回的状况。同时，工作人员还可以根据着陆场配备的雷达设备，对卫星进行跟踪，了解卫星返回轨迹，接收卫星发出的无线电信息，并对卫星的落点进行预测等。另外，着陆场配备的直升机、车辆随时待命。一旦卫星着陆，直升机就要负责搜索任务，而车辆则负责回收任务。

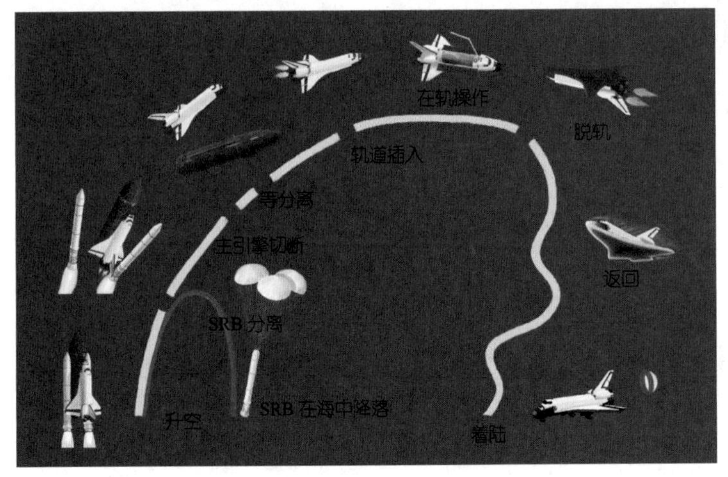

▲ 航天飞机着陆过程示意图

载人航天器着陆场

载人航天器着陆场除了要具备卫星着陆场的功能外，还需要具备和航天器内宇航员进行通话、及时救援和接回宇航员等功能。每次载人航天器着陆时，着陆场内外要有数千名人员待岗，一部分人员负责搜索、营救，另一部分人负责协调指挥。总之，载人航天器着陆的复杂程度不亚于发射。

俄罗斯的着陆场

俄罗斯幅员辽阔，东西绵延万里，拥有非常广阔的草原和平原，因此大多采用陆地回收方式。俄罗斯的主要着陆场位于拜科努尔发射场东北的一片草原上，面积约有 40 万平方千米。之所以选择这里，除了地域开阔外，还因为这里人烟稀少，自然条件非常适宜。同时，拜科努尔发射场的测控通信设备也便于对航天器进行测控。

▲ 拜科努尔的鸟瞰图

中国的着陆场

中国也是地域广阔的国家，也主要采用在陆地上回收航天器。以酒泉卫星发射中心为例，它设有两个着陆场，其中主着陆场位于内蒙古巴丹吉林沙漠以东的四子王旗，副着陆场设在酒泉卫星发射中心附近。“神舟五号”的飞行是中国第一次载人飞行，而且只飞行了一天，因此可以准确预测主着陆场的天气变化，因而副着陆场未曾启用。“神舟六号”飞船成功发射后，在太空中飞行了多日，因此气象难以预测，这时就启用了副着陆场作为第二选择。

经典问答

为什么美国的航天器着陆多选择降落在海上？

美国地域同样辽阔，但它和中国、俄罗斯不同的是，它的东西两边都是广阔的大海。并且，美国拥有一支训练有素的海上救援部队，救援设备也十分先进。另外，航天器选择在海上着陆，不仅可以利用海水的缓冲作用，而且大海上没有别的物体，视野非常广阔，便于搜救人员及时发现目标。因此，美国的航天器多选择在海上着陆。当然，美国也有陆地着陆场，比如“阿波罗”飞船就有四个备用的陆地着陆场。而着陆点具体的选择还要以情况而定。

▲ 直升机救援在海上着陆的返回舱

天文仪器

人们在进行天文研究时，离不开各种天文仪器的帮助。天文仪器是指观测天体和演示天象的各种仪器和设备的总称。天文仪器很早就已经出现了，比如古巴比伦人制造的日晷，中国人发明的用于测量日影长度和变化的圭表，西汉时发明的用来测定天体方位的简仪等，这些仪器的发明证明了当时人们在天文研究上的成就。随着科技进步，现代天文仪器有了很大发展，其用于观测天体的仪器主要包括地面和空间的各种望远镜和辐射接收器，而演示天象的仪器包括天象仪和行星仪等。

圭表

圭表是中国古代发明的测量日影长度的一种天文仪器，主要由“圭”和“表”两个部件组成，它通过测量正午的日影长度以定节令，定回归年或阳历年。此外，经过逐步计算，圭表还可以用来排出未来的阳历年以及二十四个二节令的日期，作为指导劳动人民农事活动的重要依据。据说，日晷就是在它的基础上发展出来的。

▲浑象是一种表现天体运动的演示仪器

▲古代天文仪器：圭表

浑象

浑象是一种演示仪器，用来表现天体运动。浑象最早是西汉时期的耿寿昌发明的，而东汉的张衡发明的水运浑象对后世浑象的制造影响很大。目前，中国现存的浑象仪是明朝时制造的，现存于南京紫金山天文台。

探索之旅

中国天眼 FAST

FAST被誉为“中国天眼”，是中国修建的世界上最大的单口径球面射电望远镜，口径有500米长，接收面积有30个足球场大，它的主体已于2016年7月完工。FAST从预研到建成历经22年，见证了中国在天文领域的卓越发展。

1993年，国际无线电科学联盟大会在日本东京召开。当时，包括中国在内的10国天文学家提出，要建造新一代的“大望远镜”，期望能在全球电信号环境恶劣到不可收拾的地步之前，尽可能多地获取一些射电信号。建造FAST的动机就源于此。1994年7月，FAST工程概念正式被提出。经过7年的预研，FAST正式被中科院列为“创新工程重大项目”，并得到中国科学院及科技部的支持。时间一点点前进，FAST项目也逐步进展。2007年7月，FAST工程进入可行性研究阶段。一年后，FAST工程又进入初步设计阶段。2011年3月，这项伟大的工程终于开工建设，并逐步向目标前进。2016年7月3日，在经历了5年多的努力后，FAST的最后一块反射面单元成功吊装，这标志着FAST主体工程顺利完工。两个多月后的9月25日，FAST正式启用，开始接收来自宇宙深处的电磁波。

天球仪

天球仪即天球的模型，是一种天文研究中常见的辅助仪器。它上面绘有全天88星座、低至五等星名、主要星云星团、古中国二十八星宿及赤道、黄道、赤经圈和赤纬圈等几种天球坐标系的刻度。利用它，人们可以表述天球的各种坐标、天体的视运动以及求解一些实用天文问题。

天文望远镜

天文望远镜是目前最重要的天文观测仪器。1609年，伽利略用凸透镜作为物镜、凹透镜作为目镜，制作了一架口径4.2厘米，长约1.2米的望远镜。他将这架望远镜对向天空，得到了一系列重要发现。从此，天文学进入了望远镜时代。天文望远镜的种类很多，除了人们常见的光学天文望远镜之外，还有红外望远镜、射电望远镜、紫外望远镜、X射线望远镜和γ射线望远镜等。此外，人们还将天文望远镜送入太空，将其变成了太空天文望远镜，比如知名的“哈勃”太空望远镜。

▶ 伽利略向威尼斯总督展示如何使用望远镜

天文台

天文台很久以前就已经出现了，是天文学家用来安放大型天文观测仪器的地方，主要位于世界各地的高山上。起初，天文台的构造很简单，直到天文望远镜被发明出来以后，才得到快速发展。特别是20世纪，在天文物理学大发展的背景下，天文台的功能得到进一步完善。对于无边际的宇宙来说，小小的天文台只能算是一个渺小的观察站，但对于人类来讲，不仅是专业的天文观测场所，也是进行科学教育的重要场所，更是人类了解宇宙的窗口。

▲ 天文台内部

天文观测台

设有天文望远镜的观测台是天文台内最重要的建筑。这里有多种复杂的机械和设备，能够让天文望远镜及时准确地观测星空。为了便于观测，人们将天文台观测室设计成半圆形。由于观测太空主要是通过天文望远镜实现的，所以天文望远镜被设计和建造得比较庞大，以增加观测距离和精准度。由于天文望远镜不能随意移动，而观测目标又分布在天空各个方向，所以对于天文台的屋顶和望远镜在转动时的精度要求非常高，于是很多大型天文台都用计算机系统来控制。

建造地址

天文台大多建设在高山上，目的不是为了更接近星空，而是为了尽量减少外界环境的干扰。厚厚的大气层把地球包裹得严严实实，星光必须通过大气层才能到达天文望远镜。而大气层中的烟雾、尘埃和水蒸气等的微小变动，都会对天文观测造成影响。而远离城市的高山上，不仅空气质量又好又稳定，而且晴朗的天气比较多，也没有城市灯光的影响，因此不会受到人为因素的影响。因此，天文台，特别是安装有光学天文望远镜的天文台，大多会建造在高山顶部。

▸ 高山上的帕洛马山天文台

经典问答

巨石阵的石柱是哪里来的？

巨石阵位于广阔的平原上，那里几乎没有大型的石头。而巨石阵的石柱主要是蓝砂岩。这种石料在300多千米外的南威尔士普利赛力山脉十分常见，因此巨石阵的石柱来源于这里。但是这些小的有5 000千克，大的重达50 000千克的巨大石块是如何运送的呢？有人猜测，这些巨石经陆路到达靠近海岸的港口，然后将石料装上船，最后到达巨石阵。

▲巨石阵

古老的天文台

位于英国索尔兹伯里平原上的巨石阵是世界上古老的天文台之一。这是一个巨大的石头建筑群，主体由几十块巨大的石柱组成。这些石柱排列非常有规律和特点，构成了几个完整的同心圆，而且几个重要的位置正好指向太阳在立夏、立秋、立春和立冬的位置。此外，它对月亮的起落也有记载，其中有几块巨石正好指向月出的最南端和月落的最北端。根据巨石阵，我们可以想象，古人在天文领域的成就是多么高。

格林尼治天文台

格林尼治天文台建于1675年，是英国为了解决在海上测定经度的问题而建设的。当时，格林尼治天文台的观测设备和技术都是比较先进的，因此应用水平很高。后来，由于城市扩张等原因，格林尼治天文台被迫迁址。如今，格林尼治天文台旧址变成了国家海事博物馆的一部分，并且为游客开放。

格林尼治天文台

卡拉阿托天文台

西班牙南部的卡拉阿托山上建造有世界上著名的卡拉阿托天文台，它是德国天文学界出资和西班牙合作建设的。这里气候十分干燥，尤其是晚上视觉环境非常好，每年约有200个好天气可供天文学家研究。卡拉阿托天文台内安装有大型天文望远镜。而且，这个天文望远镜很特别，它采用了模块化组件，就像是用积木搭建的建筑一样，拆卸和组装都非常方便，只需20分钟就能完成观测系统的更换。卡拉阿托天文台研究的重心是类星体，通过对不同的类星体进行观测获得的数据，可以帮助人类窥探类星体的秘密。

尖端科技铸造国之利器:军事应用篇

航天技术是一个国家最为尖端的科技,它的发展和军事需求有着极为密切的关系。在所有发射的航天器中,约有70%直接为军事服务,比如军事通信卫星、侦察卫星、预警卫星等。它们有的是“通信兵”,联络各个军事部门;有的用于侦察敌方军情,争取战争的主动权;有的用于及时发现敌方来袭导弹,让己方及时采取应对措施……总之,航天技术在军事领域的应用极为广泛,也将改变未来的战争模式。

军用航天器

军用航天器，顾名思义，就是指专门用于军事目的的各种航天器，包括军用火箭、军用卫星和军用探测器等，它们代表了军事科技的最高水平。目前，军用航天器发展极其迅速，已经由早期的情报搜集、通信、导航等“非武器类”，向“武器类”方向转变，而且许多关键技术都有了重大突破，比如激光武器、粒子束武器、微波武器和动能武器等。

出现和发展

20 世纪 60 年代，随着航天技术的发展，军用航天器开始出现，并投入使用。进入 20 世纪 70 年代后，军用航天器开始快速发展，出现了高分辨率的侦察卫星、通信能力和抗干扰能力更强的通信卫星等。此外，有些军用航天器还实现了多功能和多用途性，比如导弹预警卫星可以探测核爆炸。如今，军用航天器正向着提高生存能力和抗干扰能力，实现全天时、全天候覆盖地球和实时传输信息的方向发展，最终达到延长工作寿命、扩大军事用途和提高经济效益的目的。

主要分类

按照是否搭载人员，军用航天器可分为载人军用航天器和无人军用航天器。载人军用航天器包括载人宇宙飞船、航天飞机和空间站等。当然，由于技术或成本问题，目前的载人宇宙飞船、航天飞机和空间站都是军民合用，还未发展成专门的军用航天器。无人军用航天器不需要考虑人员问题，因此技术要求较低，发展较为快速。目前，无人军用航天器包括支援保障类和作战武器类两大类。其中绝大部分是用于支援保障的侦察卫星、通信卫星和导航卫星等人造地球卫星。

▼ 载人军用航天器设想图

新知词典

无线电测控分系统

无线电测控分系统是军用航天器中非常重要的保障系统，主要分为无线电跟踪、遥测和遥控三个部分。其中，跟踪部分由信标机和应答机两部分组成，主要用于航天器发出信号，以便让地面测控站跟踪航天器，并实时对其轨道进行测量；遥测部分由传感器、调制器和发射机三部分组成，主要用于测量并将航天器的各种参数发送给地面测控站；遥控部分主要由接收机和译码器组成，用于接收地面测控站发来的无线电指令，并将指令传送给有关分系统，让分系统执行指令。

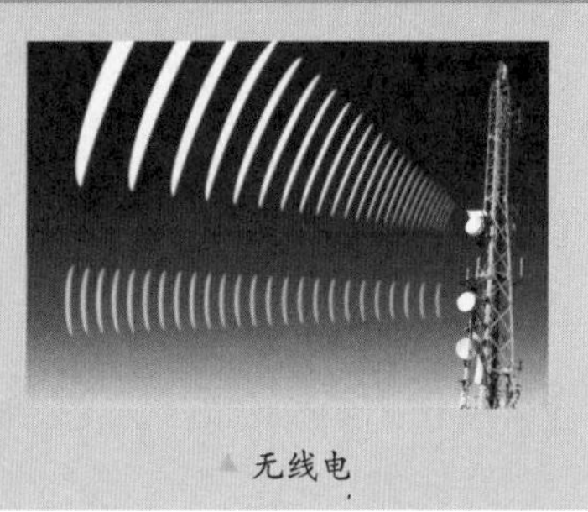

▲ 无线电

结构组成

军用航天器主要由专用系统和保障系统两大部分构成。其中，专用系统用于直接执行特定任务，比如照相侦察卫星上搭载的可见光照相机或电视摄像机、电子侦察卫星上搭载的无线电接收机和天线等；保障系统主要用来保证专用系统正常工作，包括结构分系统温度控制分系统、电源分系统、轨道控制分系统和无线电测控分系统等。如果是载人军用航天器，那么它的保障系统除了上述几个分系统外，还要有生命保障分系统、通信和应急救生系统，前者用于保障宇航员正常工作和生活，后者用于出现紧急情况时让宇航员自救。

◀ 航天飞机属于载人军用航天器，为了保护航天员的生命体征，在航天器上装备了许多“生命保障系统”，如制氧设备等

运行轨道

军用航天器的运行轨道高度和倾角主要和它所执行的任务有关。通常，用于侦察、监视、预警的卫星多采用较低的轨道，例如太阳同步轨道；而用于传递信息的通信卫星主要采用高轨道，例如地球同步轨道，目的是为了在保证通信质量的情况下，覆盖面积尽量达到最大。

▶ 在地球静止轨道的卫星可以对地球近1/3的地区进行连续的观测

军用通信卫星

战场上，局势瞬息万变，稍有差池就有可能导致战败。而后方指挥人员要对作战部队进行实时指挥，就需要和前线人员及时联系，因此通信对于战争有极大影响。古时候，由于技术所限，作战双方大多依靠步行、骑马、烟、火等传递信息和战况。随着航天技术的发展，那些原始的通信方式已经被军用通信卫星所取代。多颗军用通信卫星组成空间网络，和地面连通，形成天地一体的通信网，可以对战场信息做到实时搜集和传输。

巨大的优点

军用通信卫星是战场上最优秀的“通信兵”，不仅通信距离远、质量好，而且可靠性高、保密性强，生存能力也超强。它身处太空之中，站得高，看得远，因此信号传播范围非常大，仅仅一颗就能覆盖地球 1/3 的面积，而且可实现远距离快速通信。另外，它不像人那样工作一段时间后必须休息，它可 24 小时不间断工作，保证信息能够实时传输。

▼ 随着时代发展，战略通信卫星和战术通信卫星的区分已不明显

主要用途

军用通信卫星按照用途的不同，可分为战术通信卫星和战略通信卫星。其中，战术通信卫星的职责和使用范围较小，主要负责地区性战术通信以及军用飞机、舰船、车辆、个人终端的移动通信。而战略通信卫星的职责和工作范围非常大，主要负责全球性的战略通信。不过，随着卫星技术的发展，特别是在通信体制、发射功率和接收灵敏度、天线波束宽窄和指向、信号处理等技术大幅度进步后，二者在性能和技术上的区别已经不太明显了。

▲ 核爆时能够生存下来

发展方向

军用通信卫星作为一个国家军事力量的集中体现之一，得到了各个国家的重视。目前，各个航天和军事大国都在研制新型的军用通信卫星。在未来，军用通信卫星主要向以下几个方向发展：覆盖范围和抗干扰性能大幅提高，以更好地适应战术变化的需求；多使用高频段信号，实现大范围跳频，防止信息被窃听和拦截；星载计算机性能大幅提高，使得卫星能够自行运行和工作；生存能力大大提高，保证在遭受电磁脉冲、核辐射、直接攻击，甚至核爆时能够生存下来。

第一颗通信卫星

"斯科尔"号是世界上第一颗试验型通信卫星，它是美国在 1958 年发射的。它升入太空后，美国时任总统艾森豪威尔通过它发表圣诞节献词，开创了人类通信事业的一个新纪元。"国际通信卫星 1 号"原名"晨鸟"号，是美国在 1965 年发射的世界第一颗实用静止轨道通信卫星。当年 6 月，它成功实现了北美与欧洲间的国际商用通信。

▲ "国际通信卫星 1 号"

探索之旅

中国的通信技术试验卫星

中国是航天大国，在通信卫星领域也不甘人后。2015 年 9 月 12 日，中国在西昌卫星发射中心利用"长征三号乙"运载火箭，成功将"通信技术试验卫星一号"送入太空。此次发射的卫星是中国通信技术试验系列卫星的首颗星，主要用于开展 Ka 频段宽带通信技术试验。目前，赤道上空有限的地球同步卫星轨位几乎被各国占满，C 和 Ku 频段的卫星轨位十分紧张，而这两个频段被大量使用，很容易造成信号干扰。而 Ka 频段工作范围大，使用较少，因此不管是民用还是军用，前景都非常广阔。

2017 年 1 月 5 日，中国的"通信技术试验卫星二号"在西昌发射中心成功发射，这是中国新一代大容量通信广播试验卫星。和它的"前辈"相比，它能执行的任务更多，可以同时进行卫星通信、广播电视、数据传输等业务。另外，这次发射还要进行多频段、宽带高速率数据传输试验验证，为下一步新型通信卫星的发射打下坚实基础。

各国军用通信卫星

现代战争正朝着信息化方向发展，而这一切离不开航天技术的大跨步前进。在战场上，卫星通信成为一种非常先进、复杂的高技术通信方式，能够让前线作战人员和后方指挥人员随时联系，避免错过战机或造成不必要的战术失误。军用通信卫星作为天基信息传输系统的重要组成，是未来军事作战系统的中枢，在战争中的作用越来越大，因此得到各个军事和航天大国的重视。目前，美国、俄罗斯、英国等国家都拥有自己的军用通信卫星，还有一些国家正在大力发展自己的军用通信卫星。

美国的军用通信卫星

20 世纪 80 年代初，美国开始实施“军事星”计划，确保在爆发核战争时，美国可以拥有先进的战略战术通信卫星系统，为战略和战术部队在各个级别的军事冲突中提供安全、可靠的卫星通信。2009 年底，美国发射了宽带全球通信卫星。这颗新型军用通信卫星替代了原有的国防卫星通信系统，可为美国军队提供高容量通信。

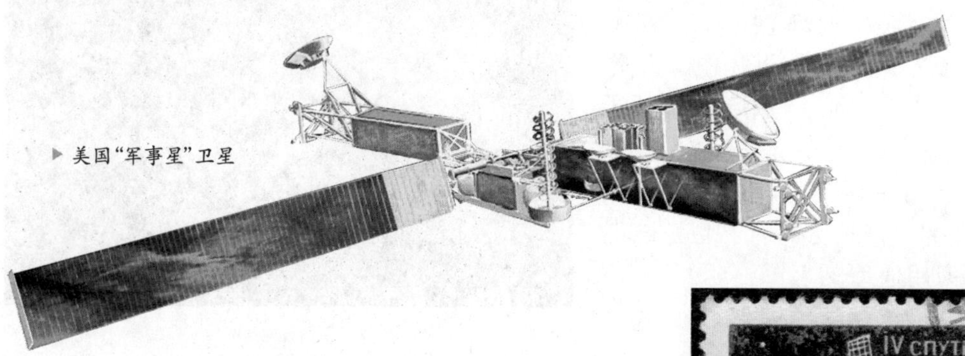

▶ 美国“军事星”卫星

苏联的军用通信卫星

在军用通信卫星方面，苏联也走在世界前列。苏联曾发射数颗“闪电”通信卫星，虽然它的主要目的是为了向全国转播电视广播节目，进行电话、电报、传真等民用或商业用途，但是在发生战争时，可以用于军事通信。而且“闪电”系列通信卫星工作范围广、时间长，仅需要 3 颗就能保证苏联和北半球多数国家昼夜通信。

▶ 印有“闪电 1 号”通信卫星的邮票

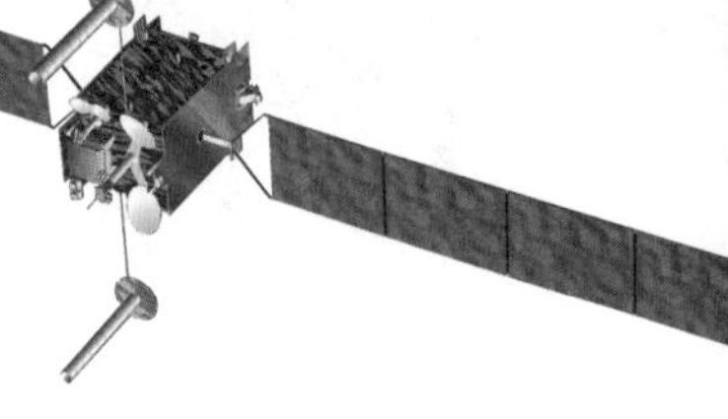
▲ 英国的"天网"军用通信卫星

欧洲军用通信卫星

早期，欧洲的军用通信主要依靠美国的军用通信卫星。但欧洲人不愿"寄人篱下"，于是研发了自己的军用通信卫星。2013 年，法国和意大利联合发射了"Sicral 2"军用通信卫星，它携带有新的电子通信设备，传输效率更高，可以为北大西洋公约组织（简称"北约"）提供军用卫星通信能力。此外，英国、西班牙和德国等国也都拥有独立的军用通信卫星系统。

北约的军用通信卫星系统

北约作为一个军事同盟组织，拥有强大的军用通信卫星系统。早在 1970 年，北约就发射了"纳托"号军用通信卫星，为北约总部和北约的地面部队、空军和海军提供指挥控制的通信联络。1990 年，北约又发射了"天网 4 号"军用通信卫星。这颗卫星十分先进，运用了信号加密、抗电磁脉冲和抗电子干扰等技术，而且机动能力很强，能够逃避反卫星武器的攻击。

中国的军用通信卫星

"实践十三号"卫星是中国目前最先进的通信卫星，它于 2017 年 4 月 12 日在西昌卫星发射中心发射升空。作为一颗高通量卫星，"实践十三号"的通信总容量达到 20 G，超过了之前中国所有通信卫星容量的总和，可以通过多波束无缝切换，配合车载、船载、机载等终端，为各种交通工具上的乘客提供快速上网体验。如果将它运用到战场上，所有的坦克、战舰、战机都装备这项技术，那么整个战场都将变成"透明"状态。

▲ 美国国防部通信卫星

新知词典

北大西洋公约组织

北大西洋公约组织，简称"北约"，是美国与西欧、北美主要发达国家为实现防卫协作而建立的一个国际军事集团组织。北约是西方重要的军事力量，拥有大量核武器和常规部队。它的建立是二战后西方阵营在军事上实现战略同盟的标志，使得美国可以控制以德国和法国为首的欧盟防务体系，也是美国世界超级大国和领导地位的标志。目前，北约共有成员国 29 个。不过，由于北约不断东扩，成员国有可能会不断增加。比如，黑山共和国之前并不是北约成员国，但是它在 2017 年 6 月 5 日正式加盟北约，成为北约最新的成员国。

天网卫星计划

英国作为传统军事强国，在军用卫星研制领域的成就不容忽视。20 世纪 60 年代，英国国防部启动了“天网卫星”计划。这是一项军用通信卫星网络项目，由一系列军用卫星组成，用于为英军和北约部队提供战略通信服务。该计划成功实施后，英国在军用通信卫星领域进入了一个新时代。

“天网-1”卫星系统

“天网-1”是“天网”卫星系统的第一代卫星，共发射了两颗。1969 年 11 月 22 日，“天网-1A”搭乘美国的“德尔塔”运载火箭进入印度洋赤道上空的轨道。不过，在运行不到 1 年时间后，因为转发器发生故障，“天网-1A”停止工作。1970 年 8 月 19 日，“天网-1B”发射升空。但不幸的是，由于卫星上的远地点发动机发生故障，卫星未能进入预定轨道。至此，“天网-1”正式退役。

“天网-2”卫星系统

“天网-1”以失败告终，导致“天网-2”卫星的发射几乎被迫推迟。1974 年 1 月 19 日，“天网-2A”卫星从卡纳维拉尔角发射升空，但由于搭乘的“德尔塔 2”运载火箭的第 2 级发动机出现故障，卫星未能进入预定轨道。后来，出于安全考虑，“天网-2A”在地面指令的引导下，于 25 日坠入大气层并烧毁。“天网-2A”虽然失败，但“天网-2B”却在同年 11 月 23 日成功发射，而且服役时间超过 20 年，直到 1995 年才退役。

◀ 1969 年由“三角洲”火箭从卡纳维拉尔角发射的第一个“天网”卫星——“天网-1”

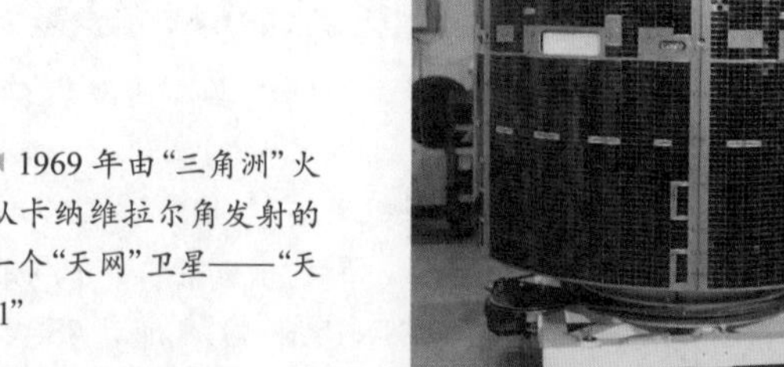

▶ “天网-2B”

经典问答

为什么英国没有发射“天网-3”卫星，而直接发射了“天网-4”卫星？

“天网-3”系统计划虽然曾被立项过，但并没有真正实施。当时，由于“天网-1B”和“天网-2A”的发射接连受挫，而英军又从中东战场撤军，导致对军用通信卫星的需求大幅度减少，加之“天网-2B”卫星和众多地面站的维护费用较高，英国国防部觉得不划算，因此在1975年取消了“天网-3”卫星系统计划，改为租用美国的“国防卫星通信系统”和北约“纳托”军用通信卫星。这就是没有“天网-3”卫星的原因。

“天网-4”卫星系统

马岛战争爆发后，英国租用的美国的通信卫星在战争中发挥了重要作用。这促使英国开始重新重视通信卫星，并重新独立研发第四代“天网”军用通信卫星系统。1988 年 12 月，英国在法属圭亚那库鲁航天发射场用“阿里安 4”运载火箭将“天网-4A”送上大西洋上空。之后，英国又陆续发射了 5 颗“天网-4”卫星。这些卫星后来在海湾战争、波黑危机、阿富汗战争和伊拉克战争等行动中都发挥了积极作用。

“天网-5”卫星系统

“天网-5”是英国目前最先进的通信卫星。它不但信息容量大，而且还具有超强的抗干扰和抗窃听能力，可以为视频会议及其他指挥控制和通信提供中继业务。2007 年 3 月，“天网-5A”被成功地发射并进入轨道运行。不久后，“天网-5B”也进入太空。2008 年 6 月 13 日，最后一颗“天网-5C”由“阿里安 5”运载火箭发射升空，标志着“天网卫星网”组成。目前，在轨的天网卫星共有三颗工作星和一颗备用星。这个性能先进的大型通信卫星网络，不仅可以为英军提供全球通信服务，也能与美军“国防卫星通信卫星”或“铱星”等商用卫星并联，使得英军在未来的信息化作战能力和全球机动作战保障能力得到进一步提升。

▼“天网-5”卫星

导航卫星

在茫茫大海上航行，如果没有导航技术，那么很难保持正确的航向。在陌生的地方开车，如果没有地图，那么很有可能会走错路。如今，人们不再为如何选择航向或道路而烦恼，因为人们有了导航卫星。导航卫星在太空中运行，通过发射无线电信号，为地面、海洋或空中的用户提供导航服务。另外，导航卫星在战争中的用处也极其大，它可以为战车、战机、战舰和地面部队提供精确定位，还能为导弹等武器制导。

无意中发现

人造卫星被送入太空后的很长一段时间，人们并不知道卫星可以用来导航。1958 年，美国科学家在跟踪一颗人造卫星时发现，当卫星接近地面信号接收装置时，无线电信号频率会逐渐升高，当卫星远离时，频率就会降低。这个有趣的发现，开启了人类用卫星导航的新篇章。

工作原理

导航卫星上装有无线电接收和发射装置。导航卫星发出的无线电信号被用户的接收设备接收后，卫星就能计算出用户和卫星之间的距离以及距离变化的速率。然后，卫星再根据自身轨道参数和信号发送时间差，得到用户的位置坐标和移动速度。

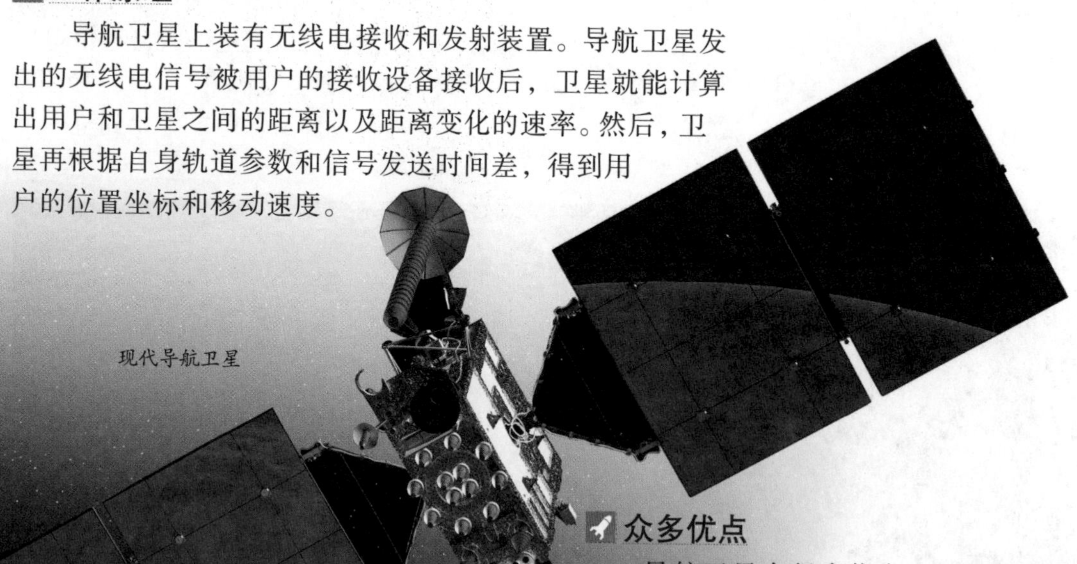

现代导航卫星

众多优点

导航卫星有很多优点：它的信号覆盖范围非常广，可以为世界各地的船舶、飞机、汽车等提供导航服务；它不会受到天气状况的影响，即使天气再恶劣，也能发射和接收无线电信号；它的精度非常高，民用领域误差只有几十米，而在军用领域，精度能达到几米；它的自动化程度非常高；它的信号接收设备简单，可以大规模使用。

导航卫星的诞生

1959 年 9 月，“子午仪 7A 号”在美国发射成功，这是世界上第一颗导航卫星。之后的几年，美国又陆续发射了 30 多颗“子午仪”号卫星，并组成了导航卫星网，为全球用户提供精度为 20~50 米的定位服务，而且全球任何地点的用户平均每隔 1.5 小时就能利用卫星定位一次。

▶“子午仪”号是美国低轨道导航卫星系列，又称海军导航卫星系统

◀“子午仪 1A 号”卫星模型

“导航星”系统

“导航星”是美国在 20 世纪 70 年代部署的第二代导航卫星网络。这个卫星网由 18 颗卫星组成，可以保证地球上任何地点的用户在任何时刻至少可以接收到 4 颗卫星的信号，从而保证全球覆盖、三维定位和连续导航，而且精度也比“子午仪”大大提高，可以达到 16 米。比如海湾战争时，“导航星”就大显身手，为美国众多高精尖武器系统提供了精准的导航定位。

▲“导航星”属于军民两用型导航卫星

探索之旅

导航的历史发展

指南针是中国古代劳动人民智慧的结晶，是最早的导航仪器。所有的磁体都有“同极性相斥，异极性相吸”的特性，而地球本身就是一个大磁体，于是指南针就利用这一点来指引方向。不过，由于地球磁场分布很不均匀，所以指南针的误差比较大。

20 世纪初，无线电技术兴起。人们开始采用无线电导航仪替代古老的指南针。无线电波不受天气影响，传播的距离非常远，而且精度比指南针高很多。不过，无线电波进行远距离传播时，会受到电离层的折射和地球表面反射的干扰，因此精度不是特别理想，经常造成船舶搁浅、沉没。

后来，人们无意中发现卫星可以导航，而且用卫星导航的精度很高，也不受天气影响。于是，卫星导航系统应运而生了。目前，已有不少国家利用人造地球卫星导航。

▲ 指南针

GPS 导航系统

在导航系统领域，美国是当之无愧的急先锋，其研制的GPS导航系统是目前世界上最先进、应用最广泛的导航定位系统。20世纪70年代，美国陆、海、空三军联合研制新一代GPS导航系统，目的是为美国陆、海、空三军提供实时、全天候和全球性的导航定位服务，同时将其用于情报收集、核爆炸监测和应急通信等军事用途。

GPS 系统的前身

“子午仪”系统是GPS系统的前身，早在1964年就已经正式投入使用。虽然“子午仪”系统在定位精度方面不尽如人意，但它验证了利用卫星系统进行定位的可行性，为GPS系统的研制做了铺垫和基础。

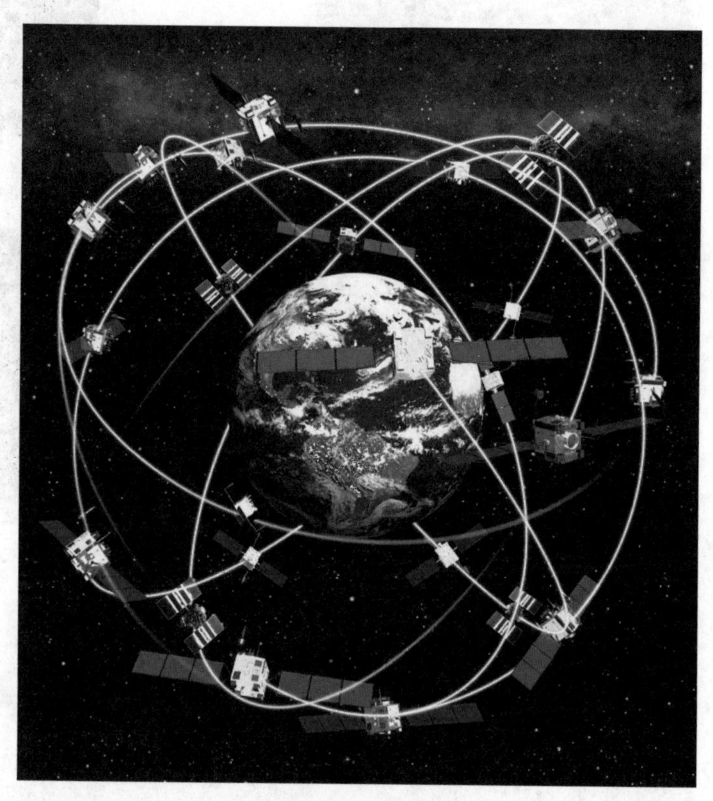

▲GPS导航系统示意图

系统组成

GPS 系统主要由空间部分、地面控制系统及用户设备三部分构成。GPS系统的空间部分目前共有30颗卫星，其中6颗为技术试验卫星，剩余的24颗负责导航定位。这24颗导航卫星分布在6个轨道平面内，每个近似圆形的轨道平面内各有4颗卫星均匀分布，可以保证在全球任何地点、任何瞬间至少有4颗卫星同时出现在使用者视野范围内。

工作原理

地面主控站先收集各个监测站的观测资料，然后按照规定的格式编辑导航电文，再向GPS 卫星注入这些信息。而用户通过信号接收机上存储的各个卫星的粗略位置和自身位置，由计算机自动选择星与用户联线之间张角较大的4颗卫星作为观测对象。之后，信号接收机将卫星返回的信号进行处理，再将得到的和卫星之间的距离进行修正，确定自身位置，并转换为需要的坐标系统，达到定位的目的。

功能强大

GPS 导航系统一开始是为军事目的而建立的，后来慢慢发展到民用上。它除了能为用户提供导航定位服务，还能通过多功能显示器提供前方路况、最近的加油站、饭店、旅馆等信息。如果 GPS 信号不幸中断，用户也不必担心迷路，因为 GPS 已经记录了行车路线。车载 GPS 还有防盗功能，车主离开汽车后，如果车辆遭到偷盗、破坏或移动，车辆就会通过自身监控系统向 GPS 监控中心发出警报，并自动与车主手机联系、电话报警等。另外，车载 GPS 还可对行驶中的被盗车辆进行定位跟踪、监听、车迹记录等。

▼ 有了 GPS 导航系统，人们就不用担心会迷路了

明显的弱点

GPS 虽然很先进，但它也有明显的弱点，就是抗干扰能力较差，GPS 干扰装置很容易就能使从卫星反馈到地面的信号变弱，使 GPS 接收机无法正常工作，从而使其导航定位精度降低或产生误导。比如，在伊拉克战争中，伊军在其境内部署了一些 GPS 干扰装置，就使美军的 GPS 制导武器大失水准。

经典问答

GPS 系统的地面控制部分是如何工作的?

GPS 系统的地面控制部分由 9 个站点组成，包括 1 个主控站、5 个全球监测站和 3 个地面控制站。这些监测站均配有精密的铯钟，能够连续测量到所有可见卫星的接收机。它们将卫星观测到的电离层和气象数据进行初步处理后，传送到主控站。之后，主控站根据这些数据计算出卫星的轨道和时钟参数，然后将结果送往 3 个地面控制站。地面控制站再将导航结果注入每一颗经过它们上空的卫星。如果某一个地面站发生故障，卫星中预存的导航信息还可以使用一段时间，但是影响导航的精度。

“伽利略”导航系统

20世纪末，欧洲计划研发自己的全球导航系统，于是“伽利略”诞生了。“伽利略”导航系统是现有四大导航系统中唯一由民间组织发起建设的，是一个民用系统，能提供三种卫星导航信息服务，其中前两种主要用于民用和商业，而第三种是为欧洲各国公安、反恐、情报等部门提供服务的，有巨大的军事应用潜力。

空间组成

“伽利略”导航系统的空间段计划由30颗中高度圆轨道卫星组成，其中27颗卫星为工作卫星，3颗为备用卫星。它们均匀分布在3个近圆形的轨道平面，每个轨道面部署9颗工作星和1颗备用星，具有定位精度高、覆盖范围广等特点，其最大定位精度小于1米。

地面段组成

“伽利略”导航系统的地面段主要由2个位于欧洲的伽利略控制中心和29个分布于全球的伽利略传感器站组成。另外，在全球各地，它还有5个S波段上行站和10个C波段上行站，用于控制中心与卫星之间的数据交换。

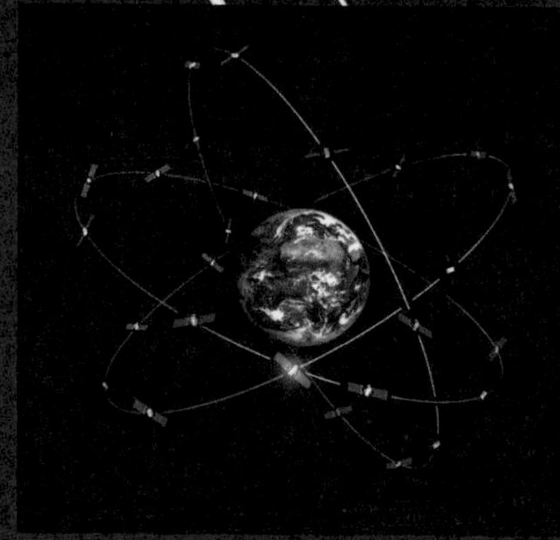

▲“伽利略”导航系统示意图

系统优势

“伽利略”导航系统是基于民用的导航定位系统，投入运行后，全球用户可以使用多制式的接收机，获得更多的定位卫星信号，从而大幅度提高导航定位的精度。同时，它还可以实时发送高精度定位信息，这是目前别的卫星导航系统所没有的。和美国的GPS相比，“伽利略”更先进也更可靠。比如，GPS向别国提供的卫星信号，只能发现地面大约10米长的物体，而“伽利略”能发现1米长的物体。

进展推迟

“伽利略”导航系统的建造立项比较早，但是前进步伐却落后了。事实上，早在2002年“伽利略”初步实施时，德国和意大利就曾因为谁来领导，一直争吵不休，导致欧洲航天局的半数预算未能到位。之后，由于经济问题，“伽利略”计划一再推迟。当时，欧洲面临严重的经济危机，欧洲人对于“伽利略”的投入问题分歧很大。另外，欧盟由很多个国家组成，多个国家之间相互磋商需要很长时间，这也导致了它的进度推迟。

探索之旅

出尔反尔的"伽利略"

在导航系统领域，美国的GPS一家独大。海湾战争时，美国关闭了中东地区导航系统的定位功能，这让欧洲、中国和俄罗斯的军队都为之一震。试想一下，如果哪个国家和美国发生冲突，美国关闭导航定位系统，就能将该国家的精确制导武器报废。因此，欧洲和中国都想开发自己的全球定位系统。

2002年，欧洲启动“伽利略”计划。2003年，欧洲“邀请”中国参与研发“伽利略”。当时，中国在导航定位领域虽然进步很大，但是各种技术参数远远落后于GPS。为此，中国接受了“邀请”。为了表示诚意，中国先后汇款2.7亿美元给欧洲，作为参加“伽利略”系统的启动资金。事实上，欧洲把中国纳入计划，不仅让欧洲一些国家领导人赚足了政治资本，也缓解了“伽利略”计划的资金问题，更为以后“伽利略”进入中国打下了基础。但令谁都没想到的是，4年后，欧洲以知识产权问题将中国排除出“伽利略”系统核心成员国，让说好的合作变成了中国购买。如果真的那样，那和美国的GPS有什么区别？

2007年后，中国开始全力打造自己的“北斗”导航系统。自此，中国在导航系统研发上突飞猛进，而欧洲进度落后。由于轨道资源有限，而国际惯例是先到先得。于是，“北斗”立刻抢占了“伽利略”系统本来就设计好的PRS频段。这样以来，欧洲人傻眼了。欧洲要求中国让出PRS频段，但那怎么可能。无奈之下，欧洲人只能退而求其次，捡别人剩下的频段。

“格洛纳斯”全球导航系统

20世纪70年代，苏联开始建设“格洛纳斯”全球导航系统，后来，俄罗斯接手了建造。“格洛纳斯”全球导航系统在建造之初，计划的标准配置为24颗卫星。它们均匀分布在3个近圆形的轨道平面上，轨道高度1.91万千米。后来，由于各种原因，“格洛纳斯”在轨工作卫星少至7颗。不过，随着俄罗斯对导航系统的重新重视，“格洛纳斯”迎来了生机。目前，俄罗斯在轨导航卫星有28颗，其中提供定位、导航与授时服务的卫星有23颗。

主要功能

“格洛纳斯”全球导航系统是苏联（俄罗斯）国防部独立研制和控制的第二代军用卫星导航系统，可为全球海、陆、空以及近地空间的军、民用户全天候、连续地提供高精度的三维位置、三维速度和时间信息。和美国的GPS相比，“格洛纳斯”系统在定位、测速及定时精度上性能略优。

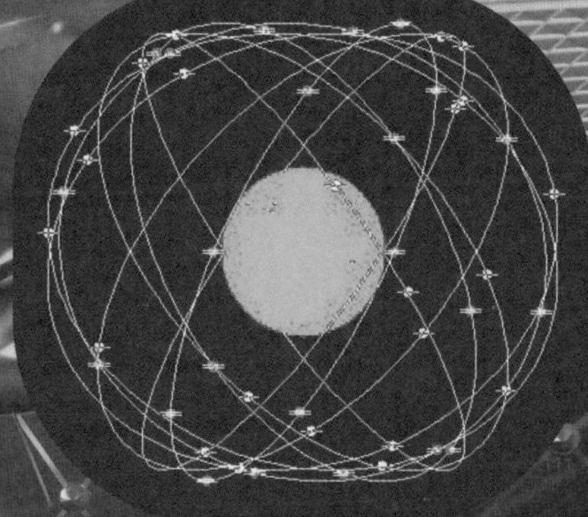

▲“格洛纳斯”系统示意图

“短命”的“格洛纳斯”卫星

1982年，苏联发射了第一颗用作测试的模拟星，之后又陆续发射了20多颗模拟和测试卫星。不过，当时苏联的卫星和电子设计水平与美国相比有很大差距，这些卫星的设计寿命只有一年时间，而真实的平均寿命也只有14个月。1985—1986年，苏联发射了6颗真正的“格洛纳斯”卫星。虽然这几颗卫星在测试卫星的基础上得到了极大改进，但是寿命仍然不佳，平均寿命只有约16个月。此后，苏联又陆续发射了12颗改进型卫星。不过，其中有一半因为发射事故损毁了。这些新卫星寿命有所延长，达到了22个月。

▲2016年俄罗斯印有“格洛纳斯”卫星的邮票

增强计划

20世纪90年代初，俄罗斯制定了“格洛纳斯”增强计划。1995年，俄罗斯耗资30多亿美元开始完成“格洛纳斯”的组网工作。俄罗斯号称，多功能的“格洛纳斯”定位精度可以达到1米，速度误差只有15厘米/秒，精度远高于GPS。在特殊情况下，该系统还能为精确制导武器制导。“格洛纳斯”虽然性能优良，但是普及程度远远不如GPS，这主要是俄罗斯没有开发民用市场。另外，“格洛纳斯”卫星在轨寿命比较短，而且俄罗斯经济困难，无力持续补充卫星，制约了“格洛纳斯”的发展。

重获新生

2003年爆发的伊拉克战争中，美国的导航卫星大发神威，这对俄罗斯产生了相当大的震动，迫使俄罗斯再次对太空军事重新重视起来。至此，俄罗斯开始大力重新组建“格洛纳斯”。2011年，“格洛纳斯”全球导航系统全面恢复工作，开始稳定运行与服务，提升了俄罗斯在全球定位、导航与授时领域的地位和全球影响力。另外，俄罗斯还大力发展本国的电子器件，计划在2019年前，使得“格洛纳斯”卫星电子器件的国产化率达到80%以上。

优势与发展

“格洛纳斯”全球导航系统的最大优势是抗干扰能力强。由于卫星发射的载波频率不同，它可以有效地防止整个卫星导航系统同时被敌方干扰。目前，“格洛纳斯”全球导航系统的主要卫星为“格洛纳斯M”，“格洛纳斯K”卫星比较少。不过，“格洛纳斯K”在性能和寿命上都优于“格洛纳斯M”，因此它在整个导航系统的未来发展中占有非常重要的位置。

经典问答

“格洛纳斯”为什么要和“北斗”展开深度合作？

2015年，俄罗斯的“格洛纳斯”全球导航系统和中国的“北斗”全球导航系统展开了深度合作。其中的原因有很多。首先，中俄两国在外交关系上比较密切，并且两国相邻，同样具有推广本国航天技术的需求，在各方面的合作也都是共同促进各自的发展进步。其次，二者有个共同的竞争对手，那就是GPS。为打破GPS的垄断局面，两国政府都在推进“北斗”与“格洛纳斯”的兼容。第三，“北斗”的覆盖面不是很广，地面基站数量较少，因此竞争力略弱。而“格洛纳斯”导航系统建立时间较早，在覆盖范围上具有优势，而且地面基站数量也比较多。另外，二者在技术方面的不同，联合后可实现优势互补。

遥感卫星

遥感卫星是用作外层空间平台的人造卫星，它通过星载遥感器对地球表面和低层大气进行光学或电子探测，以获取相关信息。这种卫星不仅可以长时间在轨道上运行，还能根据任务的不同，选择不同的轨道，并且能在规定时间内覆盖地球任何区域。目前，遥感卫星主要应用于民用和科研领域。而中国在这一方面走在世界前列，遥感卫星为中国经济的发展做出了贡献。

巨大的经济效益

利用遥感卫星，人们可以监测农业、林业、海洋、国土、环保和气象等情况，从而为制定经济长远发展规划提供数据支持。对于空间技术基础薄弱的国家来说，大范围发展卫星产业并不现实，但如果能够集中有限的资源，重点发展遥感卫星，那么在国民经济发展上将有可能取得巨大效益。

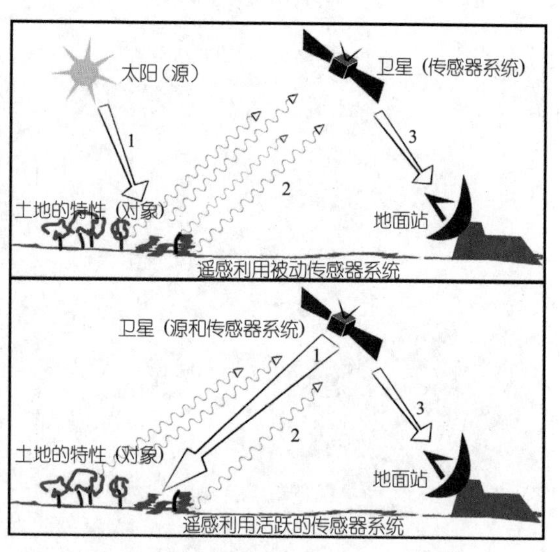

▲ 遥感卫星示意图

工作方式和类型

遥感卫星不能独自工作，需要和遥感卫星地面站相互配合。遥感卫星获取图像数据信息后，通过无线电波将信息传递到地面站，而地面站通过发送指令控制卫星的运行和工作。目前，根据执行任务的不同，遥感卫星可分为四种类型，分别是气象卫星、陆地卫星、地球卫星和海洋卫星。

经典问答

和国际同类型卫星相比，“高分三号”卫星的技术水平如何？

2016年8月10日，“高分三号”卫星在中国太原卫星发射中心搭乘“长征四号丙”运载火箭发射升空。这是中国首颗分辨率达到1米的C频段多极化合成孔径雷达卫星。它的成功发射，极大提高了中国的遥感观测能力，也为“高分专项工程”实现时空协调、全天候、全天时对地观测目标打下了坚实基础。

和中国以往的遥感卫星相比，“高分三号”卫星在系统设计方面进行了全面优化，在分辨率、成像幅宽、成像模式、寿命等主要技术指标上都达到或超过国际同类卫星水平，能为用户提供长时间稳定的数据支撑服务。

气象遥感卫星

气象预报、台风形成和运动过程监测、冰雪覆盖监测和大气与空间物理研究等所需要的大量数据都是通过专门负责收集气象数据的气象遥感卫星得来的。气象遥感卫星按照轨道特点，大致可以分为太阳同步轨道卫星和地球静止轨道卫星。其中，太阳同步轨道气象遥感卫星绕地球南北极附近和跨越赤道上空运行；地球静止轨道气象遥感卫星位于赤道上空，相对地球处于静止状态。

地球遥感卫星

地球卫星是勘探和研究地球自然资源和环境的人造地球卫星，融合了卫星技术、遥感技术、数据传输与处理技术等综合性尖端技术。它出现得比较早，发展也非常快。早在 20 世纪 60 年代，美国率先开展了利用卫星拍摄照片，搜集地球资源和环境信息的研究，后来还将其列为一项重大计划，甚至还在 1972 年发射了人类第一颗地球卫星。

▲ 高层大气研究卫星是一颗探测地球大气尤其是臭氧层的科学探测卫星

▲ “陆地卫星 1 号”地球资源卫星是在一系列军事侦察卫星、气象卫星和载人宇宙飞船的基础上发展起来的

陆地遥感卫星

陆地卫星实际上是地球卫星的一种，它绕地球南北极附近运行，属于太阳同步卫星，轨道形状接近圆形。它装载有多谱段扫描仪和返束光导管摄像机，能够将收集的地球信息以电信号形式发送给接收站。陆地卫星的应用范围非常广泛，可以用于调查地下矿藏、地下水资源和海洋资源，监视和协助管理农、林、畜牧业，研究植物的生长和地貌，绘制地质形体图等。

海洋遥感卫星

海洋占地球面积的 2/3 以上，蕴藏着丰富的资源，对气象有重大的影响。于是，人们研制了海洋遥感卫星，专门用于搜集海洋资源及其环境信息。中国是海洋遥感卫星研发水平比较高的国家，在 2002 年就发射了中国第一颗海洋卫星——“海洋一号 A”。在 2007 年、2011 年和 2016 年，中国又先后发射了“海洋一号 B”“海洋二号”“海洋三号”和“高分三号”用于海洋遥感探测。

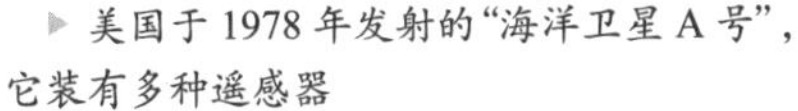

▶ 美国于 1978 年发射的“海洋卫星 A 号”，它装有多种遥感器

测绘卫星

对于一个国家的经济和军事战略来说，获取高精度空间地球信息十分重要。而这一切离不开测绘卫星的帮忙。比如，导弹发射后，想要精准命中目标，就需要测绘卫星帮忙。测绘卫星携带有先进的距离测试设备，能够精确测量目标地区的地形和海拔高度，从而绘制出比较精准的地形图，为导弹提供最合适的飞行路径。因此，在整个现代对地观测信息系统中，测绘卫星是非常重要的组成部分。

发展需求

以往，当弹道导弹、战机等先进武器上的惯性制导系统工作时，都要依赖军事地图。而军事地图上标明的地理位置经常和实际地形不相符，这就给武器系统带来了大麻烦。如果想要获得高精度的测量数据，就需要进行大范围的大地测量，而这是一项极其复杂、艰巨的工作，普通的测量手段根本无法胜任。于是，人们想到了卫星，并且经过一段时间的努力，研制出了测绘卫星。测绘卫星是一种遥感卫星，但它的观测精度远远高于普通的遥感卫星。目前，测绘卫星已经比较成熟，美国、法国、印度、俄罗斯、中国等国都发射了各自的测绘卫星。

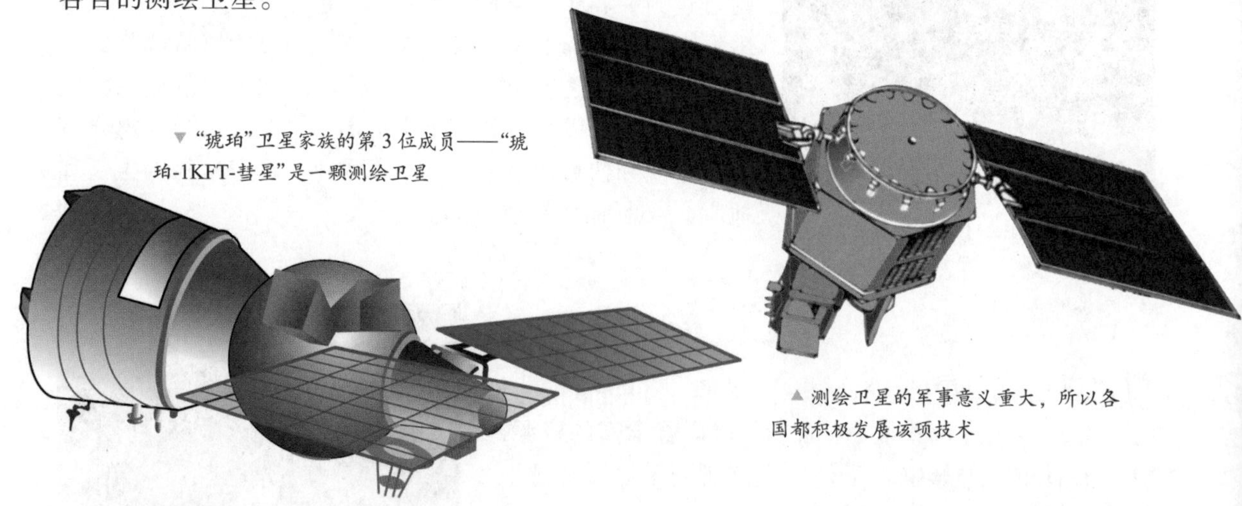

▼ “琥珀”卫星家族的第 3 位成员——“琥珀-1KFT-彗星”是一颗测绘卫星

▲ 测绘卫星的军事意义重大，所以各国都积极发展该项技术

测地卫星

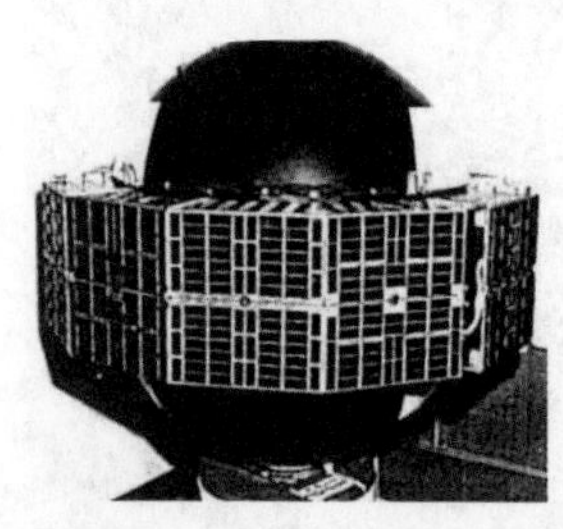

▲ “安娜 1B 号”卫星

测绘卫星的种类比较多，其中应用最为广泛的是测地卫星，也就是专门用于大地测量的卫星。这种卫星上装有各种遥感、遥测设备，比如有高分辨率照相机、红外探测仪和测地雷达等，能够精确地测定地球上任意点的坐标、地形和引力场参数。1962 年，“安娜 1B 号”卫星在美国发射升空。这是世界上第一颗专用测地卫星，它的出现大幅度提高了大地测量的精度。

国外测绘卫星的发展

在国外，测绘卫星技术已经发展得相当成熟，而且测绘卫星的数据应用也相当广泛。目前，国外大多数的测绘数据得到的地形图比例尺为 1∶500 000~1∶50 000。但随着对地观测技术的重大进步和各种大计划的实施，卫星测绘将进入新时期，测绘制图技术也将得到重大进展。比如，日本在 2013 年 1 月 27 日，发射了“雷达 4 号”情报收集卫星和一颗光学传感成像卫星。这两颗卫星都属于测绘卫星，使得日本全天候获取地理空间信息的能力大幅度提高。而这只是日本“全球信息收集卫星网”的一小部分。

▲ 光学卫星系统在轨道上

▲ H2A 火箭发射光学卫星

中国测绘卫星的发展

目前，中国已经建立起资源、气象、海洋、环境与减灾卫星系列，初步形成了国家对地观测体系。2012 年 1 月 9 日，“资源三号”卫星成功发射升空。这是中国第一颗自主的民用高分辨率立体测绘卫星，它可以测制出 1∶50 000 比例尺地形图，能为国土、农业、林业等领域提供服务，也填补了中国立体测图领域的空白。2015 年 10 月 26 日，中国第三颗立体测绘卫星“天绘一号”03 星在酒泉卫星发射中心顺利升空，主要用于科学试验、国土资源普查、地图测绘、农作物估产及防灾减灾等领域。

探索之旅

中国的“天绘一号”

“天绘一号”是中国第一代传输型立体测绘卫星，目前已经发射了三颗卫星，并组成了稳定的运行网络。“天绘一号”的成功发射，可以说是中国航天领域的一大突破，在中国航天测绘领域具有里程碑的意义。

以往，中国的测绘卫星大多属于携带胶片的返回式卫星，在轨寿命比较短，获取信息的时效性很差，还不能形成直接影像。而“天绘一号”克服了这些缺点，能够长时间在轨运行，还能快速、实时获取三维地理信息，具备了全球精确定位、测制地形图的能力。目前，“天绘一号”对地球陆地有效覆盖约为 60%，对中国陆地有效覆盖约为 97%，能够绘制全球 1: 50 000 比例尺地形图和修测 1: 25 000 万比例尺地形图，已具备规模化数据保障能力。

气象卫星

气象卫星是从太空对地球及其大气层进行气象观测的人造卫星，是世界上应用最广的卫星之一。它能及时有效地收集大量气象数据，为气象预报、台风形成和运动过程监测、冰雪覆盖监测和大气与空间物理研究等提供数据支持。目前，气象卫星已经广泛应用于日常气象业务、环境监测、防灾减灾、大气科学、海洋学和水文学等研究。

诞生时间

20 世纪 50 年代末，美国开始在人造卫星上搭载气象仪器。1960 年 4 月 1 日，美国在经过几年的研究后，发射了世界上第一颗气象卫星“泰罗斯 1 号”。这颗试验气象卫星呈 18 面柱体，高 48 厘米，直径 107 厘米，搭载了当时最先进的电视摄像机、磁带记录器、照片资料传输装置。它在 700 千米高的近圆轨道上绕地球运转，拍摄了大量云图和地势照片，并将这些照片及时发回给地面控制站。

巨大优势

气象卫星观测的范围极广，而且十分快速、完整，连续性很好，观测数据质量也很高，最主要的是不受自然条件、国界、时间和空间的限制。此外，气象卫星的功能也很多，除了可以观测天气，预报台风、暴风雪、暴雨等灾难性天气外，还可以监视森林火灾、收集各种水文资料等。

经典问答

“泰罗斯”卫星是如何工作的？

“泰罗斯 1 号”气象卫星实际上是美国国家航空航天局一个气象开发和卫星观测的联合项目的产物。它的侧面和顶部装有 9 000 多块太阳能电池板，可为电池充电，为卫星上的各种仪器提供能源。“泰罗斯 1 号”采用了旋转稳定系统，来实现姿态控制。而在它旋转的同时，所搭载的照相机可以每隔几十秒对云层和地面进行扫描、拍摄，然后在靠近地面站时将数据传输给地面站。

“泰罗斯 1 号”飞入太空后不久，美国又相继发射了 9 颗“泰罗斯”卫星。1967 年 7 月 3 日，“泰罗斯”系列卫星全部关闭。而在关闭之前，它们累积返回了 50 多万张云图。

▲“泰罗斯 1 号”气象卫星

卫星监测

工作原理

气象卫星实质上是一个高悬在太空的自动化高级气象站。它上面搭载有各种气象遥感器，它们能够接收和测量地球及其大气层的可见光、红外和微波辐射等，然后将得到的信息进行转化传回地面站。地面站将卫星传来的信号进行复原，绘制成各种云层、地表和海面图表，之后经过汇总、分析和处理，得出各种气象资料。

运行轨道

按照运行轨道的不同，气象卫星可分为太阳同步轨道气象卫星和地球静止轨道气象卫星。前者绕地球南北极运行，跨越了赤道；后者位于赤道上空，相对于地球保持静止状态。通常，为了保证观测质量，太阳同步轨道气象卫星的轨道呈圆形，偏心率（即椭圆两焦点间距离和长轴长度的比值，可用来描述轨道的形状）小于 1/1 000，倾角大于 90°，高度在 800~1 500 千米，以便在飞经地球各地区时获取的图像具有相同的光照条件。而地球静止轨道气象卫星精度要求相对较低，轨道高度大约在 36 000 千米。

气象卫星不受自然和地域条件限制，可以获得大范围、实时气象信息

侦察卫星

俗话说“知己知彼，百战不殆”。也就是说，想要取得战争的胜利，及时获取情报是非常重要的。侦察卫星是专门用来获取军事情报的卫星，它能通过监视和窃听，获取有价值的信息，是名副其实的间谍。在现代信息战争中，利用侦察卫星在战斗之前获取敌方情报，然后制订作战方案，往往能达到出奇制胜的效果。为此，各个大国都在大力发展侦察卫星技术，以求在发生战争时获得战场主动权。

第一颗侦察卫星

“发现者 1 号”是世界上第一颗侦察卫星。1959 年 2 月 28 日，“发现者 1 号”搭乘“宇宙神-阿金纳 A”火箭从美国加利福尼亚州范登堡空军基地发射升空。卫星进入预定轨道后，利用搭载的高分辨率的摄像机，获取了大量图像和声音。此后，美国陆续又发射了 10 多颗“发现者”系列卫星。不过，由于“发现者”卫星属于返回式卫星，而此前 12 次的卫星回收都以失败告终，所以这些情报并没有被美军获取。直到第 13 次卫星回收成功后，美国才用“发现者”卫星获取了大量军事情报。

▶ 美国军方回收“发现者”号卫星返回的照相资料，这是该系列卫星第一次成功返回

如何工作

现在的侦察卫星在情报收集和传输方面已经大大提高。它搭载有光电遥感器、雷达或无线电接收机等侦察设备，可以在在轨运行时，对各个目标进行实时监测，获取目标辐射、反射或发射的电磁波信息，然后将这些信息以胶片、磁带等形式存储下来。之后，侦察卫星对这些信息加密处理，再以无线电传输方式发送到地面接收站。地面接收站接收到信息后，利用光学、电子设备和计算机进行加工处理，从而获取有价值的军事情报。

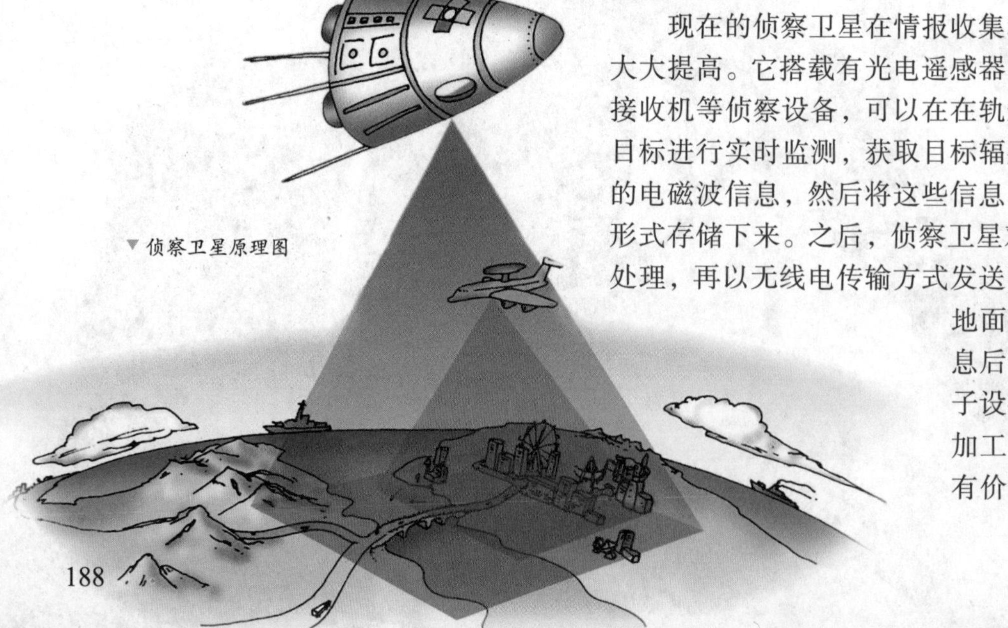

▼ 侦察卫星原理图

遥感器

遥感器：是用来远距离检测物体和环境所辐射或反射的电磁波的仪器。一切物体都能反射外界照射在它表面上的电磁波，也会主动辐射电磁波。利用不同波段的遥感器可以接收不同辐射或反射的电磁波，将这些电磁波进行处理和分析，就能获得物体的某些特征，进而识别物体。常用的遥感器有紫外遥感器、可见光遥感器和红外遥感器等。其中，紫外遥感器使用近紫外波段，波长选在0.3~0.4微米范围内；可见光遥感能够接收地物反射的可见光，波长选在0.38~0.76微米范围内；红外遥感器能够接收地物和环境辐射的或反射的红外波段的电磁波，已使用的波段波长约在0.7~14微米范围内。

情报收集手段

侦察卫星搜集情报时，主要手段分为主动与被动两大类。前者是利用雷达发出的雷达波对地面进行扫描，以获得地形、地物或者是人工建筑等的影像；后者是收集被侦察物体发出的各种电磁信号，然后对其进行分析、处理进而获得目标信息。

▲ 美国DSP红外线侦察卫星

巨大优势

目前，侦察卫星发展十分迅速，已经成为各个军事大国作战指挥系统的战略武器系统的重要组成。作为超级间谍，侦察卫星的优点十分突出，它不仅侦察面积大、范围广，而且速度很快，效果非常好，同时能长期或连续监视一个地区，还不会受到国界和地理条件限制。此外，由于它身处太空，所以遇到的挑衅性攻击比较少。也就是说，它的生存概率非常大，一般不会受到致命威胁。

斗争的晴雨表

很多国家都热衷于研发侦察卫星，甚至把侦察卫星的数量和发射次数当作政治、军事斗争的晴雨表。比如，在冷战时期，美国和苏联总共发射了上千颗侦察卫星，而70%以上的情报都是通过侦察卫星获得的；在中东战争时，美国利用“大鸟”侦察卫星为以色列获取情报；马岛战争时，苏联利用侦察卫星为阿军获取英军情报。

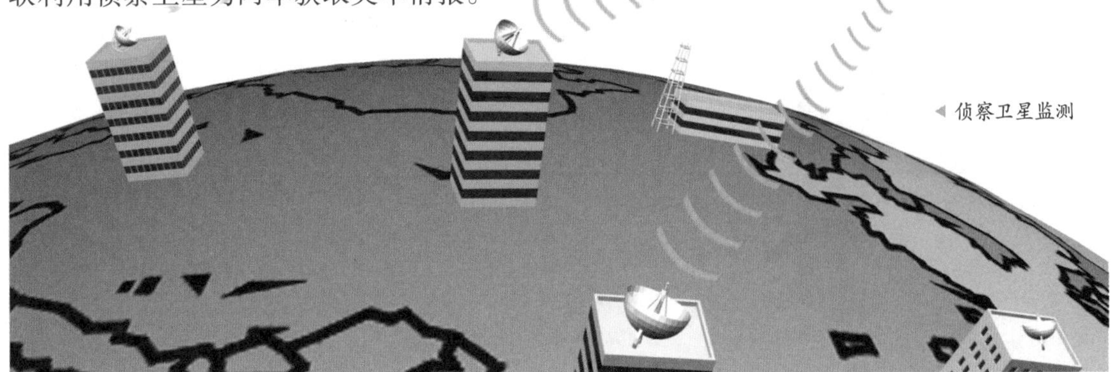
◀ 侦察卫星监测

各国侦察卫星

作为世界第一军事强国，美国的侦察卫星不管是数量还是性能都遥遥领先其他国家。俄罗斯虽然经济远不如美国，但是军事实力十分强大，可以和美国直接对抗。俄罗斯在军事卫星研发方面一直走在世界前列，它的侦察卫星也十分先进。至于别的国家，比如中国、以色列、日本等，虽然侦察卫星没有那么强大，但发展速度都很快，不久的将来都有可能后来居上。

美国的"NROL-37"

美国的侦察卫星发展非常早，技术也十分先进，曾发射过许多知名侦察卫星。比如，美国从 1960 年 10 月开始发射"锁眼"系列侦察卫星，之后又发射"大鸟"号侦察卫星。它们都曾立下赫赫战功。2016 年 6 月 11 日，美国又将最新研制的"NROL-37"侦察卫星发射升空。这是一颗地球静止轨道卫星，搭载有很多最先进的仪器，因此性能远远超越"大鸟""锁眼"等。

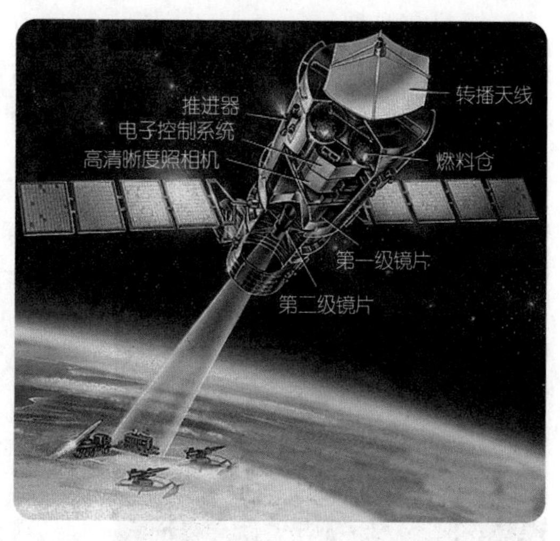

▶"锁眼 KH-11"高级军事监视卫星示意图

俄罗斯的"钴-M"

从 2004 年开始，俄罗斯开始陆续发射"钴-M"侦察卫星。这是俄罗斯最先进的侦察卫星系列之一，具有先进的侦察和陆地测绘能力，目前有 8 颗在轨运行。它们分布在距离地球 241~482 千米的轨道上，利用携带的高分辨率照相机，对全球目标进行监测，可拍摄军事设施、部队调动和其他目标等，并能实时将拍摄的照片传回地面。

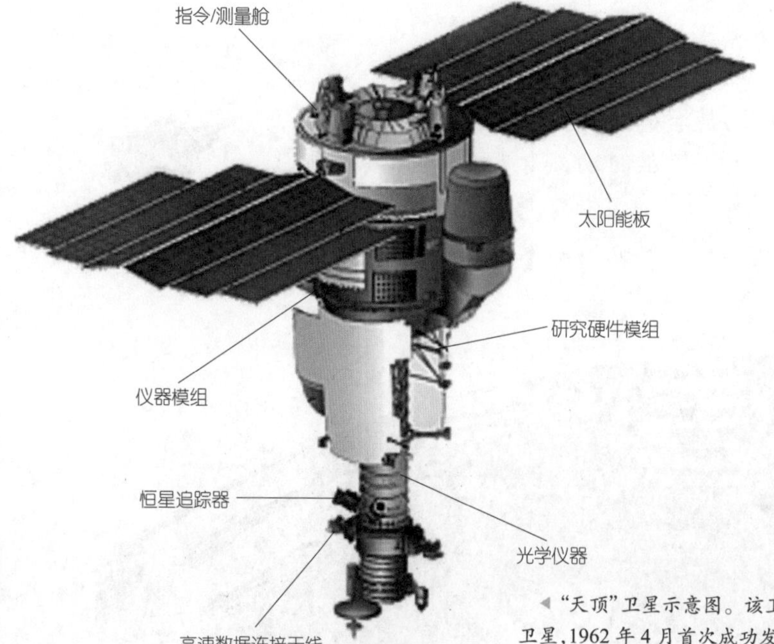

◀"天顶"卫星示意图。该卫星是俄罗斯最早的侦察卫星，1962 年 4 月首次成功发射

▲"地平线1号"侦察卫星

以色列的"地平线"

以色列虽然在以往多次战争中都严重依赖美国的侦察卫星，但是以色列的侦察卫星技术并不落后，而是十分先进，就连欧洲一些发达国家都想方设法购买。早在1988年，以色列就成功将"地平线1号"侦察卫星送入太空，之后又陆续发射了多颗"地平线"。2014年4月9日，以色列将"地平线10号"送入太空。该卫星上配备了合成孔径雷达，不仅分辨率非常高，而且能够全天候、全天时对地实施侦察。

中国的侦察卫星

中国在侦察卫星的研发上取得了长足进步，已经发射了20颗卫星，并形成了一个全球监控网络。比如，在2013年10月25日，中国将"实践十六号01"卫星送入太空，用于开展空间环境探测和技术试验；2016年6月29日，中国发射了"实践十六号02"卫星。中国对外称这两颗卫星主要用于空间探测和试验，但西方国家认为它们是先进的侦察卫星。

日本的侦察卫星

日本虽然是二战战败国，军事发展受到严重制约，但是日本科技十分发达，侦察卫星的研制能力不容小视。1998年，日本以朝鲜导弹威胁为借口，开始研发侦察卫星。2003年，日本成功发射了该国第1颗光学成像侦察卫星——"光学1号"和第1颗雷达成像侦察卫星——"雷达1号"，在全世界引发巨大反响。2015年2月，日本又发射了一颗新型侦察卫星，其可以分辨地面上1米大小的物体。2017年6月1日，日本又打着"全球定位"的名号，发射了一颗侦察卫星。

新知词典

卫星的分辨率

卫星的分辨率是指影像中将两个物体分开的最小间距，而不是能看到的物体的最小尺寸。例如分辨率0.1米，就是说两个人相距0.1米以上时，在影像中就可以看到分开的两点。当两个人距离小于0.1米时，他们的影像将合为一体，在影像中只能看到一个点。分辨率对于卫星来说是一个非常重要的技术指标。分辨率越高意味着卫星看得越清楚。从原理上讲，侦察卫星和民用遥感卫星并没有差别，主要区别体现在卫星所使用的谱段和对地面的分辨率上。一般，侦察卫星主要通过可见光和近红外谱成像，分辨率小于1米。而民用遥感卫星主要选择多光谱成像，以便识别地面特征，其分辨率差异参差不齐，但总体水平普遍在军用卫星之下。目前，世界上分辨率比较高的侦察卫星比较多，比如著名的"锁眼12号"卫星，它采用了大面阵探测器、大型反射望远镜系统、数字成像系统、自适应光学成像技术等先进设计和技术，分辨率可以达到0.1米。

▲"锁眼12号"卫星

功能各异的侦察卫星

侦察卫星具有强大的侦察能力，能将地面上发生的一切尽收眼底。因此，它的存在会给敌方的战略部署带来很大压力，让敌方的战略目标很容易暴露，进而受到潜在的攻击。侦察卫星的种类比较多，根据具体执行的任务和所携带的设备不同，大致可以分为5类，分别是照相侦察卫星、电子侦察卫星、导弹预警卫星、海洋监视卫星和核爆炸探测卫星。

照相侦察卫星

照相侦察卫星是发展最早、最为常见的侦察卫星，主要利用光电遥感器对地面摄影以获取军事情报。美国的“大鸟”是最著名的综合型照相侦察卫星。它携带有三种不同类型的照相机，可以同时对三类特征不同的目标进行侦察。它携带的第一架照相机是详查照相机，它的分辨率极高，甚至能看清楚在地面上行走的人；第二架照相机是胶卷扫描普查照相机，可以用来对地面进行大面积普查照相；第三架照相机是多光谱红外扫描照相机，可用于在夜间对地下导弹发射井进行侦察。

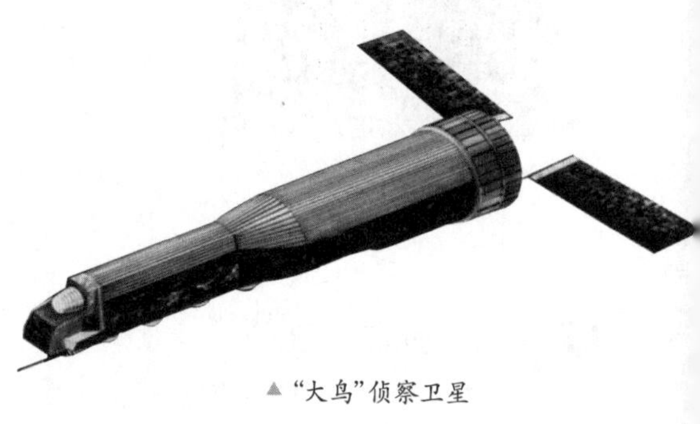

▲“大鸟”侦察卫星

▲电子侦察卫星的轨道一般比照相侦察卫星高，大多在300~600千米，有的高达1 400千米

电子侦察卫星

1962年5月发射的“搜索者”号是世界上最早的电子侦察卫星。电子侦察卫星是用于侦察、截收敌方雷达、通信和武器遥测系统所发出的电磁信号，并测定信号源位置的侦察卫星。它上面搭载有接收机、天线和终端设备，能够对侦察目标发出的电磁信号进行预处理，然后将其发送到地面接收站，用于分析各种参数，或是对信号源进行定位、破译，从而获取情报。比如，电子侦察卫星发现某个人身上携带有特制电子设备，卫星上的电子和摄影仪器便会对这个人进行跟踪，无论这个人走到哪里，躲在哪里，都无法逃出卫星的跟踪。

导弹预警卫星

导弹预警卫星是一种用于监视和发现敌方战略弹道导弹发射的预警侦察卫星，通常部署在地球静止卫星轨道上。多颗导弹预警卫星组成预警网络后，可以昼夜对地面进行观测。它上面安装有敏感度极高的红外探测器，可以对导弹发动机尾焰的红外辐射进行探测，然后配合电视摄像机跟踪导弹，并及时发出预警信号，提醒防御体系进行防御。

▶ 美国国防支援计划预警卫星，它的主要职责是监视导弹发射，并预报导弹落点

▲ 苏联的“宇宙198号”试验卫星，它是世界上第一颗海洋监视卫星

海洋监视卫星

海洋监视卫星的侦测目标主要在海上，可以对海洋、海上作战、海上恐怖主义活动进行监测。它上面安装有电视摄像、雷达、无线电侦测机、红外探测器、高灵敏度红外相机等侦察设备。它不仅可以准确探测敌国海军力量分布，监视水下60米处的潜艇活动，而且还能测绘出相当精确的海底地图。比如，它能对高速潜航的导弹核潜艇进行探测，从而确定潜艇的准确位置以及航向数据。

核爆炸探测卫星

核爆炸威力强大，会释放大量异常能量和射线。因此，一旦进行核试验，核爆炸探测卫星就能在第一时间侦察到。1979年9月22日，美国宣称非洲南部发生了一次核爆炸。但处于这一地区的南非却矢口否认。2016年9月9日，朝鲜成功进行第五次核试验，而美国的核爆炸探测卫星在第一时间就探测到了。

▲ 美国“维拉”号核爆炸探测卫星

经典问答

核爆炸探测卫星是如何探测核爆炸的？

核爆炸时会释放大量的X射线、γ射线、中子等，还会产生强烈的亮光。核爆炸探测卫星上装有X射线探测器、γ射线探测器、中子计数器、电磁脉冲探测器和可见光敏感器等先进仪器，能够检测出核爆炸时产生的中子数、火球的闪光和电磁脉冲等，从而探测出哪里发生了核爆炸。另外，运用更为先进的探测仪器，它还能探测到地下的核爆炸。

▶ 核武器爆炸后升起的蘑菇云

光学侦察卫星

照相侦察卫星也叫光学成像侦察卫星，是一种利用可见光波段的照相机进行侦察的卫星。这种卫星分辨率非常高，但是容易受到天气影响，尤其是在阴雨多云雾的天气和夜间会“看”不清楚，甚至变成“瞎子”，从而无法正常执行任务。另外，普通的光学侦察卫星很难对同一目标进行持续跟踪，因为随着时间推移，太阳照射方向不断变化，致使光线不断发生变化，进而影响到光学侦察卫星。为了能够避免这种情况，获得持续侦察能力，各个航天大国开始研发静止轨道光学侦察卫星。

工作优势和特点

在早期，侦察任务大多是由飞机承担的。不过，飞机执行侦察任务不仅效果差、成本高，而且很容易被发现，从而受到攻击。随着卫星技术的发展，光学侦察卫星的性能大大提高，完全可以取代飞机进行侦察。它不仅可以长时间、不间断进行侦察，而且侦察范围非常广，又没有国界限制，也没有驾驶员安全问题。因此，它的效率和成本要比飞机低得多。在美国，大部分光学侦察任务已经由光学侦察卫星执行。

▼电视摄像机

如何获得高质量图像

光学侦察卫星想要获得分辨率高、清晰度好的图像，除了需要先进的遥感器（如可见光照相机、电视摄像机、红外照相机、多光谱扫描仪和微波遥感设备等）外，还需要自身在近地轨道运行，以便尽可能靠近目标，同时还需要对运行姿态进行精确控制，以调整拍摄角度。有时，被侦察目标会进行伪装，避免被侦察卫星拍摄到。对于这类目标，人们可以运用光学侦察卫星上的“多光谱照相机”。这种相机安装有滤光镜，可以对同一目标进行多次拍摄，从而获得不同的光谱照片。而不同的物体具有不同的光谱特性，因此将多张照片进行比较，就可以识破伪装。

新知词典

多光谱扫描仪

多光谱扫描仪是利用多个波段的敏感元件同时对地物扫描成像的遥感器。它不仅工作波段宽，而且各波段的数据容易校准，因此比其他遥感器更具优势。目前，多光谱扫描仪是光学侦察卫星的主要遥感器。它的扫描镜不停旋转，使接收的瞬时视场作垂直于卫星飞行方向的运动，从而实现行扫描。地面物体被逐点扫过，并逐点分波段测量，从而获得多光谱的遥感图像信息。

▲ 侦察卫星所拍摄的图像

图像的分辨率有多高

从各种公开或半公开的资料中，人们可知目前侦察卫星的分辨率在0.1米左右。但是侦察卫星属于军事卫星，因此各种光学侦察卫星的最大分辨率是各国的机密。不过，从各种资讯当中，很多人相信侦察卫星要取得地面上的车牌的数字是轻而易举的，而能否连报纸上的文字都清晰地获得，目前还没有足够的资料予以佐证。

图像获取方式

如今的光学侦察卫星可以通过无线电的方式将侦察图像传送给地面接收站，速度非常快。但是在早期，光学侦察卫星获得的图像是以胶卷的方式存储下来的。人们想要获得图像，就必须将卫星进行回收，从中取出胶卷。不过，这样做的成本太高。1968年，人们发明了只回收胶卷舱的技术。当卫星运行到指定位置的上空时，胶卷舱和卫星自动分离，然后从空中下降，进行软着陆。

静止轨道光学侦察卫星

地球的自转和公转使得同一目标的光学环境不断发生变化，造成光学侦察卫星无法很好地执行侦察任务。于是，人们研发出了静止轨道光学侦察卫星。这种卫星在距离地球约36 000千米高的赤道上空运行，可以和地面保持相对静止，从而可以对同一目标进行持续侦察。虽然它在持续侦察上有很大优势，但是由于轨道高度约是普通光学侦察卫星的100倍，发射与研制难度也相应高很多，同时分辨率也会受到巨大影响。比如，它想要获得和普通光学侦察卫星同样的分辨率，物镜口径就要增加近100倍。

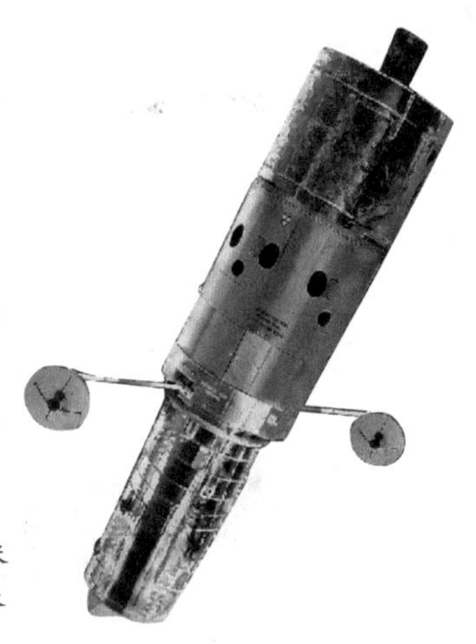

▶ 美国“锁眼”侦察卫星在几百千米高度拍摄的照片分辨率接近10厘米

预警卫星

预警卫星是侦察卫星家族的成员之一，它肩负着监视、发现和预警敌方弹道导弹的发射的重任。在预警卫星出现之前，人们对敌方导弹的监测主要依靠雷达来实现。不过，由于地球是球型的，而雷达波是直线传播的，所以雷达监测导弹的范围受到非常大的限制，很难尽早发现和捕捉目标，等捕获目标时，留给己方的应对时间非常短暂。而预警卫星没有这个缺陷，它身处太空，信号覆盖面积非常广，因此捕获目标的能力更强。

"米达斯3号"卫星

预警卫星的诞生

预警卫星是美国最早研制的。1960年，美国先后发射了"发现者19号"和"发现者21号"卫星进行预警卫星的试验。1961年7月12日，美国成功发射"米达斯3号"卫星，成为世界上第一颗真正意义上的预警卫星。之后，美国先后发射了11颗"米达斯"号预警卫星。这还不算完，1966年底—1970年9月，美国又发射了41颗新型预警卫星，作为部署工作型卫星之前的过渡性措施，并随时监测苏联境内所有的导弹发射情况。

如何工作

预警卫星虽然监测范围很广，但毕竟不能覆盖全球。于是，人们将多颗预警卫星送入太空，然后组成一个预警网络，实现对全球范围内的导弹发射进行预警。预警卫星能及时发现导弹发动机尾焰或弹体的红外辐射，然后对其进行跟踪，并将目标图像发送给地面监测站，并在电视屏幕上显示导弹的运动轨迹。地面人员根据导弹运动轨迹，就能判断出导弹的发射和落点位置，然后及时采取防御和反击措施。

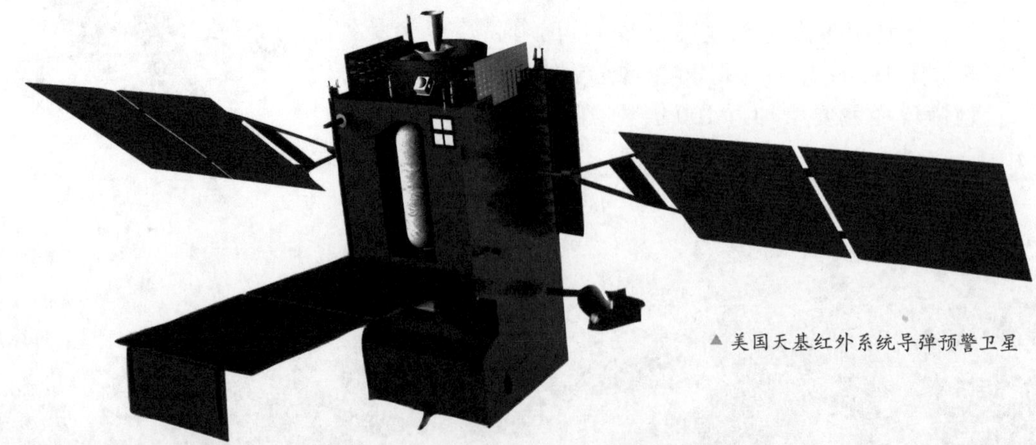
▲美国天基红外系统导弹预警卫星

探索之旅

海湾战争中的预警卫星

海湾战争时期，伊拉克军队装备有大量“飞毛腿”战术弹道导弹，这对美军造成了巨大威胁。为了消除这种威胁，美军动用了大量预警卫星。一旦伊拉克发射“飞毛腿”导弹，美军就用“爱国者”导弹进行拦截。当时，“飞毛腿”导弹从伊拉克飞到以色列的特拉维夫需要大约5分钟时间，这给普通导弹防御网留下的拦截时间非常短。但是美国的预警卫星可以在“飞毛腿”发射后1分钟之内，向海湾地区的美军指挥部发出警报，并提供飞行数据。之后，指挥部下达拦截命令，发射“爱国者”导弹对其进行拦截。“爱国者”导弹发射后，不断接收来自预警卫星的修正指令，按照精确轨迹靠近“飞毛腿”。当距离“飞毛腿”20米范围内时，“爱国者”被引爆，和“飞毛腿”同归于尽。据悉，当时，伊拉克一天内发射的10枚“飞毛腿”，有9枚遭拦截，拦截率高达90%。

▲“爱国者”导弹

◀“MTS-1”卫星

两件法宝

预警卫星有两大法宝：红外与可见光探测器、电视摄像机。红外与可见光探测器灵敏度非常高，能够探测导弹上升阶段尾焰产生的红外辐射，并发出警报；电视摄像机拥有望远镜般的镜头，能自动或按照地面遥控指令跟踪目标，并及时传回目标图像。

优势和功能

预警卫星运行轨道一般比较高，因此覆盖范围很广、监视区域很大，而且不容易受到干扰，被导弹或激光武器攻击的概率也比较低。此外，它的寿命很长，可以提供长时间连续预警。预警卫星可日夜监视地面，一旦发现地面或水下有导弹发射，就能发出预警信号，提醒防御体系。另外，有的预警卫星还安装有核辐射探测仪，能够探测到地球上任何地方所发生的核爆炸。

劣势和缺陷

预警卫星虽然功能强大，但它本身也存在很多缺陷。它本身没有携带任何自卫武器，一旦受到反卫星武器攻击，就有可能被摧毁或失效。它必须和地面站配合，而地面站属于固定场所，而且目标很大，很容易受到攻击，从而使得预警卫星发出的预警信号不能被及时响应。它所携带的红外扫描仪只能探测红外源，而且对红外源的移动识别非常粗略，并不能探测到导弹本身，这就意味着，导弹在经过上升阶段后关闭发动机，在惯性作用下自行飞行时，预警卫星是探测不到的。

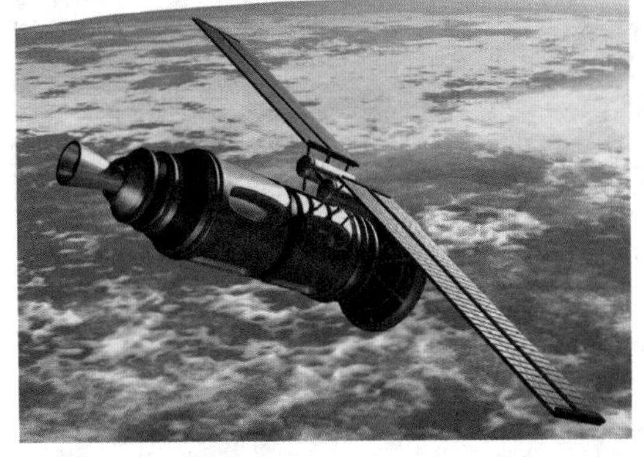

▲预警卫星可以探测到核爆炸，有助于降低核爆炸对人类的危害

导弹防御预警系统

导弹防御预警系统一般由多颗卫星组成，是部署在太空中的导弹预警系统网络。它的威力十分强大，能昼夜监视导弹发射情况。不过，导弹预警系统网络花费巨大，一般国家很难承受。目前，在战略级别的导弹预警能力上，美国“一骑绝尘”，俄罗斯是“弥补欠账”，而中国正“奋起直追”。另外，日本和欧洲也在积极部署该系统。

如何工作

导弹防御预警系统的主要任务是提前预警敌方来袭的导弹。它发现导弹后，会立即将报警信号传送到指挥部，指挥部发出命令发射反导导弹；反导导弹搜寻敌方进攻导弹，识别真假弹头，然后在地球大气层外拦截、摧毁敌方进攻导弹。

研发历史

导弹防御预警系统的技术要求非常高，需要强大的监视网络，对目标进行实时监视。美国是最早开始研制该系统的国家。1960 年，美国开始发射试验型导弹预警卫星，1970 年开始部署工作型导弹预警卫星。“米达斯”计划是美国第一个导弹预警卫星试验计划，不过在发射了 12 颗试验型卫星后，仍无法投入实际应用。后来，美国国防部不得不下令停止该计划。

▲“米达斯”计划是美国军方在 20 世纪 60 年代制定的卫星预警系统，可以提前对战略导弹袭击进行预警

▼导弹防御系统工作和运行的示意图

美国的导弹预警系统计划

“米达斯”计划失败后，美国又制定了弹道导弹预警系统计划。1968 年 8 月—1970 年 9 月，美国发射了 4 颗新研制的小型载荷卫星，其中 3 颗发射成功。这 3 颗卫星位于赤道北面的上空，可监视苏联全境的导弹发射情况。国防支援计划是美国另外一项导弹预警与防御计划，从 1970—2005 年，美国共发射了 23 颗红外探测卫星，用来监视地球上每个角落发射的弹道导弹。如果在卫星旋转期间热源发生移动，就可以判定是火箭升空或导弹发射，并立即测定热源的位置、速度、弹着点等。

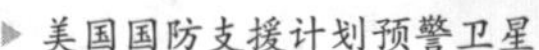
▶ 美国国防支援计划预警卫星

中国的导弹防御预警系统

目前，中国的火箭军（原名第二炮兵）正在积极构架具有全球预警能力的防天系统。该系统一旦建成，将具有全球预警能力，不仅能识别、跟踪洲际弹道导弹，还能对外层空间的卫星和载人航天器进行监视、跟踪和识别。在未来，中国的火箭军还会进行多品种、多层次的弹道导弹、卫星拦截试验，以检验整个预警系统的能力。

俄罗斯的导弹防御预警系统

早在 20 世界 50 年代，苏联就有了研制弹道导弹防御系统的想法。不过，当时卫星技术比较落后，导弹防御系统主要依靠预警卫星、地基预警和指示雷达、机载雷达或红外探测器等来完成。到了 20 世纪 70 年代初，苏联正式启动早期预警卫星项目，并逐步建立了预警网络。目前，俄罗斯正在逐步更新现有的 20 多颗预警和侦察卫星，建立新的预警卫星网络，并寻求国际合作，建立全球性的预警系统网络。

经典问答

导弹预警之后，人们是依靠什么来摧毁敌方导弹的？

反导系统是针对敌方弹道导弹的探测及拦截的武器系统，一般包括预警雷达、地面引导雷达、指挥控制中心和拦截武器等部分。最理想的反导系统是可以完全拦截敌方的导弹袭击的，而导弹是目前核武器最理想的载体，因此建立一个完备的反导系统具有极其重要的战略意义。目前，较为成熟的反导系统有俄罗斯的凯旋 S-400 导弹系统、A-235 反导系统，美国的“爱国者 3”系统、宙斯盾反导系统、萨德反导系统，以色列的箭-2 战区弹道导弹防卫系统，中国的“红旗 9”反导系统等。要指出的是，中国在 2010 年 1 月 11 日，曾进行了一次陆基中段反导拦截试验，成功于大气层外击毁来袭弹道导弹。之后，中国又进行了几次类似的试验。自此，中国成为继美国、俄罗斯之后，第三个掌握陆基中段反弹道导弹技术的国家。

星球大战计划

1983年，时任美国总统里根提出了一项大胆超前的战略计划——“星球大战”计划。这是一项综合太空防御计划，其核心是以各种手段攻击敌方外太空的洲际战略导弹和外太空航天器，以防止敌对国家对美国及其盟国发动的核打击。

诞生背景

冷战后期，苏联在核攻击力量上超过美国。美国害怕核平衡被打破，并出于维护自身战略利益的目的，急需建立有效的反导系统，来保证其战略核力量的生存和威胁能力，将苏联的核威胁降到最低。此外，当时美苏争霸，美国的经济实力远强于苏联。于是，美国想凭借经济优势，通过太空武器竞争，把苏联经济拖垮。于是，“星球大战”计划诞生了。

▲ 1983年里根在电视台演讲“星球大战”计划

具体组成

“星球大战”计划可分为两部分：洲际弹道导弹防御计划和反卫星计划。前者是通过在外太空和地面部署高能定向武器或常规打击武器，对来袭的战略导弹进行多层次拦截；后者是用太空基地的监视系统，对敌卫星进行监视，并在必要时摧毁敌卫星。在实施了一段时间后，由于费用太过昂贵、技术难度太大，再加上苏联解体，威胁变小，所以美国在20世纪90年代终止了“星球大战”计划。

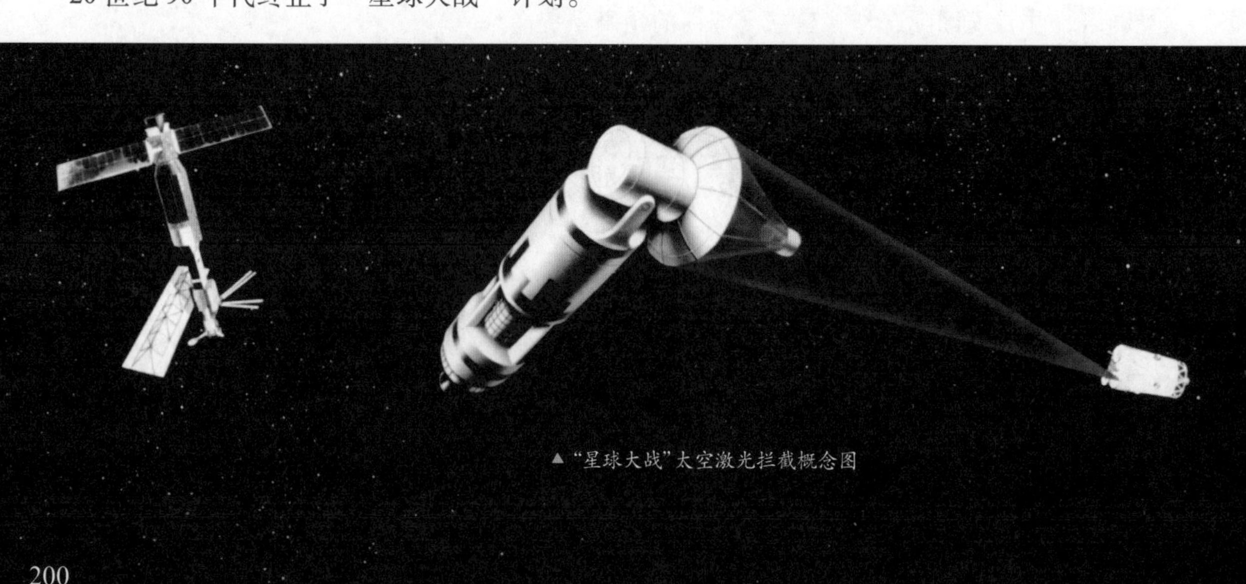

▲“星球大战”太空激光拦截概念图

▶ 卫星攻击卫星的概念图

涉及的系统

"星球大战"计划规模非常庞大，涉及全球监视系统、预警与识别系统、拦截及指挥系统、控制和通信系统等。例如，拦截系统中就包括4层防御网，分别是助推期防御阶段，即导弹从助推器点火至穿过大气层阶段；后助推期防御阶段，即导弹飞出大气层阶段；中段拦截层，即导弹再入大气层之前，对前两层漏网的导弹弹头和突防装置进行拦截；末段拦截层，即对重返大气层后的弹头进行拦截。

是骗局吗

"星球大战"计划实施后，对全球军事战略构成了巨大影响。不过，随着冷战时期的众多机密文件被曝光，"星球大战"计划被认为是一场巨大的骗局，实质上只是美国政府为了拖垮苏联而采取的一种宣传手段。但美国五角大楼声称，"星球大战"计划是真正的战略防御计划，也实施过一段时间，后来之所以被终止，是因为技术不成熟，存在重大技术难题。尽管被认为是骗局，但不可否认的是，这个计划在激光、微电子、计算机等领域产生了很多高科技成果。

新知词典

洲际弹道导弹

洲际弹道导弹是一种无人操纵的跨洲际战略进攻武器系统，是战略核力量的重要组成部分，可同时打击多个目标，威力可达数百万吨TNT当量。比如，美国海军的"三叉戟"潜射弹道导弹射程超过11 000千米，可携带3~14枚10万吨当量的核弹头。

早期的洲际弹道导弹采用无线电遥控制导，因为易受干扰，于是人们采用惯性测量元件，但是精度不高。之后，人们又在在惯性制导的基础上，增加了星光测量装置，提高导弹的命中精度。火箭发动机点火后，洲际弹道导弹加速飞行3~5分钟后，已处于距地面150~400千米的高度。之后的约25分钟，洲际弹道导弹主要在大气层外沿的椭圆轨道作亚轨道飞行，轨道的远地点距地面约1 200千米。期间，它还会释放出携带的子弹头，以及金属气球、铝箔干扰丝和诱饵弹头等各种电子对抗装置，以欺骗敌方雷达。当达到最高点后，洲际弹道导弹开始加速向下俯冲飞行，撞击目标时，速度可高达4千米/秒。

▲ 洲际弹道导弹

天基导弹防御系统

在海湾战争中，美国开创了用导弹打导弹的先河。这让世界其他大国大受启发，开始纷纷研制自己的导弹防御系统。为了保持军事上的优势，美国将目光放到了太空，开始研制天基导弹防御系统，目的是为了从太空中将袭击美国的敌方战略导弹击落。这个项目十分庞大，包括的系统非常多，比如天基激光武器系统、天基动能拦截器、天基空间监视系统和天基红外系统等。

天基激光武器系统

在实施“星球大战”计划时，美国就有了用天基激光武器拦截弹道导弹的构想。只不过由于当时技术和资金不足，这个构想没能付诸行动。天基激光武器以卫星为载体，在上面安装有激光武器，用于杀伤目标。和其他卫星一样，它的轨道高度越高，攻击范围就越大。比如，它在地球静止轨道上运行，就能攻击42%的地球表面目标。如果想要用近地轨道激光卫星实现全球打击，那么就要增加卫星的数量。不过，虽然卫星的数目增加了，但是距离目标也更近了，杀伤力也更强了。

▲ 天基激光武器

天基动能拦截器

2002年底，美国开始实施天基动能拦截器计划，用于在弹道导弹发射后，对其进行全程跟踪、拦截和摧毁。这种武器装备有高机动性弹头。当燃料燃烧时，武器系统可以赋予弹头很高的初速度。再加上比较高的识别、判断目标能力，它就可以从诱饵目标中判断出哪一个才是真正来袭的导弹。目前，美国比较成熟的拦截器有多种，比如“标准3”海基拦截弹、“爱国者3”拦截弹等。

▲ “标准3”海基拦截弹发射瞬间

“爱国者”防空导弹系统

“爱国者”防空导弹系统是美国雷神公司研制的第三代中远程、中高空地空导弹系统，是美国陆军为适应复杂的作战环境和不断变化发展的空中突击力量所造成的威胁而提出研制的，具有全天候、全空域、多用途的作战能力，主要对付现代装备和以后可能使用的高性能飞机，并能在电子干扰环境下击毁各种高度上飞行的近程导弹，拦截战术弹道导弹和潜射巡航导弹。1984 年，“爱国者”防空导弹系统开始在部队服役，并逐步取代“MIM-14 奈基-大力神”防空导弹，成为美军主要中高空防空武器。在海湾战争中，它一战成名，成为美国最具代表性、最为人熟知的武器之一。2008 年后，“爱国者”防空导弹系统逐步被战区高空区域防御系统取代部分功能。

▲ 天基红外预警卫星是美国反导系统中的重要组成部分

天基红外系统

想要拦截导弹，首先要发现导弹。为此，美国研制了非常先进的天基红外系统。这个系统的成员是高轨预警卫星，上面搭载了凝视型和扫描型两种红外探测器。其中，扫描型探测器通过快速区域扫描发现导弹发动机的明亮尾焰，从而引导凝视型探测器进行特定区域观测及目标精确跟踪，然后确定导弹的位置、轨迹、袭击目标等，并将探测信号传输至指挥控制中心，向己方发出预警信号。

天基反导武器

天基反导武器是部署在外层空间用于拦截弹道导弹的空间武器。它可分为两大类：天基动能武器，包括火箭推进的动能弹和电磁力推进的电磁轨道炮；天基定向能武器，包括强激光武器、粒子束武器和微波武器。和地基反导武器相比，它的优势非常明显：首先，可实现高效率的助推期和后助推期拦截；其次，可实现全球范围的拦截；再次，可利用外层空间有利的环境提高拦截器的性能；最后，可充分利用拦截时间和空域，进行多层次拦截。虽然优点很多，但它却有两个明显的缺点：生存能力低和投资巨大。

▲ 未来太空中的电磁轨道炮想象图

反卫星侦察

凭借强大的侦察本领，侦察卫星已经成为现代战争中获取情报的主要手段之一。为了能够逃过敌方侦察卫星的“眼睛”，提高己方军事信息的安全性和保密性，人们采取了各种反卫星侦察手段。目前，人们对付侦察卫星的办法和手段可以概括为四个字：避、变、骗、反，也就是通过躲避、干扰、伪装和反攻等方式，蒙蔽敌方侦察卫星的“眼睛”。

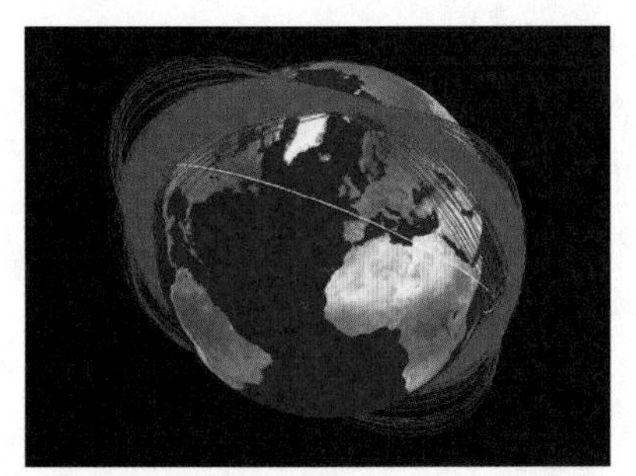

▲ 卫星轨迹和干扰

躲避

侦察卫星的运动轨迹并不是随意的，也不是想去哪就能去哪的，它有一定的运行规律。因此，掌握了侦察卫星的运行规律后，主动实施机动规避，就能有效防止被侦察。比如，侦察卫星从部队上空飞越时，部队尽量隐蔽起来，等到卫星飞过监视范围后，部队就可以大胆地采取行动了。冷战时期，北约的电子侦察卫星每天都会对苏联军队进行侦察，而苏联总部则每天向各部队和基地发出通报，让他们在卫星通过上空时关闭重要电子装备。

干扰

侦察卫星获取情报主要是通过遥感技术实现的，因此对重要目标的电磁波信息进行干扰，就能达到反电子侦察的目的。比如，被保护的目标会发出非常弱的信号，这时可以故意制造一些电磁波信号，将其淹没掉，这样敌方的侦察卫星就不容易侦察到较弱的辐射源。如果被保护的目标发出的信号比较强，就可以使用大功率干扰源保护，比如采用多种大功率雷达，令敌方同时获得的多路信息通道发生串扰，从而无法提取正确的信号。

探索之旅

中国的反卫星试验

中国的反卫星技术名列世界前茅。2007年1月11日，中国进行了一次反卫星导弹试验。当时，中国从西昌卫星发射中心发射了一枚携带有动能弹头的火箭。该火箭以8千米/秒的速度击中了一颗轨道高度约860千米、质量约750千克的中国已报废气象卫星——“风云一号C”。这标志着中国在反卫星领域取得了重大突破。

这次试验在国际上引起了巨大轰动。很多西方国家都声称这次试验将给国际社会带来负面效应，甚至引发军备竞赛。不过，这些只是一些西方政治家的危言耸听。事实上，以美国为首的西方军事强国从未停止过反卫星试验。

这次试验之后，中国又进行了数次反卫星试验，并都取得巨大成功，而且产生的太空碎片非常少。这说明了中国的反卫星能力越来越强，打得越来越准，控制的范围更精确了。

▲迷彩坦克

伪装

伪装欺骗是最常见的反侦察手段。大多数侦察卫星都属于光学侦察卫星，因此通过改变目标的外形、颜色、位置等特征就能欺骗侦察卫星。比如，对于车辆、坦克、舰艇等面积比较大的目标，可以在其上覆盖迷彩斑点布。这种布料涂有不同类型的迷彩色，并镶嵌着隔热贴片，可以使武器装备与背景融合，从而达到躲过卫星侦察的目的。如果是电子侦察卫星，那么可以用各种电子设备设置假的目标来应对。比如，科索沃战争中，南联盟就制造过假军事目标，将重要的军事设施隐藏起来。

反攻

主动攻击是最有效、最直接的反侦察手段。普通的武器很难对高高在上的侦察卫星造成威胁，但是激光、微波和粒子束等强辐射武器可以直接摧毁敌方卫星或卫星上的重要设备。比如，1981年，苏联利用激光武器损毁了美国的一颗卫星；1997年，美国利用陆地激光武器击中了一颗报废的侦察卫星；2008年，美国海军从位于太平洋北部海域的“伊利湖”号巡洋舰上发射了一枚“标准3”导弹，成功击中一颗失去控制的侦察卫星。

◀ 直接打击侦察卫星

反卫星卫星

在现代战争中，如果敌方拥有强大的卫星系统，那么必然会给己方带来巨大威胁。为了应对这种威胁，人们想尽办法让其失去作用。于是，反卫星武器诞生了。常见的反卫星武器有激光武器、反卫星导弹和电磁干扰器等。不过，这些武器效果一般不太理想。于是，人们想到用卫星克制卫星，就这样反卫星卫星诞生了。目前，中国拥有比较先进的反卫星武器，但是在反卫星卫星的研究上涉猎不深。

什么是反卫星卫星

反卫星卫星又称截击卫星、拦截卫星，它和空间观测网、地面发射-监控系统组成反卫星武器系统，能拦截、攻击、破坏、摧毁敌方在轨卫星或使其失去工作能力，主要用于对付间谍卫星。这种军用卫星自身携带有攻击性的武器，比如激光武器，能近距离攻击敌方卫星。不过，由于反卫星卫星的技术要求比较高，而且实战应用不多，所以发展速度并不快，数量也不是很多。

▲激光武器

有哪些手段

从地面攻击飞得又高又快的卫星非常难，但是在太空中利用卫星发动攻击就相对容易一些。目前，反卫星卫星摧毁敌方卫星主要通过三种手段。一是在反卫星卫星上安装强大的无线电干扰器，通过发射大功率无线电干扰、切段敌方卫星的通信，使其指挥失灵，无法正常工作。二是在反卫星卫星上安装杀伤性武器，比如激光武器、定向能武器，或是采用自身爆炸和碰撞方式，直接摧毁敌方卫星。三是利用反卫星卫星上的机械手，将敌方卫星擒住，装入容器或直接带回地面。这种方法比较复杂。首先，地面人员要计算敌方卫星的轨道数据，然后，给反卫星卫星下达命令，让其变轨，跟踪并靠近敌方卫星，最后，利用机械手把卫星擒拿住。

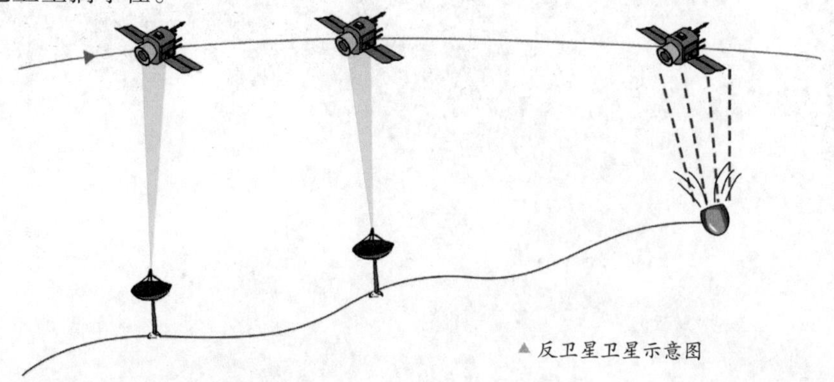

▲反卫星卫星示意图

如何发动攻击

反卫星卫星发动攻击的方式主要有三种，它们各有优势。一是椭圆轨道法，也就是将反卫星卫星发射到一条椭圆轨道上，在远地点接近、拦截卫星。这种方式适合对付高轨道卫星。二是圆轨道法，也就是将反卫星卫星发射到和目标卫星同一轨道，使二者轨道共面，以便进行轨道机动接近目标。这种方式比较节省燃料。三是急升轨道法，也就是先将反卫星卫星发射到一条低轨道上，然后进行变轨机动，快速拦截目标。这种方式具有突然性，敌方不容易采取应对措施，但是它消耗的燃料比较多。

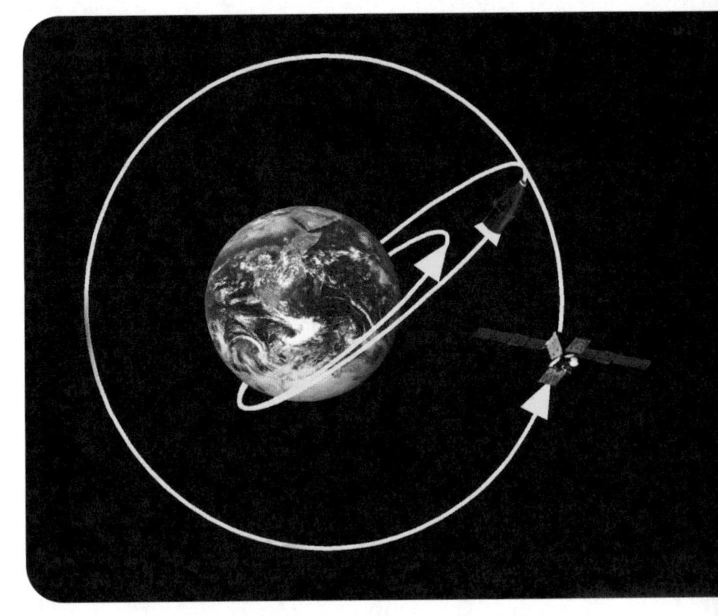

▲ 反卫星卫星多次变换轨道，逐步接近和摧毁目标卫星

▲ 反卫星卫星利用自身携带的动能武器打击敌对卫星

整个过程

反卫星的作战说起来容易，做起来难。要想发动反卫星攻击，首先要有一个强大的空间观测网，能够对敌方卫星进行持续跟踪观测，以获得目标参数和性质；然后才能给反卫星卫星下达制动、变轨命令，让其接近目标，而这需要精准的测绘、测距和操控能力；最后等到反卫星卫星足够接近目标后，才能下达攻击命令，利用各种武器或手段杀伤目标，使其失去工作能力。而这个过程同样要精准，容不得半点失误。

探索之旅

苏联的反卫星试验

利用卫星摧毁敌方卫星的反卫星试验发展非常早。早在1971年，苏联就进行了人类首次利用卫星摧毁卫星的反卫星试验。当时，苏联首先发射了一颗名为“宇宙-459”的卫星。4天后，苏联又将“宇宙-462”卫星送入太空。“宇宙-462”卫星进入太空后，很快就找到了“宇宙-459”，然后快速靠近。等到足够靠近时，“宇宙-462”突然爆炸，将“宇宙-459”卫星炸毁。

4年后，也就是1975年，苏联又进行了一次类似的反卫星试验。不过，这一次反卫星卫星并没有主动靠近目标，而是“停下来”，等待目标自己靠近。当目标卫星靠近它时，它在适当时机引爆自身，炸毁目标卫星。

未来的太空武器

如今，太空已经成为人类开辟的新战场，各种太空武器被开发出来。随着航天技术的发展，太空武器将会有新的突破。在未来，太空武器虽然仍然以卫星为主，但它们拥有了更强的攻击能力，比如携带大功率激光武器、粒子束武器等。

动能武器

动能武器是未来太空武器发展的一个方向。这种武器能够发射超高速飞行、具有强大动能的弹头，并利用弹头的动能直接撞毁目标。比如，电磁炮发射的速度达几十千米/秒的射弹，可以用来拦截弹道导弹和攻击军用卫星等。

▲ 苏联地基反卫星激光武器设想

定向能武器

在未来，定向能武器将会成为太空武器的主要研究方向。这种武器利用激光束、粒子束、微波束、等离子束、声波束的能量，产生高温、电离、辐射、声波等综合效应，来摧毁或损伤目标。按照能量载体的不同，定向能武器可分为激光武器、粒子束武器、微波武器等。定向能武器有突出的特点。比如，它速度非常快，接近光速，基本能做到瞄准即能命中，敌人无法躲避；能量高度集中，能做到只对目标本身甚至某一部位造成破坏。

探索之旅

电磁炮的历史发展

电磁炮是一种先机的动能杀伤性武器，是利用电磁技术制成的。和传统大炮利用火药燃烧产生燃气压力发射弹丸不同，电磁炮是利用电磁系统中电磁场产生的洛伦兹力来对金属炮弹进行加速的，它可以大大提高弹丸的速度和射程。

1845 年，英国物理学家查尔斯·惠斯通制作了世界第一台磁阻直流电动机，并用它将一个金属棒抛射到 20 米远。之后，人们产生了利用电磁推射炮弹的想法。二战时，德国、日本在军事需求的刺激下，都进行过电磁炮的研制，甚至还将质量为 10 克的弹丸加速到 1.2 千米/秒的初速度。20 世纪 70 年代后，电磁炮的研究取得了很大突破，推动的弹丸速度已在提高，可达 8~10 千米/秒。

2005 年，美国海军重启电磁炮研究，并投入巨资。2010 年时，美国研发的电磁轨道炮在海军试射中，将电磁炮以 5 倍声速击向 200 千米外的目标，射程为海军常规武器的 10 倍。这一成绩让美军兴奋不已。美军计划在 8 年内进行海上实测，2025 年前正式配备于军舰上。虽然这一计划在现在看来似乎不能实现，但足以证明电磁炮在未来战场上会发挥巨大作用。

微波武器

微波武器又称电磁脉冲武器，它利用高能量的电磁波辐射攻击和毁伤目标。它威力大、速度高、作用距离远，而且看不见、摸不着，往往伤人于无形。航天器一旦装备微波武器，就能将敌方逼入被动挨打的困境。目前，美国正在研究微波武器。不过，各军种具体要求不同。其中，海军在质量、空间和功率方面提出的限制条件较少，因此在未来 10~20 年内，美国海军有可能首先使用微波武器。

▲ 微波武器试验

激光武器

激光武器是利用高能激光进行作战的武器，它杀伤力十分强大，能将敌方卫星炸成碎片，而且具有反应速度快、非常灵活、作用面积小等特点。早在 20 世纪 90 年代，美国就已经在战场上运用激光武器，不过效果一般。目前，美国正在研究杀伤力巨大的战术激光武器，用于防空击毁低空飞机、拦截或击毁战术导弹等。不过，它要真正进入实战应用，估计要到 2030 年以后了。

▲ 未来太空激光武器防御的设想

粒子束武器

粒子束武器利用高能加速器将电子、质子和离子等加速到光速的 0.6~0.7 倍，然后利用磁场把它聚集成密集的束流后射向目标，靠束流的动能或其他效应使目标失效。在太空中使用的粒子束武器主要是中性粒子束武器，可用来拦截导弹或航天器。目前，这种武器只限于研究，要进入实战应用至少还需要 10~20 年。

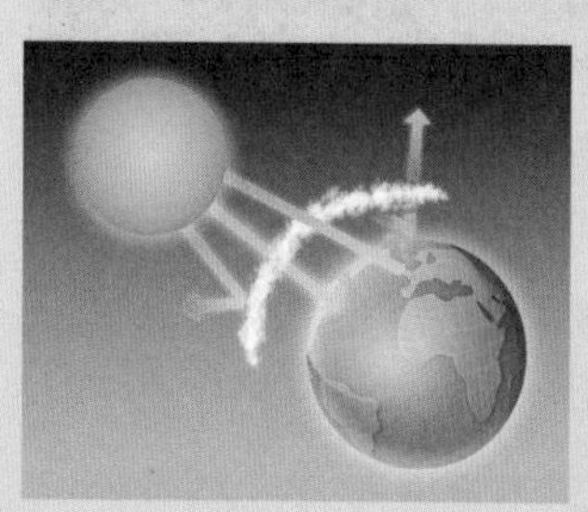
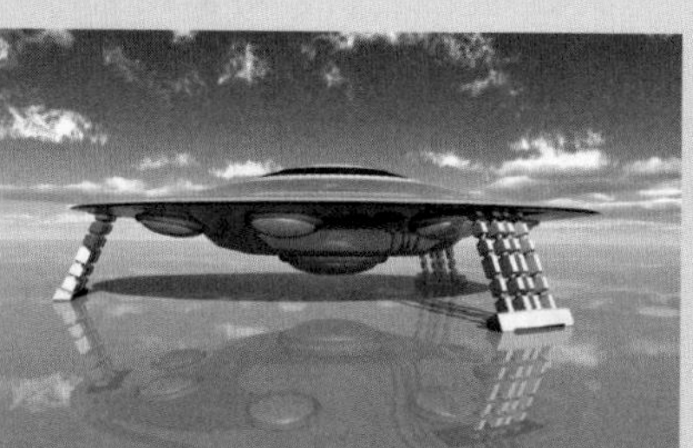

任重道远再踏圆梦征程:民用航天和未来篇

航天技术的发展不只表现在探索宇宙和军事应用上,还表现在生活应用上。气象卫星、通信卫星、导航卫星和地球资源卫星等为人类的日常生活提供了各种服务。人类的生活已经与航天技术分不开了。在未来,航天技术也许会与人类活动结合得更紧密,人类将有可能实现太空旅行、在太空建立工厂、在太空育种等梦想。

航天与生活

航天技术是20世纪人类最伟大的技术进步之一，它在人类向未知世界探索的道路上谱写了一章章灿烂辉煌的历史。空间技术的每一次突破，都对生产力的变革和人类社会的进步提供了巨大的推动力。如今，航天技术对于普通人来说不再遥不可及，它早已经深入到人类生活的方方面面，是人类活动不可缺少的一部分。不管是太空育种，还是广播电视，或是天气预报，都离不开航天技术的支持。

收看电视

电视是每个家庭必不可少的电器。通过它，人们可以收看很多电视节目。不过，电视信号的转播，尤其是国外电视节目的信号，离不开通信卫星。身处太空的通信卫星，作为信号传递的媒介，将电视信号传递到世界的各个角落，让即使身处偏远山区的人们也能及时收看当天播放的电视节目。电视台将电视信号从地面发送到太空中的通信卫星，再通过通信卫星将电视信号送入地球上的指定区域。之后，地面上的接收设备接收到信号后，将其转换为电视信号，通过电视播放出来。

▲ 看电视

卫星导航

导航定位系统让司机不再为找不到正确的路而烦恼。有了导航定位系统，人们就相当于有了实时电子地图。人们不仅可以知道自己的所处位置，走哪条路可以去目的地，还能选择最佳行车路线。而且不管天气如何、位置是否偏远，导航定位系统都是精确可靠的指路人。比如，中国的“北斗”导航定位系统就为汶川抗震救灾提供了有力的支援。

◀ 实时电子地图

预知天气状况

在没有气象卫星之前，天气预报往往很不准确，给国民生活、生产造成很大不便。自从气象卫星飞入太空后，天气预报的准确度大大提高，而且能够实时预报天气。气象卫星每天定时将拍摄的云层信息发送给气象局。气象局的工作人员对卫星发回来的云层图片、各地的气温和风速等信息进行分析和计算，得出结论后，向人们发布天气预报信息。比如 2008 年，北京奥运会期间，人们利用气象卫星进行的天气预报，甚至能精确到某一场馆、某一时段。

▲ 天气预报

航天食物

▲ 宇航员食品

蔬菜脱水、复水技术是 20 世纪 60 年代为航天员在太空中的饮食而开发的。我们平常所吃的方便面中有个蔬菜包，里面装的就是经过处理的脱水蔬菜。现在，宇航员食用的食品，种类繁多，不仅有新鲜的面包、水果、巧克力，也有装在太空食品盒里的炒菜、肉丸等，里面还有番茄酱等调味品。这些食品大都是高度浓缩的、流质状的。通过航天育种，人们还在地面培植出数十种作物新品种，太空青椒、太空番茄已走上了普通百姓的餐桌。

民用产品

很多民用产品，都是利用航天技术转化而来的。比如，太阳镜最初是为了防止宇航员的眼睛被强光灼伤而发明的，但如今它已成为“时尚潮人”的必备之物。iPhone 手机上的高清摄像头在研发时，也运用了太空望远镜中的感光元件技术。

▶ iPhone 手机

经典问答

为什么太空中可以生产高质量材料？

太空环境十分特殊，比如微重力、真空、无菌等。人们利用这种特殊环境，可以创造出很多地球上难以实现的奇迹。在地面上，重力因素使得工厂在熔炼合金时，不同密度的金属，会在合金内部出现分布不均匀的情况。但是，如果将熔炼工厂搬到太空中，地球重力就几乎察觉不到，那么合金的成分不仅可以均匀分布，还能生产出完美的球形元件。

科学实验卫星

太空环境十分特殊，可以进行很多在地球上无法实现的实验。不过，载人航天成本比较高，于是人们运用相对便宜的科学实验卫星进行科学探测和研究。这种人造卫星种类比较多，根据用途的不同，可分为空间物理探测卫星、天文卫星、生物卫星和空间微重力试验卫星等。人们通过这些科学实验卫星获得了许多宝贵的资料，取得了丰硕的科学研究成果，为人类认识太空、进入太空、利用太空提供了重大支持。

▲ 苏联的γ射线天文卫星

不同的用途

科学实验卫星的研制主要是为了满足对各种新技术进行先期试验，同时开展空间环境探测与空间科学研究。科学实验卫星上面搭载了很多仪器，它们的用途各不相同，有的用于探测和研究，有的用于观测太阳和其他天体，还有一些进行生物实验和微重力试验等。

美国的“探险者”号

“探险者”号是美国第一颗人造卫星，于1958年发射升空。这颗科学实验卫星进入太空后，主要用于探测研究地球大气层和电离层、测量太阳辐射和太阳风、测定地球形状和地球引力场、探测和研究宇宙线和微流星体等。之后，美国发射了几十颗“探险者”，将其发展成一个科学卫星系列。不过，这些小型卫星有大有小，外形和结构差异很大，轨道高度和探测空间高度各不相同。美国通过“探险者”对太阳辐射进行了长期和连续监测，了解了太阳质子事件对地球环境的影响，加深了人们对太阳、地球之间关系的认识。

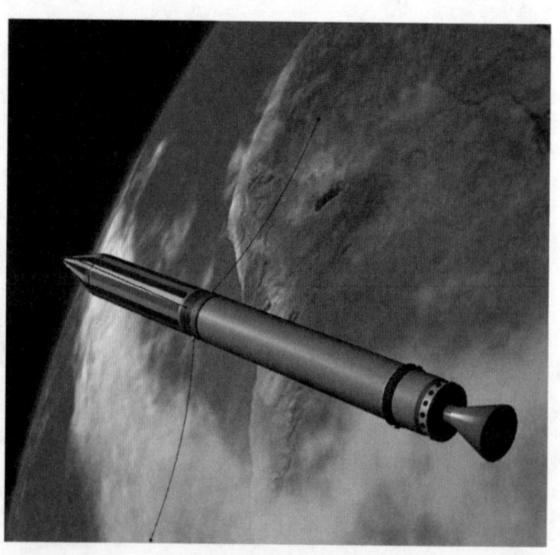

▲ “探险者”号卫星

苏联的“电子”号

苏联在科学实验卫星方面不甘落后。苏联在1964年发射了四颗名为“电子”号的科学实验卫星，用于研究进入地球内、外辐射带的粒子以及相关的各种空间物理现象。这些卫星十分先进，携带了大量探测仪器，比如高、低灵敏度的磁强计、低能粒子分析器、质子检测器、太阳X射线计数器以及研究宇宙辐射成分的仪器等，获得了地球辐射带、磁场、带电粒子的特性、空间分布等大量数据。

▲ 德国学者用科学卫星“Equator-S”磁层多尺度卫星重点探测赤道面内的空间现象

▲ “实践一号”

中国的“实践一号”

中国在科学实验卫星领域起步相对较晚，但发展很快。1971年3月3日，中国发射了第一颗科学实验卫星“实践一号”。这颗卫星质量221千克，外形为球形多面体，绕地球一周需要106分钟。它搭乘“长征一号”运载火箭进入太空，除了为中国获取了大量空间物理数据之外，还试验了太阳能电池供电系统、主动无源温度控制系统、长寿命遥测设备及无线电线路性能等。“实践一号”堪称奇迹，它的设计寿命只有1年，但实际工作寿命长达8年，直到1979年6月17日才陨落。

中国的“墨子”号

“墨子”号是世界上首颗量子科学实验卫星。2014年12月，中国科学家宣布，“墨子”号完成关键部件的研制与交付。2016年8月16日，“墨子”号发射升空，标志着我国的空间科学研究又迈出重要一步，成功跻身科学实验卫星第一梯队，牢牢掌握了具有世界领先水平的尖端技术。

经典问答

什么是量子卫星？它有什么优势？

量子卫星实际上是一种通信卫星，只不过它的信号传递方式很特别。普通的卫星都是通过无线电传输信号的，而量子卫星的信号是通过携带的光子在外层空间传播，期间几乎没有损耗。由于量子具有不可分割、状态不可克隆的特性，所以将其作为信息载体可以实现抵御任何窃听的密钥分发，进而保证传输内容的安全性。目前，以量子为核心研究的量子卫星，已经成为全球物理学研究的前沿与焦点领域。

极地探测卫星

地球南北两极位置十分特殊，这里成年冰天雪地，气候极其恶劣，人们很难长期驻扎考察。于是，人们研制出了极地卫星，用于从太空中对两极进行探测。极地卫星轨道高度大约为600~1 500千米，每天可获取全球两侧的气象资料。由于极地卫星采用的是近极地太阳同步轨道，比地球同步卫星更接近地面，所以拍摄出来的图像的分辨率较高。目前，中、美、俄等国都拥有极地卫星。

运行姿态

极地卫星运行在近极地太阳同步轨道上，轨道平面和太阳光线保持固定夹角。每天，极地卫星都会在固定时间在同一地点出现两次，从而对同一目标进行两次探测。探测时，极地卫星上的各种仪器都是正对地球表面的。如果各种仪器是倾斜的，那么拍摄出来的照片在各处的比例将有很大差别，比如有的地区被拉长，有的被压缩，这将给云图定位造成较大误差。于是，人们采用了三轴地球定向姿态，使其定位精度达到±0.1°以上，保证各种仪器时刻对准地球。

▲ 极地轨道卫星运行

搭载的仪器

极地卫星搭载的仪器比较多，比如电视照相机、红外探测器、微波辐射仪和平板辐射仪等。其中，电视照相机可以在白昼拍摄可见光云图；红外探测器可以测量地球和大气向卫星发出的不同波长的红外辐射强度；微波辐射仪可以探测云上和云下的大气温度和湿度的分布；平板辐射仪可用于测量地球和大气向上发射的红外辐射总能量。

新知词典

臭氧层

臭氧层是大气层的平流层中臭氧浓度最高的层次，主要位于20~25千米的高度处，臭氧含量通常会随着纬度、季节和天气等的变化发生变化。臭氧层中的臭氧可以大量吸收太阳紫外线，保护了地球上的生物免受紫外辐射的伤害。如果臭氧层发生空洞，到达地面的紫外线就会增强，直接威胁生物的安全。不过，少量紫外辐射有杀菌作用，对生物大有裨益。

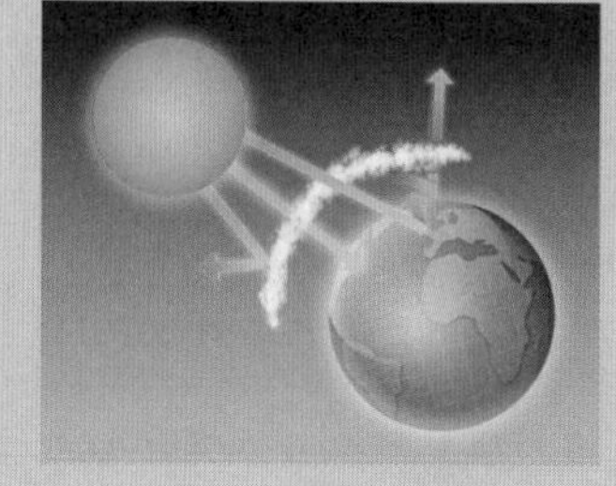

▶ 臭氧层

南极臭氧层空洞

臭氧层的损耗会直接影响生物圈的安危。利用极地卫星可以对两极的臭氧层进行观测。1985年，英国科学家发现，春季时南极地区的臭氧总量在下降；1978 年，美国科学家发现，春季时南极地区的臭氧和周围地区相比少很多，就像一个空洞，也就是人们常说的南极臭氧层空洞。

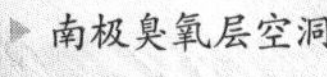

南极臭氧层空洞

冰雪融化

两极冰雪融化

南北两极有大量的冰雪，如果这些冰雪全部融化，海平面将上升 60 多米，会将很多沿海地区吞没。而全球变暖正在加速两极冰雪融化。极地卫星探测显示，受全球气候变暖影响，北极附近和南极洲地区共有约数万亿吨的冰川融化，而且融化的趋势没有丝毫减缓的迹象。

极地夜光云

极地地区除了美丽的极光，人们还会看到一种夜光云。这是一种透明、发光的波状云，一般距地面约 80 千米，呈淡蓝色或银灰色。2007 年，美国的一颗极地卫星发现，夜光云出现异常变化，越来越明亮，有可能是地球气候变化造成的。

夜光云

磁场变化

地球本身是一个大磁场，可以使很多宇宙辐射偏离地球，而它的磁极就位于南北两极。2009 年，欧洲发射了 3 颗极地卫星，用于监测地球磁场的变化。卫星图像显示，近几年，地球磁场一直减弱，有可能是地球南北磁场发生大翻转的前兆。

环境监测卫星

地球环境的任何变化都会给人们的生产生活带来重大影响。为了能及时获知不利的环境变化，全面监测环境，人们研制出了专门用于监测环境的卫星。目前，美国在环境监测卫星的研制和发射领域一直处于领先地位。不过，中国、印度、欧洲航天局、日本等也相继发射了这种卫星，而且追赶得十分迅速。

▲早期的静止轨道环境观测卫星

美国的环境监测卫星

早在1966年，美国就进行了环境监测卫星的试验。当时，美国在一颗通信卫星上加装了云图相机，每隔0.5小时对地球环境监测一次。它的成功，促使美国接下来发展类似的环境业务卫星。1975年，美国发射了首颗地球静止轨道环境业务卫星。该卫星质量约300千克，采用了自旋稳定设计，不仅能对西半球上空进行24小时不间断观测，还能收集和转发气象观测数据。后来，美国又发射了10多颗该系列卫星，其中后面几颗属于新一代卫星，设计结构作了大幅度优化，质量增加到约2 100千克，功能也更加强大。

美国新一代环境监测卫星

2016年，美国在佛罗里达州卡纳维拉尔角空军基地，利用“宇宙神5号”火箭，将静止轨道环境观测卫星-R送入太空。这是美国最新一代环境监测卫星，会让天气预报发生彻底变革。它搭载了先进的紫外线X光辐射度传感器、空间环境现场监测器、磁强计等仪器，比普通气象卫星的空间分辨率提高了4倍，扫描速度提高了5倍，可以对飓风、龙卷风、洪水、火山灰云、雷暴等进行高分辨率观测。

◀“宇宙神5号”火箭，将静止轨道环境观测卫星-R送入太空

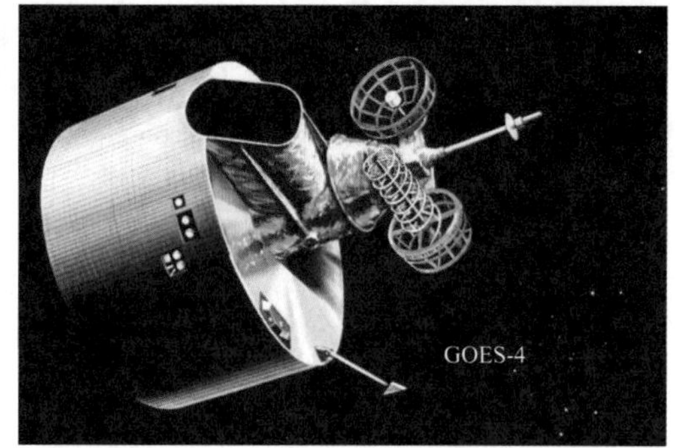

▲ 静止轨道环境观测卫星-R(GOES-R)是美国国家航空航天局发展的新一代地球静止轨道气象卫星

"环境一号"卫星

"环境一号"卫星是中国第一个专门用于环境与灾害监测预报的卫星。2008 年 9 月，中国在太原卫星发射中心通过"一箭双星"发射了两颗光学小卫星（"环境一号 A"星和"环境一号 B"星）和一颗合成孔径雷达小卫星。2012 年 11 月"环境一号 C"星发射成功，和"环境一号 A"星、"环境一号 B"星组成卫星系统网络，利用所搭载的光学、红外、超光谱仪器，对中国的生态破坏、环境污染进行大范围、全天候、全天时、动态的监测。

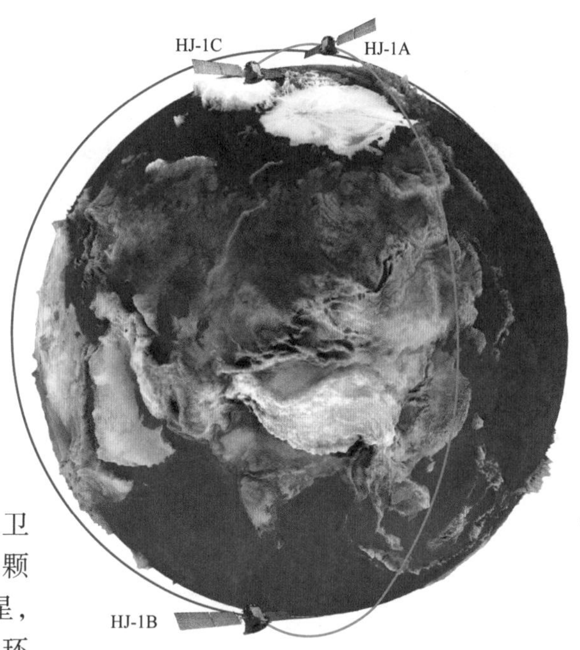

▲ "环境一号"卫星示意图

"吉林一号"卫星

2015 年 10 月，"吉林一号"商业卫星在酒泉卫星发射中心成功发射。这颗商业卫星组星包括一颗光学遥感卫星、两颗视频卫星和一颗技术验证卫星，可为国土资源监测、土地测绘、农业估产、生态环境监测和防灾减灾等领域提供数据支持。

探索之旅

"环境一号"卫星系统建设过程

"环境一号"卫星系统的建设在中国环境监测发展中具有里程碑意义，标志着中国的环境监测进入了卫星应用的时代。

2003 年，"环境一号"卫星获国家正式批准立项建设。经过 5 年多的研制，"环境一号"卫星的 A 星和 B 星成功发射。它们上面搭载了宽覆盖多光谱可见光相机、超光谱成像仪、红外相机、合成孔径雷达等先进仪器，可获取高分辨率的对地观测数据，对中国大部分地区可实现每天一次重复观测，提高了中国环境生态变化、自然灾害发生和发展过程监测的能力。

4 年后，"环境一号 C"星发射升空并送入预定轨道。它除了和 A 星、B 星组网，对环境进行联合监测外，还承担着对新型航天器件、设备、材料、方法和微小卫星平台等的在轨验证试验任务。目前，"环境一号"卫星系统已经取得了很多成就，推动了中国卫星应用事业的快速发展。

地球资源卫星

地球上的资源十分丰富。不过，这些资源大多深埋在地下或隐藏在海底。人们往往受条件限制，很难对这些地区进行实地勘探。而且由于地球太过广大，很多实地勘探往往收效甚微，所以人们迫切需要一种简便又经济的探测方法。于是，地球资源卫星诞生了。地球资源卫星是一种多用途卫星，它不受自然条件或地理位置的限制，能够对全球范围内隐藏的资源进行勘探。目前，美国的地球资源卫星最为先进，而中国的相对落后一些。不过，在1999年时，中国就已经发射了自己的地球资源卫星。

历史发展

1972年，美国的“陆地卫星1号”发射升空。这是世界上第一颗地球资源卫星。之后，苏联、法国、印度和中国等也相继发射了地球资源卫星。比如，法国在1986年发射了第二代地球资源卫星“斯波特”号；日本在1992年发射了第三代地球资源卫星，它采用了合成孔径雷达和光学遥感器等，具有全天候、全天时、高精度的特点；1999年，中国和巴西合作发射了“地球资源卫星一号”，开启了中国卫星的新时代。

▲“陆地卫星1号”

工作方式

地球资源卫星是由气象卫星发展而来的，是专门勘探和研究地球自然资源和环境的卫星。它装载有光学照相机、电视摄像机等设备，通过获取大量地物目标辐射和反射的电磁波信息，然后将信息传输给地面接收站，进行处理和判读，从而掌握各类资源的特征、状况及分布等数据。

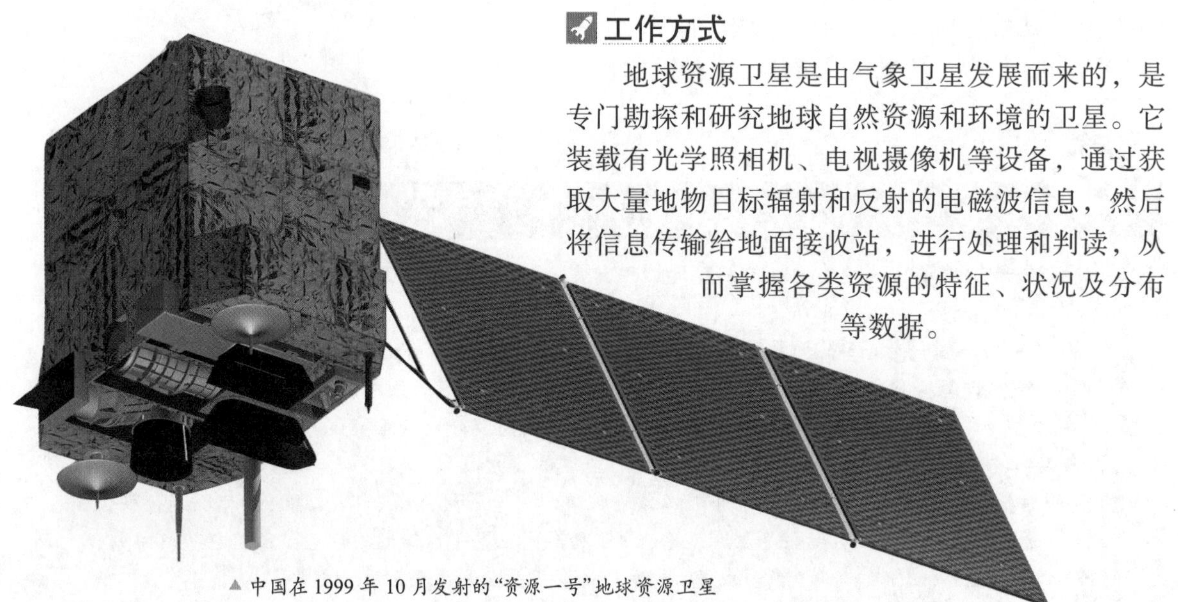

▲中国在1999年10月发射的“资源一号”地球资源卫星

探索之旅

中巴地球资源卫星

"地球资源卫星一号"又叫中巴地球资源卫星，是中国和巴西合作研制的地球资源卫星，也是中国第一代传输型地球资源卫星，共包含了01星、02星、02B星、02C星和04星五颗卫星。其中，01星、02星、02B星均已经退役。它们的成功发射是中国和巴西两国科研人员几十年心血的结晶，也为两国的后续航天合作打开了新的天地，被誉为"南南高科技合作的典范"。1999年10月14日，01星顺利发射升空，结束了中巴两国长期单纯依赖国外对地观测卫星数据的历史。之后的10多年里，中巴两国又合作发射了数颗"地球资源卫星"，其中有失败，有成功，但都为两国的航天发展做出了贡献。2014年，12月7日，"地球资源卫星一号04"星在中国太原卫星发射中心发射升空，并准确送入预定轨道。两天后，04星成功获取了首批影像图。这批影像图图像清晰，色彩丰富，质量优良，达到设计要求，标志着04星取得了重大阶段性成果。当天，两国还签署了多项后续合作意向书。

主要分类

海洋和陆地的化学、物理、地貌、地形等特性各不相同。因此，想要全面、迅速地获悉它们蕴藏的资源，就有必要按照目标的不同，对地球资源卫星进行具体划分。目前，地球资源卫星主要分为两大类：陆地资源卫星和海洋资源卫星。其中，前者主要负责陆地资源普查，后者主要用于海洋资源普查和重大自然灾害预报等。

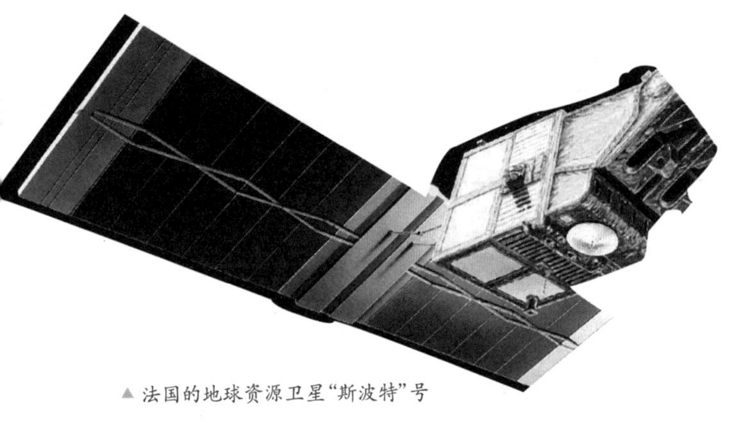

▲ 法国的地球资源卫星"斯波特"号

四大系统

姿态控制系统、能源供应系统、信息传输系统和遥感仪器是地球资源卫星的四大系统。其中，遥感仪器是地球资源卫星进行资源普查的主要仪器，可分为可见光和红外遥感器、微波遥感器两大类。比如，法国研制的"斯波特"号地球资源卫星，装有两台高分辨率摄像机，可利用可见光和近红外波段，调查矿藏资源、植物资源和作物产量等地球自然资源。

商业遥感卫星

美国的"伊科诺斯"卫星于1999年发射升空，是世界上第一颗可提供高分辨率卫星影像的商业遥感卫星，可提供分辨率为1米和4米的彩色影像，可用于陆地资源勘探等方面。"地球眼"卫星是美国地球眼公司发射的第二代商业遥感卫星，主要用于拍摄地面高分辨率的图片，在陆地资源勘探等方面有广泛应用。

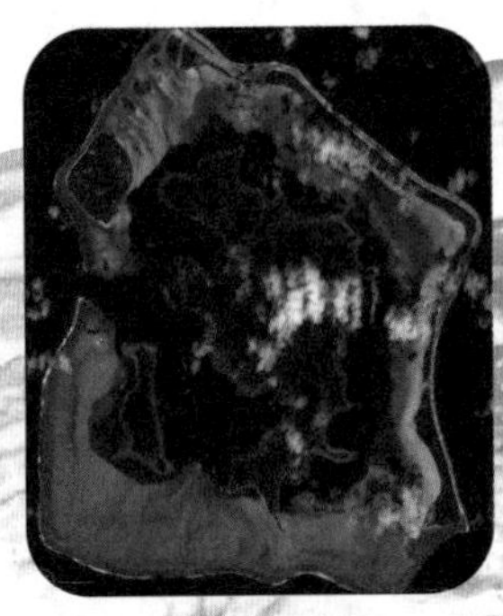

▶ "伊科诺斯"卫星拍摄的高分辨率卫星图像——博拉博拉岛

海洋探测卫星

海洋约占地球表面积的71%,但是人类对海洋的认识还非常少。海洋中蕴含着丰富的资源,但寻找和开发海洋资源却非常困难。随着科技的发展,海洋卫星出现了。这种专门用于海洋探测的卫星可以服务于海洋生物的资源开发利用、海洋污染监测与防治、海岸带资源开发、海洋科学研究等领域。目前,世界各国发射的海洋卫星已有数十颗,其中属于中国的就有数颗。不过,中国的海洋卫星虽然取得了长足发展,但与世界先进水平相比,差距仍然较大。为此,中国制定了长远规划,力求使中国海洋卫星及其应用水平达到国际先进水平,并在国际社会中占有一席之地。

▲美国的第一颗海洋卫星 Seasat-A

发展历史

早在 20 世纪 60 年代，用卫星进行海洋动力环境探测的构想就被提了出来。之后，世界各国都开展了海洋探测卫星的研制。1967 年 12 月 27 日，苏联发射了世界上第一颗海洋监视卫星——“宇宙 198 号”卫星。不过，这只是一颗试验卫星。1978 年 6 月 22 日，世界上第一颗海洋卫星 Seasa-A 在美国发射成功。该卫星搭载有光学遥感器和被动式微波遥感器等多种海洋遥感装置，每天绕地球 14 圈，每小时对全球 95%的海面环扫一遍，可提供全天时、全天候海况的实时资料。不久后，苏联、日本、法国等相继发射了大型海洋卫星，以获取全面的海况资料。2002 年 5 月，“海洋一号 A”成功发射，这是中国首颗海洋水色卫星，标志着中国的海洋探测进入新阶段。

经典问答

海洋卫星有哪些用途?

海洋卫星的用途很多,目前主要用于六个方面:为海洋专属经济区外交谈判提供海洋环境和资源信息;提高海洋环境监测预报能力;海洋油气、海洋渔业和海岸带资源的调查与开发服务;获得实时的海况、流场、海面风速等资料,为航天器飞行轨道的计算提供数据支持;海洋污染监测、监视,保护海洋自然环境资源;加强全球气候演变研究,提高对灾害性气候的预测能力。

▶ 海洋卫星为在海上航行的船只提供实时服务

主要分类

海洋卫星属于档次比较高的地球观测卫星，是在气象卫星和陆地资源卫星的基础上发展起来的。按照用途，它可以分为三类，分别是海洋水色卫星、海洋综合探测卫星和海洋动力环境卫星。其中，海洋水色卫星主要用于对叶绿素、悬浮沙等海洋水色要素和水温及其动态变化的监测；海洋综合探测卫星主要用于对全球与近海各种信息的综合遥感监测；海洋动力环境卫星主要用于探测海面风场、海面高度、浪场、流场以及温度场等要素。目前，能研制和发射海洋水色卫星的国家有中国、美国、俄罗斯、印度和韩国等。

携带的设备

海洋卫星具备强大的能力，主要是因为携带了很多先进的设备。比如，感测可见光和热红外的海水扫描仪，可用来确定鱼虾贝类的集聚区，为海洋捕捞提供方便；测量风速、风向的微波散射计与观测海面温度、盐分的微波辐射计，可用来预测台风等海洋气候的变化，为防范台风袭击提供指导；能穿透云雾、雨雪的合成孔径雷达，可用来观察海水特征、海面漂浮、海浪波动等，为海洋研究提供数据支持。

▲ 海浪波动

▲ 美法共同发射的topex/poseidon卫星是目前最精确的海洋地形探测卫星

优势和特点

海洋卫星作为一种专项卫星，具有很多突出的优势。和普通的陆地卫星、气象卫星相比，它方便、快捷、经济，可对大面积海域进行实时、同步和连续的监测。同时，它的灵敏度和分辨率很高，可以匹配海洋环境的周期性变化。另外，它的测量要素相对比较多，比如可以对海面粗糙度、海面风场等进行测量。

▼ 地面站接收海洋卫星传来的信息

小卫星

一颗卫星成功发射，所花费的成本是十分高的。除了卫星本身造价非常高外，对运载火箭的要求也非常高，因此一旦发射失败，就会造成重大损失。为了保持卫星功能和性能的同时，最大限度降低成本，人们研制出了小卫星。小卫星的体型和质量都比普通的卫星小，但是本领一点也不弱，可以和多数普通卫星一样，轻松地在太空中圆满完成各项指定任务。

新的需求

早期，卫星的结构比较简单，性能也比较单一。后来，随着卫星技术的发展，卫星的性能越来越高，结构也更加复杂。不过，随着卫星功能的高度集成，人们对卫星本身的的质量和对火箭运载能力的要求也大大提高，这使得卫星发射所需要的费用越来越高，研发周期越来越长，风险也越来越大。为了降低成本和风险，缩短研发周期，人们迫切需要一种新的卫星。于是，小卫星诞生了。

▲ ESTCube-1 卫星，名为“爱沙立方星 1 号”，是爱沙尼亚首颗卫星

个子小

根据卫星的质量，人们通常将质量小于 1 000 千克的卫星称为小卫星。其中，质量在 100~500 千克的卫星称为微小卫星；质量在 10~100 千克的称为显微卫星；质量小于 10 千克的称为纳米卫星。这种卫星价格低廉，从研发到在太空运行整个周期一般不超过 12 个月，但使用寿命却长达 10 年之久，因此它的整个风险要比普通卫星低得多。

▲ 三枚 Space Technology 5 的小卫星

探索之旅

民营小卫星商业搭载发射

2016年11月10日，中国在酒泉卫星发射中心用“长征十一号”运载火箭发射了一颗脉冲星试验卫星和四颗微纳卫星。这次“一箭五星”刷新了中国用固体运载火箭进行一箭多星发射的纪录。

这次发射中，有一颗商业遥感微小卫星——“丽水一号”，是由一家全民营商业卫星公司研发制造的。它的成功发射，是中国的航天队伍首次探索搭载民营卫星的发射模式，是国家鼓励民营企业参与航天领域的实际行动，也为今后此类应用的推广打下了坚实基础。

▲ 美国的OPAL卫星，质量为23千克。2000年，美国成功地从OPAL微型卫星上分离发射了世界上第一颗皮型卫星，质量仅为245克

本领大

小卫星虽然成本低、个头小，但是它的功能一点儿也不少。它运用了高度集成化和自动化技术，尤其是随着计算机技术的高速发展，卫星上的计算机控制和处理系统实现了小型化。因此，它在实现了快速设计、制造、发射、在轨运行后，能够非常好地执行各种任务。比如，有的小卫星可以同时用于气象拍摄、地面侦测、空间探测和空间试验等。

主要用途

小卫星在军事领域的应用非常广泛，比如以色列发射的“地平线”、英国发射的“战术光学”卫星等。这些小卫星大多运行在400~600千米的轨道上，工作寿命大多在4~10年，具有全天候侦察能力。在民用领域，小卫星的用途同样广泛，目前，在通信、对地观测、空间遥感、气象观测、海洋探测和科学研究等各个领域中都有小卫星的身影。比如，通信卫星中的“铱星”和“全球星”等。

▲ 英国“战术光学”卫星

“试验卫星一号”

“试验卫星一号”是中国第一颗立体测绘小卫星，于2004年4月18日在西昌发射中心成功发射，主要用于国土资源摄影测量、地理环境监测和测图科学试验等。这颗小卫星只有204千克，采用了多项微小卫星的前沿技术。它的成功发射为中国微小卫星技术的发展指出了新的途径，也标志着中国小卫星研制技术取得了重要突破。

跟踪人造卫星

卫星被送入太空后，人们需要实时对它进行监控，掌握它的动向。由于卫星绕地球飞行是有一定规律的，所以通过一些技术手段，就可以计算它的轨道高度，并进行定位、跟踪。在整个定位、跟踪的过程中，卫星跟踪站发挥着重要作用，它可以长时间连续对卫星定位、跟踪，计算空间位置和轨道参数，保证卫星能够按照正常的设计要求运行。比如，中国的第一颗卫星——"东方红一号"进入太空时，西安卫星测控中心就成功对它进行了跟踪，并指挥和控制它的飞行。

主控站

卫星跟踪站最重要的组成就是主控站，这里是操作和监控卫星系统的主战场。它通过收集位于各地的监控站发出的跟踪数据，进行时间同步与卫星时钟偏差预报、处理等，从而计算出卫星运转的轨道参数和误差参数。之后，它再将所有的数据发送到各监控站。另外，由于各种因素的影响，卫星的工作状态会出现偏差，这时主控站就需要发出命令，对其进行诊断和调整。

▲ 卫星地面主控站

监控站

监控站是卫星跟踪站的重要组成部分，主要负责监测和接收卫星信号。它装备有高精度的接收机和计时器，能够接收卫星发出的信号，然后对其进行高精度跟踪测量。之后，它将获得的跟踪信息处理后，将结果传送给主控站，作为卫星定轨、时间同步等的依据。2015年，中国和阿根廷达成协议，阿根廷允许中国在其境内建立卫星监控站。该项目是中国月球开发计划的一部分，投资金额约为3亿美元。

▼ 雷达是监控站接收卫星发出的无线电信号的主要工具

注入站

注入站对于整个卫星跟踪站来说同样重要，它负责将主控站发送来的卫星星历和钟差等信息注入到卫星的存储器中。而卫星上的存储器每被注入一次，信息就会刷新一次。由于卫星是不断运动的，轨道参数不断变化，所以两次信息注入的时间间隔越短，卫星给用户提供的服务就越精准。

◀“跟踪与数据中继”卫星主要用于转发地面站对低、中轨道航天器的跟踪测控信号和中继从航天器发回地面的信息

卫星测控网

对卫星进行实时跟踪是一项庞大的工程，不可能由单一的系统完成。目前，很多航天大国就建立了卫星测控网，利用微波雷达、多普勒测速仪和光学设备等测控装备跟踪目标卫星。中国已经建成了比较完善的测控网，它由西安卫星测控中心、九个航天测控站、若干陆上活动测控站、两艘测量船以及连接它们的测控通信网等构成。而美国在这方面发展得更早。早在冷战时期，美国就投入上千亿美元，建立了覆盖整个地球和地球外层空间的卫星测控网。

▲卫星

探索之旅

失踪的“尖甲”

中国是航天发射成功率最高的国家。当然，中国也出现过卫星发射升空后，卫星失去踪迹，无法被跟踪的事情。

1993 年 10 月 8 日，中国在酒泉卫星发射中心发射了一颗代号为“尖甲”的科学探测与技术试验卫星。这颗卫星质量约 2.1 吨，在近地点 213 千米、远地点 318 千米的轨道上运行。当时，在西安卫星测控中心的操控下，卫星上的多种科学仪器按计划完成了任务，等待返回地面。可是卫星在正常运行了 8 天后，却突然间逃逸了，在茫茫空间消失得无影无踪，地面监控站再也找不到它的下落。

当时，有西方国家给出了种种猜测，有的说卫星发射当天就坠毁了，有的说卫星一些部件已经落地，有的说卫星变成了太空垃圾。但是中国科学家相信，卫星还在太空运行。后来，卫星在失踪 5 天后，又被中国科学家发现。不过，当时卫星以错误的姿态接受指令，向太空中冲去，拐上了另一条轨道。最终，因为与原轨道相距遥远，地面指令对它已是无可奈何，无力将它召回了。

与彗星亲密接触

人们对宇宙天体的研究，大多是通过天文观测实现的。这种方式虽然也很有效，但是总有一种浅尝辄止的味道。因为人们没能亲身触摸感受它们，也没有带回一些标本，更没有从内部了解它们。不过，这个历史在2005年被打破了。人们在太空中释放了一颗铜弹，用来撞击彗星的彗核表面，实现了人类探测器对彗星的首次“深入了解”。

“追星”之旅

1996年，美国科学家提出了“深度撞击”计划。不久后，该计划正式启动。2005年1月12日，“深度撞击”号探测器发射升空，开始了漫长的“追星”之旅。7月4日，在走过了4.31亿千米的遥远路程后，“深度撞击”号迎来了它的目标——“坦普尔1号”彗星。

▲“深度撞击”号撞击器分离的一刻

撞击成功

在撞击前的24小时，铜质撞击器和“深度撞击”号探测器成功分离，并在自行导航系统的控制下进行了三次轨道修正，然后向着“坦普尔1号”彗星进行最后的冲刺。不久后，铜质撞击器成功击中“坦普尔1号”彗星。这次撞击在彗核表面留下了一个约30米深、一个足球场面积那么大的深坑，溅起数万吨冰雪、尘埃等，使得人们能够从内部探测彗核，分析其组成部分，从而深入地了解彗星的演化过程。

▲“深度撞击”号准备搭载“德尔塔Ⅱ”型火箭发射

▲ 鲍尔航天公司的工作人员正在对飞越探测器的仪器进行热真空测试。其中右边为高分辨率相机，左边为中分辨率相机

结构组成

“深度撞击”号彗星探测器由两部分构成：一颗质量为 372 千克的铜制“智能撞击器”和拍摄“坦普尔 1 号”彗星的飞越探测器。“智能撞击器”结构相对简单，主要由推进器、撞击定位感应装置、照相系统、信息传输系统等构成。飞越探测器结构比较复杂，包括两块太阳能电池板、一个碎片盾以及数个科学仪器，主要负责近距离观测撞击彗星的过程，收集分析彗核样本，并把观测结果和撞击舱的数据传回地球。

巨大成就

这次撞击取得了巨大的科学成就，让人们对彗星的结构、太阳系的诞生过程等有了更多的了解。同时，作为人类预防小型天体撞击地球的一次尝试，它让人们看到了用人类自己的力量战胜天灾的希望。此外，这次撞击过程运用的无人控制技术十分完美，为今后开辟新的太空乐土具有十分重大的意义。要知道，撞击地点距离地球 1.32 亿千米，信号传输过程需要 7 分钟多，因此容不得任何细微的差错。

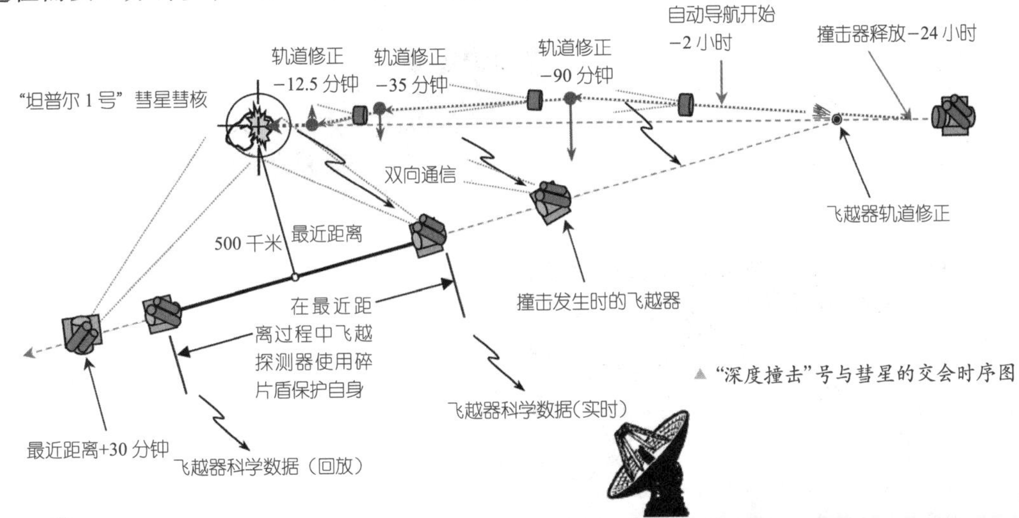

▲“深度撞击”号与彗星的交会时序图

经典问答

太空中天体那么多，为什么要选择撞击“坦普尔 1 号”彗星？

1867 年，德国天文学家恩斯特·坦普尔发现了“坦普尔 1 号”彗星。于是，人们就以他的名字为该颗彗星命名。人们认为彗核中可能含有太阳系初生时遗留的物质，借助撞击可以对太阳系诞生的过程有更多了解。“坦普尔 1 号”彗星的运行轨迹和状态稳定，没有太多新挥发的物质，利于观测。而它和地球之间的距离较为合适，即使因为碰撞发生轨道偏移，也不会对地球安全造成威胁。另外，它的年代非常久远，彗核平均密度不过 0.6 克/立方厘米，比水还轻，而且在漫长的太空旅程中没有受到大的外界扰动，十分具有代表性，非常适合进行彗星研究，因此人们选择了它作为撞击对象。

未来航天探索

目前，航天技术和航天事业的发展都取得了非常大的成果。但是对于宇宙探索来说，人类才刚刚起步。而且以现在的能力，人们还不足以进行更深层次的研究探索。不过，在未来，也许人们会发明新的技术，让人们跨越时间和空间的束缚，带领人类去往更遥远的星际空间，探索更神秘的未知世界。

进行光速飞行

速度是目前束缚人类进行深空探测的主要障碍之一。比如，载人飞船想要到达火星，以目前的技术大约需要 6 个月的时间。在未来，如果人们能发明“光子火箭”，借助光子的力量，使得火箭具有光一样的速度。这种理想中的火箭一旦被发明出来，人们就有可能进行光速飞行，那么探索遥远的天体将不再是梦想。

▶ 未来太空飞行器想象图

▲ 时空隧道想象图

建立时空隧道

宇宙的广袤程度无法想象，即使进行光速飞行，要探索一些遥远的天体也需要飞行几百年、几万年的时间。不过，如果可以建立时空隧道，那么就可以“缩短”星球之间的距离。也就是说，人们选择了一条“近道”，这样就能大大节省时间和资源。这种设想并不是“天方夜谭”，人们已经想出了建造原理和方法。只不过，以现在的科技水平，人们还无法将其实现。一旦时空隧道真的被建立出来，长途飞行将变得非常容易，就像在两个地方之间安装了一扇门，只需要跨过门槛就可以实现。

在太空中建立城市

人口的迅速增长，使得城市变得拥挤不堪。于是，有人想到在广阔的太空中建立城市，让人们在太空中生活、工作。在未来，人们如果真的能够建立太空居住城、太空工业城、太空农业城、太空科研城等，并在各个太空城之间建立太空船和太空列车，那么人口爆炸问题将迎刃而解。

▲ 太空中城市想象图

建立火星基地

在太阳系内，火星的环境条件和地球最为相似，比如人们在火星上发现了流动的水的痕迹。另外，火星距离地球并不遥远，利用载人航天器将人送上火星也是可以实现的。这就使得未来在火星上建立基地变得有可能。如果火星基地真的能够建成，那么大批人口将可以到火星上工作居住。不过，火星毕竟不是地球，气候条件和地球差异很大，比如气温比地球要低很多。因此，想要建立火星基地，困难还非常多。

▼ 火星基地想象图

探索之旅

火星上发现液态水

2015年9月28日，美国国家航空航天局宣布了一项重大发现：火星表面有液态水活动。在地球上，液态水的存在是生命衍生的关键要素。如今，在火星上发现液态水，说明火星很有可能有生命，也让未来移民火星成为了可能。

火星上有液态水看起来没什么了不起的，但实际上非常难得。火星表面温度远低于零摄氏度，而它的大气压也非常低，这就使得表面存在的液态水会沸腾蒸发殆尽。因此，以前人们虽然认为火星上有水，但它都是以固态形式存在的。

根据火星勘测轨道器探测显示，夏季时，火星上会出现流动的液态盐水，并留下流动痕迹。但在其他季节，由于气温降低，液态盐水会凝结成固体。那么，这些液态水是从哪里来的呢？据研究，这些水有可能是火星表面的盐类物质从空气中吸附的，也有可能来自于地下水。不管水究竟是从哪里来的，对于寻找外星生命、人类移民火星，这一发现都具有非凡的意义。